U0938691

中国食品药品检验年鉴

STATE FOOD AND DRUG TESTING YEARBOOK

2019

中国食品药品检定研究院　组织编写

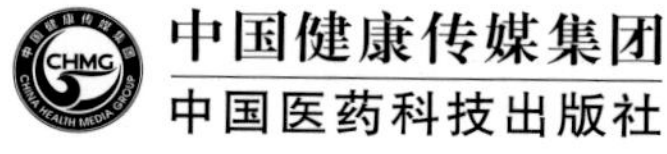

内 容 提 要

《中国食品药品检验年鉴 2019》是一部反映中国食品药品检定研究院及各地方食品药品检验检测机构 2019 年在药品、生物制品、医疗器械、保健食品、化妆品等方面的监督检验工作及科研成就的年度资料性工具书，由中国食品药品检定研究院组织编纂。书中包括特载、第一至第十三部分及附录，主要分为检验检测、标准物质与标准化研究、食品药品技术监督、质量管理、科研管理、系统指导、国际交流与合作、信息化建设、党的工作、综合保障、部门建设、大事记、地方食品药品检验检测等。可供关心、关注中国食品药品检验检测事业发展的人士、各级食品药品监管部门的管理者参阅。

图书在版编目（CIP）数据

中国食品药品检验年鉴．2019／中国食品药品检定研究院组织编写．—北京：中国医药科技出版社，2021．7

ISBN 978－7－5214－2382－2

Ⅰ．①中…　Ⅱ．①中…　Ⅲ．①食品检验－中国－2019－年鉴 ②药品检定－中国－2019－年鉴　Ⅳ．①TS207．4－54 ②R927．1－54

中国版本图书馆 CIP 数据核字（2021）第 060522 号

美术编辑　陈君杞
版式设计　南博文化

出版　**中国健康传媒集团**｜中国医药科技出版社
地址　北京市海淀区文慧园北路甲 22 号
邮编　100082
电话　发行：010－62227427　邮购：010－62236938
网址　www. cmstp. com
规格　889×1194mm 1/16
印张　16 3/4
字数　404 千字
版次　2021 年 7 月第 1 版
印次　2021 年 7 月第 1 次印刷
印刷　三河市万龙印装有限公司
经销　全国各地新华书店
书号　ISBN 978－7－5214－2382－2
定价　298．00 元

获取新书信息、投稿、为图书纠错，请扫码联系我们。

编辑委员会

编纂说明

《中国食品药品检验年鉴 2019》是由中国食品药品检定研究院编纂出版的一部综合反映中国药检系统对食品、药品、保健食品、化妆品、医疗器械等监督检验、科研成就的大型年度资料性工具书。

《中国食品药品检验年鉴 2019》编辑委员会主任、副主任由中国食品药品检定研究院院领导担任，编辑委员会委员由中国食品药品检定研究院各所、处（室）、中心主要负责人担任，执行委员由中国食品药品检定研究院办公室主要负责同志担任。

《中国食品药品检验年鉴 2019》框架设置包括特载及第一至第十二部分，为有关中国食品药品检定研究院检验检测、标准物质与标准化研究、食品药品技术监督、质量管理、科研管理、系统指导、国际交流与合作、信息化建设、党的工作、综合保障、部门建设、大事记和第十三部分地方食品药品检验检测。地方食品药品检验检测部分，收载各省、市级（含副省级）食品、药品、药用包材辅料检验机构，通过国家资质认可的各有关医疗器械检验机构共 39 个单位的 2019 年工作内容。收载范围包括：重要会议、领导讲话、报告、政策法规等；机构调整改革及重要人事变动相关信息；检验检测中的重要活动、举措和成果；食品药品安全突发事件应急检验；具有统计意义、反映现状的基本数据和专业性信息资料。书末列有附录。

▲ 2019年2月25日，中国食品药品检定研究院召开2018年度总结大会。

▲ 2019年2月25日，国家药品监督管理局副局长颜江瑛及发改委有关领导来中国食品药品检定研究院视察。

▲ 2019 年 3 月 14 日，由中国食品药品检定研究院承办的 IEEE 人工智能医疗器械工作组第一次会议在北京市召开。

▲ 2019 年 5 月 20 日至 23 日，中国食品药品检定研究院举办主题为“创新食品药品安全科技，支撑监管科学不断发展”的科技周活动。

▲ 2019 年 5 月 27 日，由 WHO 主办、中国食品药品检定研究院承办的 WHO 肠道病毒 71 型疫苗的质量、安全性及有效性规程工作会议在上海市召开。

▲ 2019 年 5 月 27 日，中国食品药品检定研究院接受 WHO 疫苗预认证合约实验室评审。

▲ 2019 年 6 月 10 日，中国食品药品检定研究院召开“不忘初心、牢记使命”主题教育动员会。

► 2019 年 9 月 4 日至 5 日，全国药品医疗器械检验工作座谈会在内蒙古自治区呼和浩特市召开。

▲ 2019 年 10 月 18 日，与中关村科技园区大兴生物医药产业基地管委会及中关村药谷生物产业研究院联合举办的 2019 中国基因治疗产业发展及产品质量控制研究论坛在中国食品药品检定研究院召开。

▲ 2019 年 11 月 22 日，中国食品药品检定研究院学术委员会主任委员、生物制品检定首席专家王军志研究员当选中国工程院院士。

ISTIC

中国科技核心期刊

（中国科技论文统计源期刊）

收录证书

CERTIFICATE OF SOURCE JOURNAL
FOR CHINESE SCIENTIFIC AND TECHNICAL PAPERS AND CITATIONS

药物分析杂志

经过多项学术指标综合评定及同行专家评议推荐，贵刊被收录为“中国科技核心期刊”（中国科技论文统计源期刊）。

特颁发此证书。

中国科学技术信息研究所
Institute of Scientific and Technical Information of China
北京复兴路15号 100038 www.istic.ac.cn

2019年11月

▲ 《药物分析杂志》中国科技核心期刊收录证书。

ISTIC

中国科技核心期刊

（中国科技论文统计源期刊）

收录证书

CERTIFICATE OF SOURCE JOURNAL
FOR CHINESE SCIENTIFIC AND TECHNICAL PAPERS AND CITATIONS

中国药事

经过多项学术指标综合评定及同行专家评议推荐，贵刊被收录为“中国科技核心期刊”（中国科技论文统计源期刊）。

特颁发此证书。

中国科学技术信息研究所
Institute of Scientific and Technical Information of China
北京复兴路15号 100038 www.istic.ac.cn

2019年11月

▲ 《中国药事》中国科技核心期刊收录证书。

▲ 2019 年 2 月 21 日，中国食品药品检定研究院承办的 CNAS 实验室专门委员会标准物质标准样品专业委员会第四届第一次全体委员会议在北京市召开。

▲ 2019 年 3 月 7 日，2019 年度人类辅助生殖技术用医疗器械标准宣贯及医疗器械标准化相关知识培训班在北京市召开。

▲ 2019 年 3 月 15 日，中国食品药品检定研究院于北京市召开中美医疗器械标准研讨会。

▲ 2019 年 4 月 18 日，医疗器械检验机构比对试验工作会议在陕西省西安市召开。

▲ 2019 年 5 月 17 日，中国食品药品检定研究院在北京市举办干细胞研发进展与质量评价研讨会。

▲ 2019 年 6 月 28 日，中国食品药品检定研究院举办医用胶原蛋白及其相关产品表征与质量控制学术论坛。

◀ 2019 年 7 月 11 日，“三品一械”检验技术丛书器械分册定稿会在北京市成功召开。

▲ 2019 年 7 月 16 日至 17 日，中国食品药品检定研究院在重庆市组织召开了 2019 年医疗器械行业标准制修订项目中期汇报会。

▲ 2019 年 8 月 16 日，国家药品监督管理局组织专家组在中国食品药品检定研究院召开国家啮齿类实验动物资源库发展规划专家论证会。

▲ 2019 年 9 月 6 日，全国实验动物质量检测能力验证学术研讨会在北京市召开，来自全国 27 家单位的 47 名代表参与交流。

▲ 2019 年 9 月 9 日，2019 年全国药检系统民族药学术研讨会暨优秀论文评选交流会在青海省西宁市召开。

◀ 2019 年 9 月 11 日，中国食品药品检定研究院于湖北省武汉市举办医疗器械唯一标识相关标准公益培训会。

《药物分析杂志》第九届编辑委员会会议

2019年9月18日

▲ 2019 年 9 月 18 日，《药物分析杂志》第九届编辑委员会会议在重庆市召开。

▲ 2019 年 10 月 15 日至 16 日，中国食品药品检定研究院在江西省景德镇召开 2020 年医疗器械行业标准制修订项目立项工作会。

▲ 2019 年 10 月 21 日至 23 日，由中国食品药品检定研究院主办，山东省食品药品检验研究院承办的第五届全国药检系统实验动物学术交流会在山东省济南市召开。来自全国 39 个省市，66 个药品、医疗器械、药用包材及辅料检验所（院）及安全评价研究机构共计 148 位代表参加会议。

◄ 2019 年 10 月 22 日至 23 日，中国食品药品检定研究院于浙江省杭州市举办 2019 年医疗器械分类综合知识培训班。

► 2019 年 11 月 6 日至 7 日，中国食品药品检定研究院在四川省成都市召开第四届全国药用辅料与药包材检验检测技术研讨会。

▲ 2019 年 11 月 12 日至 14 日，中国食品药品检定研究院接受 CNAS 专家组的实验动物机构认可现场评审。

▲ 2019年11月20日至21日，中国食品药品检定研究院在江苏省苏州市举办了药用辅料药包材及洁净环境标准检验检测技术解析和方法实施解读培训班。

▲ 2019年11月28日，中国食品药品检定研究院举办医疗器械唯一标识系统关键技术和应用学术论坛。

▲ 2019 年 12 月 10 日，纳米医疗器械生物学评价分技术委员会成立大会在北京市召开。

▲ 2019 年 12 月 11 日至 12 日，中国食品药品检定研究院于广东省汕头市举办 2019 年医疗器械标准综合知识培训班。

▲ 2019 年 12 月 12 日，《中国药事》第六届编辑委员会会议在北京市召开。

▲ 2019 年 1 月 16 日，澳大利亚墨尔本大学 Peter Lee 教授一行访问中国食品药品检定研究院开展学术交流。

▲ 2019 年 1 月 29 日，由巴西卫生监督局特定部门专家组成的巴西卫生监督局代表团到访中国食品药品检定研究院。

交流访问

► 2019 年 2 月 17 日至 21 日，中国食品药品检定研究院马双成所长一行赴中国香港参加香港地区中药材标准第 11 次国际专家委员会会议。

◄ 2019 年 7 月 15 日，中国食品药品检定研究院项新华随国家市场监督管理总局赴日本执行现场评审任务。

▲ 2019 年 9 月 1 日，金红宇、郑健赴奥地利参加第 67 届国际植物药及天然产物大会。

▲ 2019 年 10 月 8 日至 12 日，中国食品药品检定研究院张志军副院长、医疗器械标准管理研究所余新华副所长赴英国伦敦参加国际标准化组织医疗器械质量管理和通用要求技术委员会（ISO/TC 210）第 22 届年会及工作组会议。

◄ 2019 年 10 月 23 日至 27 日，孙会敏研究员赴美国参加美国药典委员会 2019 年度药用辅料专家委员会面对面会议。

► 2019 年 10 月 23 日至 30 日，中国食品药品检定研究院路勇副院长一行赴英国政府化学家实验室德国研制和销售中心以及欧盟健康消费和标准物质联合中心比利时站点，开展标准物质研制与管理合作项目任务。

▲ 2019 年 11 月 13 日，魏锋、程显隆随国家药品监督管理局赴韩国参加西太区草药协作论坛第 17 届执委会会议。

► 2019 年 11 月 21 日，中国食品药品检定研究院院长李波会见来访的美国药典委员会副总裁兼中华区总经理岑国山博士等。

▲ 2019 年 2 月 1 日，中国食品药品检定研究院召开 2018 年度党建述职评议考核会，国家药品监督管理局直属机关党委常务副书记李海锋、综合和规划财务司秘书一处王晓明现场督导。

▲ 2019 年 6 月 27 日，中国食品药品检定研究院召开 2019 年度第四次院党委理论学习中心组扩大会议。

▶ 2019年7月1日，国家药品监督管理局党组理论中心组来中国食品药品检定研究院开展“不忘初心、牢记使命”集中学习研讨。

▲ 2019年7月19日，中国食品药品检定研究院党委副书记、纪委书记姚雪良同志以“不忘初心、牢记使命，做忠诚干净担当的党员干部”为主题讲党课。

▲ 2019 年 8 月 28 日，中国食品药品检定研究院召开“不忘初心、牢记使命”主题教育专题民主生活会。

▲ 2019 年 9 月 27 日，中国食品药品检定研究院组织干部职工集体观看警示教育片《决不姑息》。

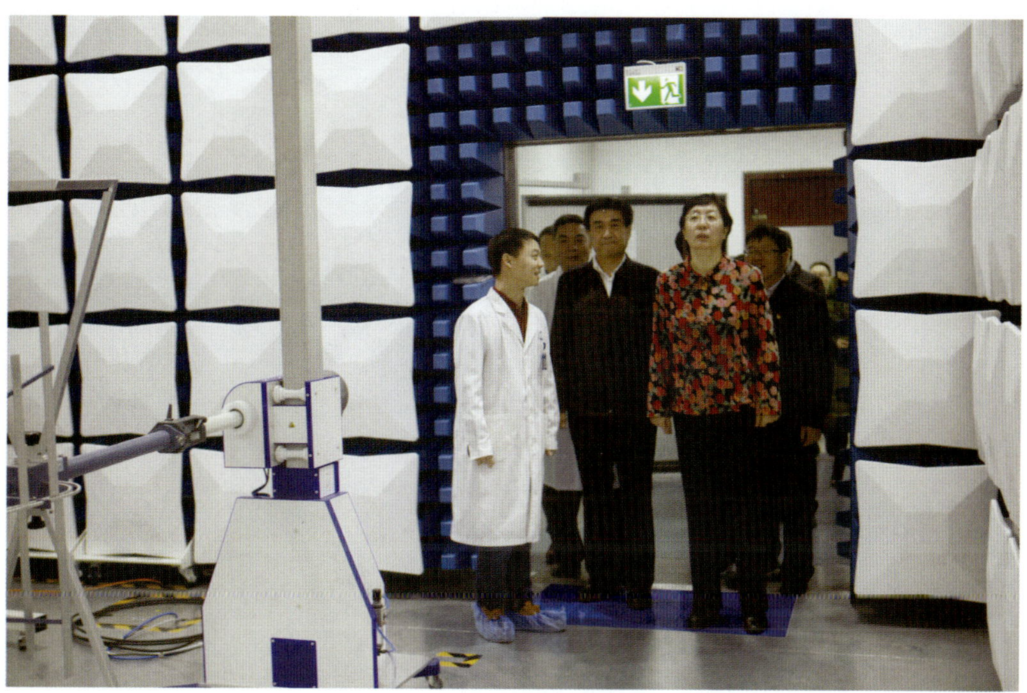

▲ 2019年1月23日，国家药品监督管理局局长焦红在河南省副省长何金平的陪同下视察河南省医疗器械检验所。

▲ 2019年1月31日，英国牛津大学中医药研究中心马玉玲主任一行到访陕西省食品药品监督检验研究院。

◀ 2019 年 3 月 22 日，国家药品监督管理局药品监管司司长袁林一行，到湖北省药检院调研指导生物制品能力建设工作。

▲ 2019 年 5 月 21 日，广东省药品检验所中山实验室举行揭牌仪式。

▲ 2019 年 10 月，广西壮族自治区医疗器械检测中心搬入新实验大楼。

▲ 2019 年 10 月 10 日，河南省医疗器械检验所参与河南省市场监督管理局公众开放日活动，社会各界人士参观医疗器械检验检测实验室。

◀ 2019 年 11 月 12 日，陕西省食品药品监督检验研究院举办实验室开放日活动。

▲ 2019 年 12 月 5 日，湖北省省长王晓东、副省长杨云彦、武汉市市长周先旺等一行到湖北省药品监督检验研究院调研。

▲ 2019 年 12 月 13 日，山东省食品药品检验研究院召开全省药品质量风险监测工作现场交流评议会（图为中药品种评议现场）。

目　录

特　载

第一部分　检验检测

第二部分 标准物质与标准化研究

第三部分 食品药品技术监督

第四部分　质量管理

第五部分　科研管理

第六部分 系统指导

第七部分 国际交流与合作

第八部分 信息化建设

第九部分　党的工作

第十部分　综合保障

第十一部分　部门建设

第十二部分　大事记

第十三部分　地方食品药品检验检测

附 录

Contents

Important Notes

Part Ⅰ Inspection and Testing

Part Ⅱ Reference Materials and Standardization Research

Part Ⅲ Technical Supervision of Food and Drug

Part Ⅳ Quality Control

Part V Scientific Research Management

Part Ⅵ System Guidance

Part Ⅶ International Exchange and Cooperation

Part Ⅷ Information Construction

Part Ⅸ Work of Party Organization

Part X Comprehensive Support

Part XII Chronicle of Events

Part XIII Local Food and Drug Inspection and Testing

Appendix

重要会议与讲话

中国食品药品检定研究院院长李波在2019年全国药品医疗器械检验工作座谈会上的讲话

同志们：

今天，我们召开全国药品医疗器械检验工作座谈会，主要任务是以习近平新时代中国特色社会主义思想为指导，贯彻落实2019年全国药品监督管理工作会议精神，总结全系统阶段性工作；分析当前形势，统一思想认识；做好下一阶段工作。

刚才，杨局长提到，目前“两法”——《药品管理法》和《疫苗管理法》已经出台，马上还有“两例”——《医疗器械监督管理条例》和《化妆品监督管理条例》，这是史无前例的，所以我们在此次会议中专门邀请了国家局政策法规司刘沛司长和相关司局的领导，专门给大家进行解读和授课。

下面我结合前期调研得到的有关信息，就系统内有关工作讲三个方面的问题。一是简单回顾上半年全系统的工作情况，二是梳理我们面对的形势，三是强调下一步工作。首先，从七个方面回顾全系统上半年的工作。

一、落实全国药品监督管理工作会议精神，药品检验工作成效显著

2018年药品监管机构改革以来，全国各级检验检测机构在国家局的领导下，认真贯彻党的十九大和十九届二中、三中全会精神，围绕中心，服务大局，适应改革大势，在各项工作中取得了成绩。

（一）配合审评审批制度改革向纵深推进。2015年以来，党中央、国务院先后印发了《关于改革药品医疗器械审评审批制度的意见》（国发〔2015〕44号），《关于深化审评审批制度改革鼓励药品医疗器械创新的意见》（厅字〔2017〕42号）等文件，有力地推动了从严监管、推进改革、支持创新，药品监管各项改革工作取得了瞩目的成绩。具体到我们检验检测系统：

在鼓励支持药品器械创新和加快境外已上市新药国内上市方面。各级检验检测机构紧紧围绕改革任务，在新药注册标准复核、优先审评注册检验、进口注册检验等方面配合审评审批工作，积极有为。在促进临床急需境外新药上市检验工作中，截至2019年8月，共完成207个进口品种的注册检验工作，完成优先审评临床急需21件，仅今年上半年完成的临床急需标准复核任务就已达到去年全年完成任务量，进度明显加快。北京药检所、上海器械所、上海药检所、天津药检院、湖北器械院、广西药检所等均通过建立优先检验绿色通道、压缩注册检验时限等方式主动提速、严把时限关，促进企业创新研发。

在推进仿制药一致性评价相关工作方面。自2015年启动仿制药一致性评价工作以来，原食品药品监管总局药化注册司牵头，中检院具体落实，全系统通力合作，为仿制药一致性评价工作打下了良好的基础。截至今年8月15日，一致性评价检验工作共涉及31个药检所，168个检验品种232个品规。其中289目录中的有79个品种103个品规，涉及的420项检验中除40项正在检验进行中，其余均已完成。山东、四川以及深圳等药检院还建立了生物样本检测技术平台，为企业一致性评价提供服务。

在医疗器械标准管理方面。落实审评审批制

度改革要求，有序推进医疗器械标准制修订和医疗器械分类管理工作。在全国各省市医疗器械检验机构，尤其是24个技标委的大力支持下，截至目前，医疗器械标准共1652项，强制性标准占比已从2010年的48%下降为27%，医疗器械标准体系进一步整合优化；公开了573个医疗器械产品分类界定结果；发布了《国家药监局关于发布调整药械组合产品属性界定有关事项的通告》（2019年第28号），确定药械组合产品属性界定程序及要求；今年，国家局把原来属于国家局投诉举报中心的一项职能——药械组合产品的属性界定，正式增加到我院的“三定”方案里；今年6月1日正式开通药械组合产品属性界定信息系统，实现了申请人网上申报药械组合产品属性界定并跟踪查看处理进度和结果。

同时，积极探索和推动在战略性新兴技术领域和医疗器械优势学科领域筹建新的技委会或技术归口单位。今年正积极推动已获国标委批准的有源植入物和纳米医疗器械生物学评价2个分技术委员会，以及已获国家局批准的医用电声设备、医用增材制造技术、人工智能医疗器械和医用机器人等4个医疗器械标准化技术归口单位的组建。医疗器械标准制修订主体即将达到26个技委会和7个技术归口单位，为医疗器械标准的制修订提供了坚实的支点。

（二）改革和完善疫苗管理体制步伐加快。2001年12月，我国开始实施生物制品批签发工作。截至目前，实施批签发管理的产品，包括全部疫苗类制品50余个品种、血液制品12个品种、血源筛查用体外诊断试剂9个品种。我国每年签发疫苗4000至5000批次、约合7亿人份。2006至2018年，通过批签发资料审查和样品检验，共拒签20个品种的不合格疫苗341批、总数近1953.3万人份，阻止了不合格疫苗的上市。

去年，中办、国办印发了《关于改革和完善疫苗管理体制的意见》（中办发〔2018〕70号），为完善疫苗管理体制、加强疫苗药品管理工作指明了方向。今年6月29日《疫苗管理法》颁布，成为全球疫苗管理领域第一部综合性专门法律，对疫苗生产企业实行更加严格的准入管理、严格疫苗生产和批签发管理，规范疫苗流通和预防接种，建立疫苗责任强制保险制度，加大对疫苗违法行为处罚力度。

在市场总局和国家局的领导下，中检院及承担疫苗批签发安全性检验的7家检验机构从多方面入手，积极贯彻落实党中央国务院各项决策部署，在加强和完善疫苗批签发工作方面做了大量工作：一是积极配合推进国家疫苗批签发增设建设。为贯彻落实中办国办70号文的要求，完善疫苗批签发管理制度，推进省级疫苗批签发能力建设，国家局组织起草了《国家疫苗批签发机构建设方案》《国家疫苗批签发机构评估标准》《国家疫苗批签发机构授权工作程序》等3个文件，预计9月底左右发布。按照方案，国家局将选取符合条件的部分省市药品检验机构授权作为疫苗批签发机构，目的有两个：一是强化系统监管能力，即巩固和提升国家疫苗批签发能力，通过疫苗批签发机构建设，确保50个主要疫苗品种均有2～3家检验机构可独立开展批签发工作；二是推进监管下沉，即推进每个有疫苗生产企业的省都有疫苗检验检测能力，使有疫苗生产企业的各省均具有疫苗批签发能力，逐步建立与我国疫苗产业和监管需求相适应的国家疫苗批签发机构体系。二是加大批签发资料审核核实力度。自去年疫苗案件以来，针对批签发过程中发现的可疑问题，共发出反馈单60余份，召开疫苗企业沟通会30余次，妥善处置辽宁成大生物股份有限公司、吉林迈丰生物药业有限公司和长春卓谊生物股份有限公司、武汉所、中科生物等问题，通过开展现场核实、约谈、要求企业撤检，最大程度降低产品安全风险。

另一项重要工作，在国家局的统一部署下，对标世界卫生组织（WHO）疫苗国家监管体系

(NRA) 能力建设要求，全力参与推进疫苗 NRA 评估相关工作。我国 2011 年和 2014 年两次通过 WHO 疫苗 NRA 评估，2021 年将再次接受评估。国家局党组高度重视，为此，国家局成立了质量管理体系办公室、疫苗国家监管体系评估办公室，多次召开会议研究讨论，并加强与 WHO 的沟通联系；成立了疫苗 NRA 评估小组，深入研究指标内容，开展自评估并制定机构发展计划 (IDP)，为顺利通过再评估打下坚实基础。作为 NRA 的一部分，疫苗批签发和实验室检验两项职能须由承担疫苗批签发的各机构共同完成。目前，共有"1 + 7"(1 是中检院，7 是 7 个从事疫苗安全性检验的机构) 个疫苗批签发机构。WHO 按照计划将于 2020 年第三和第四季度，对 3 ~ 5 个省份的药监局和药检所进行官方访问，国家局也将邀请 WHO 专家对所有省药检所集中开展相关培训，选择具有一定优势的 2 ~ 3 家省级药检所开展模拟评估，模拟评估结果将作为增设批签发实验室的重要依据之一。

(三) 国家监督抽检等上市后监管工作进一步强化。抽检是我国药品、医疗器械、化妆品产品上市后监管的重要手段，也是各级检验机构的重要工作之一。从 2008 年开始，在国家局药品监管司的指导下，在各省市检验机构的大力支持下，2019 年国家药品抽检涉及 191 个品种、器械抽检涉及 59 个品种、化妆品抽检涉及 10 个产品类别。截至目前，药品、医疗器械国家抽检的检验工作基本完成，化妆品抽验按计划正分步完成，各地正在陆续送达检验报告，控制问题产品，排查解决风险。在国家局外网发布不合格药品通告 4 期、医疗器械通告 4 期、化妆品通告 2 期，同步公开各省 (区、市) 的省级药品抽检通告 32 期。根据国家药品、医疗器械抽检探索性研究结果，向 30 个省区市的 373 家药品生产企业发出 599 份"药品质量提示函"，通过 10 个省区市的药品监督管理部门向 17 家医疗器械生产企业转达了 10 份"产品风险线索"。

(四) 进口药品监督检验工作稳步开展。目前，我国共批准和确定 22 个药品进口口岸城市 (22 个口岸局) 和 24 个口岸药品检验所。2018 年，为加快进口药品上市步伐，国家局发布《关于进口药品通关检验有关事项的公告》(2018 年第 12 号)，要求取消进口化学原料药及制剂 (不含首次在中国销售的化学药品) 逐批强制检验。目前，药品进口检验批次明显减少。2018 年，各口岸药品检验机构共完成 5 个国家和地区的 26838 批次的进口药品口岸检验，批次数和金额分别下降 42.2% 和 29.4%。目前，对于进口药品，监管的重点是坚持多措并举，着力加强上市后监管，统筹国家和省级药品抽检工作，以问题为导向，将其纳入药品抽检计划，对进口药品开展抽检，继续保障进口药品质量。截至目前，在 2019 年国家药品抽检中共抽到进口药品 959 批次，涉及 36 个品种，其中符合标准规定 958 批次，合格率 99.9%。部分省 (市) 组织开展了地方性抽检，比如广州市药检所 2019 年对广州市经营企业从广州口岸进口的化学药品进行有针对性的覆盖抽检，计划抽检 1500 批。

(五) 各级检验机构为地方药品监管提供强有力技术。在各地专项监督、案件查处、应急检验等工作中，各级检验机构也发挥了突出的技术支持作用，有效地支持了监管部门开展稽查打假和专项整治工作。在"4 + 7"带量采购工作中，上海、北京、天津、深圳等药检所积极配合地方政府开展"带量采购"专项检验，保障了"4 + 7"药品带量采购等政策的顺利推进，切实保障了老百姓日常用药安全。在案件查处应急检验中，广东省药检院制定了多项应急检验工作程序，近年来共圆满处置金银花、凉茶等应急检验 30 多起，涉案检验 200 个品种，2019 年上半年，完成涉案检验 64 批次；江西省院近年完成药品、化妆品等应急检验 300 多批次，为公安执法办案等提供了有力支持；浙江省食药检院在华海药业缬沙坦事件应急处置中，通过连续作战，仅用三天两夜就研究确定缬沙坦中基因毒性杂质亚硝基二甲胺（NDMA）的检测方法，并汇总分析省内主要厂家样品检验结果，为应急处置提供技术依据，承担全国40批缬沙坦原料药中NDMA和NDEA专项应急检验，为国家标准方法制定打下坚实基础。

（六）全系统能力建设稳步推进。在重点实验室建设方面。为集中优势资源，分领域做大做强，提升药品检验检测能力和技术支撑能力，2017年11月，原食药总局启动了首批重点实验室申报评定工作，并于2018年印发《国家食品药品监督管理总局重点实验室总体规划（2018—2020年）》。今年7月11日，国家局认定了45家首批重点实验室，目前正在组织修订《国家药监局重点实验室管理办法》，进一步支持和规范重点实验室的发展和运行。在科研能力建设方面。近年来，药品监管系统检验机构和实验室科技能力不断提升，有力支撑了药品监管工作。十八大以来，全系统推进科技立项万余项，投入科技经费17.71亿元，先后涌现出了一批科技成果。各级检验机构积极开展中药、民族药、化药、辅料包材、生物制品、医疗器械、化妆品等新技术、新方法研究和质量标准的制修订工作。特别是在药品补充检验方法研究等方面，全国各级检验机构，积极开展科研攻关，为打击假劣药品监管发挥着极其重要技术支撑作用。今年上半年，补充检验方法共完成形式审查51个方法，组织专家审评35个，23个专家审评通过的方法已上报国家局药品监管司。

（七）党风廉政建设和主题教育取得实效。上半年，全系统认真落实新时代党的建设总要求，深入推进党风廉政建设和反腐败工作，不断增强“四个意识”，坚定“四个自信”，坚决做到“两个维护”；深入开展“不忘初心、牢记使命”主题教育；认真学习贯彻习近平新时代中国特色社会主义思想和党的十九大精神，特别是关于药品监管工作的指示批示精神，强化作风建设，认真落实“四个最严”要求，为药品检验检测事业提供了坚强的政治保障。

以上是对全系统落实国家局监管中心工作的简单梳理和回顾。

二、准确把握当前药品监管工作面临的形势，奋力开创新局面

十八大以来，以习近平总书记为中心的党中央高度重视药品监管工作，国家的治理理念和治理方式发生了变化，药品监管的方式和事权进行了调整，产业结构和相应的产业政策也发生了变化。这直接决定了从事药品行政监管和技术监管呈现了以下特点：

一是呈现了政治属性特点。十八大以来，主要矛盾发生了变化，人民群众日益增长的需求与不平衡不充分之间的矛盾日益凸显，尤其是十九大习近平新时代中国特色社会主义思想确立了以人民为中心的理念，要求我们从事药品监管工作一定要同人民群众的需求紧紧连在一起。我们的工作具有高度的政治属性，我们一定要从政治的高度来看待药品行政和技术监管。

二是呈现了底线属性特点。我们监管的产品，除化妆品以外，无论是药品，还是医疗器械，都是刚性需求，并且部分产品用于儿童、老人，部分产品用于治疗罕见病，部分产品用于抢救生命。这些属性要求我们的监管必须要有效、安全和可及，属于底线要求。

三是呈现了监管者的双重职责属性特点。我们国家的药品监管和美国FDA的监管还是有一些不同，尤其是本次政府机构改革，进一步明确分级监管。省级药品监管部门，特别是有产业技术开发区、自贸区、保税区的省市，从其医药产业发展方向来看，不但有明确的监管药品生产企业的职能，同时也承担了服务医药企业，推动产业结构调整，促进经济高质量发展的职能，具有监管和服务的双重职能属性。这和我们药品检验机构相关，我们既是对药品监管部门提供技术支撑，又是对药品生产企业提供技术服务。我们要思考我们的检验机构是否能满足当地监管和产业发展需要，比如在生物制品监管、高端医疗器械监管等方面，有些省市药品检验机构如果不具备疫苗批签发能力、不具备高端医疗器械检验能力，不能提供技术支撑和支持，可能直接导致本省药品生产企业的落后。

四是呈现了监管改革带来的多重技术身份变化的属性特点。大家都知道，本次监管改革最大的亮点之一就是在党中央国务院的高度关怀下，职业化检查员队伍的建设，已经明确列入《药品管理法》，其中最大的困难就是没有足够的编制。这就决定了检验机构这支队伍会和历次改革一样，成为孵化器。离检查员职业最近的队伍就是我们检验的这支队伍。不论是国家局还是省局，不论是审评还是检查，都需要这支队伍。未来，我们检验机构这支队伍中的部分人员可能会既做检验工作，又兼职检查工作，这将给我们未来的管理带来巨大的挑战。

五是呈现了检验机构的监管属性和科研机构的双重属性特点。我们检验机构既属于事业单位，与行政执法密不可分，是监管的技术队伍；同时，我们又属于科研机构。但事实上，我们既没有公务员的待遇，又没有科研机构的优势。这给我们的人事和财务都带来了很大的挑战。

三、认真落实“四个最严”要求，努力开创药品检验检测工作新局面

下面，主要从三个方面谈一点下半年工作的建议。

（一）紧紧围绕国家局中心工作，努力发挥好技术支撑作用

首先，全系统各级检验机构要按照此次机构改革部署，配合好同级监管工作，履行好国家、省、市县的技术支撑工作职责。要充分发挥好检验工作长期积累下来的固有优势，进一步发展壮大，与审评、检查、监测等工作取长补短，互为补充，形成合力，共同保障药品、医疗器械、化妆品安全。其次，要继续落实 44 号文件、42 号文件、70 号文件要求，配合做好深化审评审批制度改革。一是进一步优化检验工作流程和审评检查工作环节的协调和衔接，保证检验时限和检验质量，加快临床急需药品上市，解决进口新药好药供需矛盾问题。二是持续推进仿制药一致性评价工作，全系统要从讲政治的高度继续积极参与，保证按要求完成质量复核检验，配合加快推动仿制药一致性评价工作。特别是要严格遵守检验时限。三是进一步加强医疗器械标准管理和分类界定。对监管急需、基础通用标准、高风险类产品标准、采用国际标准的申请项目优先立项，建立健全标准实施反馈机制，继续深化医疗器械标准化国际交流与合作。第三，要按照国家局统一部署，继续完善生物制品批签发工作。积极推动疫苗批签发机构实验室建设，满足国家对疫苗生产、使用全过程监管的需求，特别是具有疫苗生产企业的 15 个省（市）的药检机构，要有充分的预期和准备；落实疫苗 NRA 评估工作任务，充分认识疫苗 NRA 评估工作的重要意义，找准负责板块的问题短板，按照时间表抓紧做好评估指标研究、建立质量管理体系、加快工作推进进度、建立督查考核体系，最终实现提升我国批签发机构，特别是省级批签发机构的疫苗实验室检测水平和质量管理能力。第四，持续做好上市后监督抽检。要按照新发布的《药品质量抽查检验管理办法》相关规定，做好相关工作。以抽样检验为抓手，以发现问题为导向，及时发现苗头性、系统性、区域性药品安全风险和问题，全力保障好 2019 年药品安全。同时，要重视对抽检数据的积累、分析和加工，形成分析报告，服务监管；要进一步完善国家药品抽检数据平台，确保数据的完整和真实，为监管部门决策提供数据支持。

（二）积极推进监管科学，加强检验检测能力建设

一是推进法律法规落地。今年《疫苗管理法》《药品管理法》相继出台。各级检验检测机

构要加强组织领导，加强学习、宣传、培训，为两法的实施做好准备。同时，要配合国家局加快推进完善配套规章制度、规范性文件和技术指南的制修订，尤其是《药品注册管理办法》《药品注册现场核查管理规定》等配套文件中检验相关内容的修订，大家要加强研究，及时上报。二是提升风险防控科研能力建设。习近平总书记对防范化解重大风险高度重视，把它列为“三大攻坚战 ”之首，要求“既要有防范风险的先手，也要有应对和化解风险挑战的高招”。全系统要加强疫苗、血液制品、特殊药品、中药注射剂、植入类医疗器械等高风险产品的监管，完善应急处置机制，建立长效机制，以钉钉子的精神抓好落实。要提高科研能力，把科技创新摆在监管工作的突出位置，不断创新药品监管新技术、新方法、新标准，加强检验检测技术支撑机构能力建设。三是加强实验室质量管理。实验室质量管理是药检机构开展工作的生命线，要时刻不能放松，狠抓实验室质量管理。新的《药品管理办法》对此也有规定。因此，我们要注重数据完整性，同时要规范 CMA & CNAS 标识使用。

（三）加强党风廉政建设，不断提升系统凝聚力和战斗力

全系统坚持严字当头、重点发力、问题导向、以上率下，把全面从严治党决策部署落实到管党治党的全过程和检验检测的各环节。坚决做到“两个维护”，严格落实“五个必须”，严防“七个有之”。加强党风廉政建设，把开展“不忘初心、牢记使命”主题教育当作一项重要的政治任务，围绕落实主题教育“守初心、担使命、找差距、抓落实”十二字的总要求完成好各项检验检测工作，不断提升全系统的凝聚力和战斗力，为药检事业发展提供坚实保证。

同志们，确保公众用药安全的使命任重道远，全系统要牢记全心全意为人民服务的根本宗旨，提高政治站位，强化责任担当，用科学的理念、长远的眼光、务实的作风谋划事业，扎扎实实做好下半年的各项工作。

中国食品药品检定研究院副院长张志军在 2019 年全国药品医疗器械检验工作座谈会上的总结发言

各位领导、各位来宾、各位同仁：

昨天上午的会议，国家局政法司、药品注册司、药品监管司、化妆品监管司的几位领导和同志，高屋建瓴地从国家的层面，对业界高度关注的一些工作进行了解读和介绍。他们为大家解读了《药品管理法》等法规制度，并介绍了制修订有关情况；介绍了药品审评审批制度改革有关情况，分析了当前的疫苗监管形势与任务，介绍了化妆品注册和备案检验工作，他们的精彩发言，让我们有豁然开朗之感，在政策和形势层面我们理解得更透彻，下一步我们的工作也将更顺利地开展。昨天下午的分组讨论格外精彩，各位领导围绕系统内目前存在的一些共性问题，讨论热烈，提出了许多真知灼见。这说明我们的座谈会开得很及时，为大家提供了一个讨论工作和问题，推动系统前进的平台；也说明我们找准了系统发展的痛点、难点，通过会议交流经验，开诚布公讨论，收获颇丰，会议开得很有成效。接下来我想讲几点与全系统有关的具体工作。

一、风险隐患排查

在不久前结束的 2019 年全国省局及国家局直属单位主要负责人培训班上，局领导一再强调，要切实提高思想认识，强化风险意识，完善风险防控机制，提高防范化解重大风险的能力，严防系统性、区域性药品安全风险。

药品安全问题既跟以前的“存量”问题有关，又跟新业态、新技术带来的“增量”问题有关，成因多，情况复杂，千头万绪，对这些问题和情况要胸有成竹，及时监控，及时化解，是守住不发生系统性风险的有效措施。因此国家局自去年年底开始着手开展风险隐患排查工作，对各司局、各直属单位的工作开展排查，对制度机

制、上市前监管、上市后监管、应急舆情、行政事务等工作认真查找，按风险级别进行分类，并对风险内容、化解措施、责任部门、完成时限等方面加以规定，变被动为主动，向风险出击，把可以预测的风险扼杀在萌芽状态。我院已按照国家局的要求，认真检视自身工作，对可能存在的风险隐患作了梳理，妥善考虑了化解措施，上报国家局，并按期汇报进展。

据我了解，各省局也在进行此项工作，这是整个药检系统要重视的大事，早排查才能早防范，有措施才能从容应对，也能通过排查主动出击，解决“按下葫芦起了瓢”的应急状态，扭转被动应对的不利局面，树立起良好的系统形象。

二、增设疫苗批签发实验室

昨天会议，李波院长和药化监管司的常卫红处长均重点分析了目前疫苗监管的形式，以及完善疫苗批签发管理制度，推进省级疫苗批签发能力建设的问题，我再强调一下：

（一）关于省级批签发机构建设

2019年6月29日，《疫苗管理法》获全国人大常委会表决通过，将于2019年12月1日开始施行。《疫苗法》明确指出：国家对疫苗实行最严格的管理制度。此外，《疫苗法》将各机构各部门的职责列入法条，指出：国务院和省、自治区、直辖市人民政府建立部门协调机制，统筹协调疫苗监督管理有关工作；国务院药品监督管理部门（即国家药监局）负责全国疫苗监督管理工作；省、自治区、直辖市人民政府药品监督管理部门（即省级药监局）负责本行政区域疫苗监督管理工作。可见，无论是70号文，还是《疫苗法》，都对各省（市）落实属地疫苗监督管理提出要求。根据《国家疫苗批签发机构建设方案》，各省级药品检验机构，特别是具有疫苗生产企业的15个省（市）的药检机构，应具备一定的疫苗检验检测能力，能满足本省（市）疫苗各项监管需求（如开展省级药品质量抽检和评价、日常监督检查抽样检验、事件调查和应急处置等）。在此基础上，国家局结合批签发工作需要（综合考虑产业布局和属地监管需要等因素），开展批签发机构遴选授权工作。也就是说，无论是否申请批签发机构，有疫苗生产企业的省（市）为满足自身监管需要，均应具备相应的疫苗检验检测能力。未来，根据国家局统一部署，中检院保持对全部疫苗品种的批签发能力并承担一定比例的批签发具体工作，开展检验方法和标准（品）的研究，开展全国批签发信息共享、数据统计、年度报告的汇总分析等工作；获得疫苗批签发授权的省级药品检验机构独立开展指定疫苗品种的批签发工作及相关研究工作。

据我们了解，有的省药监局甚至省政府已经明确提出本省要建立相应的疫苗检验检测能力，有的省所已经抽调人手组建了“疫苗检验能力建设工作小组”，开始筹建疫苗实验室。目前，山东省院和重庆市院已经向国家局提出开展血液制品批签发的申请。疫苗批签发工作，目前还没有机构提出申请。下一步，中检院将按照国家局的任务分工，稳步推进各项工作，请有关检验机构高度重视，做好实验室硬件软件建设，勇于担当，大家共同推进，提前谋划。

为加强疫苗检验检测能力建设，中检院前段时间联合7个省级批签发机构投标工信部“2019年产业基础公共服务平台项目——国家疫苗检验检测平台建设”项目。项目建设周期3年。项目投标报价为1.7亿总投资（其中5000万申请工信部项目资助，中检院及7个省级批签发机构自行配套资金1.2亿，各成员分担的投资额度为中检院3000万，省级批签发机构各2000万）。目前仍在等待公布招标结果（据了解主要是由于工信部该产业基础公共服务平台项目同时很多项目招标，需统一公布招标结果。因为部分项目流标需重新招标，因此招标结果暂时未能公布）。

（二）关于疫苗监管体系评估（NRA评估）

作为监管体系的一部分，疫苗批签发和实验室检验两项职能须由承担疫苗批签发的各机构共同完成。WHO 按照计划将于 2020 年第三和第四季度，对 3～5 个省份的药监局和药检所进行官方访问，国家局也将邀请 WHO 专家对疫苗生产企业所在省的省级药检所集中开展相关培训，选择具有一定优势的 2～3 家省级药检所开展模拟评估，模拟评估结果将作为增设批签发实验室的重要依据之一。因此请各省所高度重视，认真准备，积极配合国家局共同完成好此次评估任务。

三、上市后抽检

新修订的《药品管理法》将于今年 12 月起施行，首次提出抽样应当购买样品。新修订的《药品质量抽查检验管理办法》也已正式实施，各级检验机构要深入学习，做好药品检验工作，积极配合国家局完成购样实施方案的研究制定工作。

借此机会提醒所有药品、医疗器械、化妆品国抽承检机构，一是做好今年国家药品、医疗器械和化妆品抽检收尾工作，按照抽检实施方案要求严格控制各时间节点，保质保量完成检验报告书传递工作，为后期查处等工作留有充足时间。二是为进一步提升抽检工作效率，各国抽承检机构应当结合自身实际情况，积极配合中检院，做好电子报告书传递系统建设工作。三是要时刻保持专业敏锐，及时研判药品医疗器械化妆品抽检中发现的质量安全隐患，一有发现立即按照程序上报。四是要坚持公正权威，做好药品医疗器械化妆品抽检的复检工作。一方面是按工作方案的要求，做好复检结果的传递和信息系统的填报工作，确保国家局抽检通告工作的顺利完成。另一方面是检验结果与原检不一致时，要主动与原检机构沟通；沟通不能取得共识时，建议组成专家组研讨，保证结果的准确。五是要以系统全面科学为原则，做好药品医疗器械抽检品种的质量分析和探索性研究。其中医疗器械质量安全风险点的填报，对于规范我国医疗器械行业的发展有较大意义，各检验机构尤其需要注意填报的全面性、规范性。六是做好 2020 年药品医疗器械化妆品国抽的准备工作。配合中检院做好药品医疗器械化妆品国抽品种的遴选，将亟须加强监管、具备抽检条件的高风险品种纳入国抽。针对医疗器械每个品种单独制定抽样和检验方案的特点，要严格落实前段时间我们印发的抽样方案编写规则、检验方案编写规则，把基础工作夯实。七是立足自身条件，减轻各地药品监管机构改革给国抽工作带来的影响。

四、医疗器械标准管理

经过“十一五”到“十三五”的快速发展，我国医疗器械标准管理取得了长足的进步。但我们要清醒地看到，国家标准化改革、医疗器械监管体制改革、医疗器械产业创新发展都对医疗器械标准化工作提出了更新、更高的要求，医疗器械标准管理水平与医疗器械监管、产业对医疗器械标准日益增长的需求还存在一定的差距。目前各相关方对强制性标准范围理解和认识尚不完全统一，推荐性标准的执行尺度尚不完全一致；国际标准转化滞后现象仍然存在；技委会秘书处承担单位及技术归口单位均面临体制、机构改革，标准化人才和专职管理人员流失现象严重，直接影响了秘书处工作的有效运行；个别技委会秘书处承担单位因不能开具发票而无法按合同支付标准制修订经费；个别秘书处受制于其所在单位的局限与利益，不能完全从国家和监管需求整体把握医疗器械标准制修订方向，而更多地偏重于检测机构利益和部分生产企业需求，导致强制性标准整合精简有时难于实质性推动、有的国际标准不能及时转化、新技术领域标准化技术归口单位筹建时有受阻、个别现有标准问题不能及时整改的情况偶有发生。

针对目前的突出问题，承担秘书处或技术归口单位的检测机构，要站在国家利益和人民福祉的高度，担使命、履职责，跳出地方、部门和个人的局限与利益，根据新时代的新要求，厘清强制性标准和法规的关系、推荐性标准的定位、团体标准的管理等医疗器械标准发展的根本性问题，为国家局做好医疗器械标准科学发展的顶层设计提供技术支持。具体来讲，一是要根据监管的新要求，严格限定医疗器械强制性标准的范围，原则上涉及安全的基础、通用的可制定为强制性标准，产品标准原则上不做强制性标准。二是要严把标准立项关，在目前人力、财力所限情况下，要优先提出监管和产业急需的标准项目，及时转化市场所需的国际标准，标管中心要对申请立项项目进行充分的评估和论证。三是要进一步加强标准制修订全过程的管理，要充分体现公开公正、广泛参与、协商一致的原则，在标准制修订过程中要考虑各方的观点并协调所有争议；要严格按照《医疗器械标准验证工作细则》开展验证工作，以保证标准的可实施性；不断提升医疗器械标准的质量和水平。四是要逐步全面开展标准实施评价工作，对标准技术指标的科学性、合理性、协调性及标准实施情况进行评价，结合标准复审，及时开展标准修订工作。五是各秘书处承担单位和技术归口单位要根据原国家总局发布的《医疗器械标准规划（2018—2020 年）》，切实加强标准人才队伍建设，配备技委会秘书处专职管理人员。六是各检测机构要积极参与标准的制修订工作，如标准的起草、标准验证，积极反馈标准实施中可能存在的问题，结合注册检验中的产品技术要求预评价工作，切实推动医疗器械标准的贯彻实施。

五、仿制药一致性评价

同志们，仿制药一致性评价是药品审评审批制度改革工作的重要组成部分，是提高国产仿制药质量、推进医药企业供给侧结构性改革的重大举措。截至 2019 年 8 月 31 日，一致性评价检验工作共涉及 31 个药检所检验 174 个品种 240 个品规（五个注射用粉针，8 个品规；五个注射液，9 个品规。非口服），其中 289 目录中的有 80 个品种 104 个品规，434 项检验分为药审中心、企业（含代理公司）和省局三种来源（其中药审中心委托检验和注册检验 122 项；企业委托检验 305 项，代理公司委托检验 4 项，省局委托检验 3 项），有 7 个药检所未涉及一致性评价的品种检验。434 项中有 48 项正在检验进行中，未收到样品 5 项，企业撤检或申请中止检验 3 项，其余均已完成。

尽管我院按照局党组的部署对仿制药一致性评价工作进行了职能调整，但没有放松对此项工作的重视程度。国家局发文取消 289 目录品种 2018 年底时限要求而改为长期进行，这表明仿制药一致性评价工作是一项需要长期坚持的工作，各级药品检验机构要提高政治站位，全面贯彻落实“四个最严”要求，做好仿制药一致性评价工作，在此提出四点要求：

（一）保证一致件评价检验工作的时效、检验工作的科学和质量，发现问题要与药品审评机构及时沟通。

（二）持续关注辖区内企业开展一致性评价工作的进展情况，并积极给以相关的技术指导和支持，继续做好仿制药复核检验工作的定期报送制度。

（三）对辖区内已通过一致性评价的产品，加强其质量监督，关注其注册标准的执行情况以及执行中新增标准物质的供应，对于一致性评价检验过程中遇到的问题及时报送我院，特别要注意总结检验中发现的共性问题，我院将定期汇总、梳理、分类，并将共性问题及时向有关部门反馈。

（四）注重科研成果的转化。大部分省级和部分市级药品检验机构均参加了由我院牵头组织的“重大新药创制”科技重大专项 2017 年定向委托课题《药物一致性评价关键技术与标准研究》工作，要关注课题的进展，高质量完成课题研究工作，为完善药品上市后评价体系提供技术支持。

六、进口药品检验

进入新时代以来，国家药监局以习近平新时代中国特色社会主义思想为指导，贯彻以人民为中心理念，为促进境外临床急需药品的尽快上市，发布了一系列的政策措施：《国家药品监督管理局关于进口化学药品通关检验有关事项的公告》（2018 年第 12 号）（4 月 26 日）规定：口岸药品检验所不再对进口化学药品进行口岸检验。《国家药品监督管理局 国家卫生健康委员会关于优化药品注册审评审批有关事宜的公告》（2018 年第 23 号）（5 月 23 日）指出：基于产品安全性风险控制需要开展药品检验工作。《国家药品监督管理局 国家卫生健康委员会关于临床急需境外新药审评审批相关事宜的公告》（2018 年第 79 号）强调：专门绿色通道，药品标准复核研究工作不再是技术审评的必要条件。我国药品上市速度明显加快。

为适应这一系列的改革措施，保证后续药品首次进口工作的顺利实施，我院积极与国家局药品注册司主动对接，规范临床急需药品送样及资料要求，起草并发布了《关于临床急需境外新药标准复核检验用资料及样品要求的通告》（2019 年第 35 号）。为着力解决超时任务，优化调整受理程序，改为由中检院集中统一受理，建立并完善与申请人沟通机制；建立进口药品标准复核研究专家会审机制：2019 年已召开 5 次会审会议提高了审核效率与质量，有效缓解注册检验积压问题，加强了对口岸药品检验机构的培训。在会审会议期间，我院对口岸检验机构对近年来未完成的历史遗留品种进行了全面梳理，截至 8 月底，目前还有上海 15 件，武汉 11 件，天津 11 件，北京 10 件，浙江 5 件，苏州 5 件，大连 5 件，重庆 4 件，广州 4 件，厦门 2 件，成都 2 件，江苏 1 件，陕西 1 件，13 个口岸检验机构共计 76 件存在超时未完成情况。

希望各口岸药品检验机构，能够从政治高度、大局出发牢牢把握好、谋划好保障药品安全有效可及这一重大政治任务，有效落实党中央、国务院对进口药品监管工作的一系列重大决策部署。

为落实局领导的批示精神，按照“按需设置、标准控制、严格监管、有进有出”原则，我院正在起草《首次进口口岸设置的标准和程序》《口岸所再评估工作办法》，通过再评估，加强口岸药品检验机构管理。后续将组织口岸药品检验机构完善修订进口药品标准复核技术要求，以适应国家药品审评审批制度改革的要求，以更高的工作质量，服务监督、服务社会、服务企业，确保临床急需药品的快速进口，惠及民生，改革政策落地做出我们应有的贡献。

七、化妆品技术支撑

自国家局承担化妆品监管职能以来，历经了十一年的发展，系统内化妆品注册备案检验和监督检验网络已基本形成，全面支撑了我国化妆品安全监管的需要。在本轮机构改革中，国家局成立了化妆品监督管理司，对化妆品工作的重视程度越来越高，同时，对相关技术支撑工作的要求也越来越高。但在前期工作开展中发现，药检系统内化妆品检验体系建设还不够完善，尚不能完全满足监管需求及行业快速发展的需要。我院愿和各机构齐心协力共同发展，增强自身实力，更好地为我国化妆品监管事业服务。今年我院在化妆品技术支撑工作方面主要有以下内容：

（一）化妆品标准体系建设

我院作为国家局化妆品标委会秘书处，主要负责组织开展化妆品标准和技术规范制修订，收集整理国外化妆品标准信息并组织开展国际交流，为化妆品应急事件处理、疑难问题解决提供咨询建议。2019 年，共征集化妆品安全技术规范修订建议 164 项，最终确认开展 10 项，同时对既往开展的已完成项目进行了结题验收和公开征求意见。国家局在我院设置化妆品补充检验方法秘书处，开展化妆品补充检验方法的制定，相关工作正在积极准备中。

在开展上述工作中发现，系统内检验机构参与程度有待提高，希望各单位把握住机会，尤其是以化妆品补充检验方法工作启动为契机，关注我院网站有关消息，积极参与标准、检验方法制修订工作。

（二）化妆品风险监测

根据国家药品安全"十三五"规划，国家局启动了化妆品风险监测工作，在我院设立了工作秘书处。秘书处已制定了系列工作规范性文件，并协助总局通过遴选确定了中国食品药品检定研究院、上海市食品药品检验所、湖南省药品检验研究院、广东省药品检验所、四川省食品药品检验检测院、深圳市药品检验研究院等6家检验机构为第一批国家化妆品风险监测工作组成员单位，目前正在按方案开展共1640批次的监测工作。

现在仅靠6家单位完成风险监测工作，任务比较重，还会考虑扩充队伍。但是在前期遴选时发现，系统内的化妆品检验能力整体需要加强。同时，风险发现能力软实力的提高空间还比较大，希望各单位积极重视化妆品风险监测工作，加强能力建设，争取尽早承担有关任务。

（三）化妆品替代试验方法研究

基于化妆品安全评级技术转变的趋势，在国家局领导下，我院正在积极推进化妆品替代实验方法体系建设。目前已成功举办了两届化妆品替代实验国际研讨会和7期替代实验技能培训班。此外，我院每年组织开展2～3项化妆品替代实验方法研究工作，目前已完成和在研的共有10项，并开展了相关专题培训。去年，我院牵头组织成立了化妆品替代研究与验证工作组，包括北京市药检所、山东省食品药品检验研究院、浙江省食品药品检验研究院、广东省药品检验所和深圳市药品检验研究院等在内共14家单位。今年，我院还将召开工作组会议，并将启动3D模型替代检测方法的验证工作。

目前，系统内替代实验技术专业人才缺乏，与国际相比存在较大差距。希望各机构把眼光放长远，积极参与替代实验技术工作，同时也欢迎与我院多交流多沟通，共同提高进步。

（四）化妆品注册备案检验机构管理

化妆品注册备案检验工作是化妆品上市前监管的重要内容，随着"放管服"改革和科学监管理念的进一步深化，化妆品行政许可检验机构的认定工作已经取消，即将调整为检验机构备案制的管理方式。从去年底开始，我院积极配合国家局完成了相关规范性文件的起草，并正在协助建立配套的信息管理系统。我院将承担备案材料的检查管理工作，按照国家局的设想，未来还将开展能力考评和监督检查等，以确保化妆品注册备案检验工作质量。

目前化妆品注册备案检验的大部分工作仍由疾控系统实验室完成，希望系统内机构发扬勇于担当精神，锻炼自身检验能力，为化妆品上市前监管发挥技术作用。

八、辅料包材有关工作

为持续深化药品审评审批制度改革，2019年7月16日，国家局发布了《关于进一步完善药品关联审评审批和监管工作有关事宜的公告》（2019年第56号），在药用辅料和药包材产品登记、信息使用和监督管理等方面做出了明确具体的要求。同时，随着国家4＋7集中采购和仿制药一致性评价的全面推进，仿制药企业将放量集采国产辅料，如何保证固体制剂用和注射剂用国产辅料的质量安全迫在眉睫。作为注射剂一致性评价的重要环节，药用辅料、药包材的质量及相容性研究也已成为影响注射剂质量的关键因素。另外大多数原辅包生产企业在实际生产过程中只重视产品检验，并未建立对产品生产环境进行监控的理念，存在较大的风险隐患。

随着原辅包关联审评和仿制药一致性评价的开展，药用辅料和药包材的监管也面临着前所未有的挑战，我们必须从以下三个方面提升我们对药用辅料、药包材及洁净环境的监管水平：

一是要利用目前在建的人工智能数据平台加强国内外药用辅料关键质量属性指标一致性的研究和评估，提高企业筛选国产药用辅料的效率和精准度；

二是要建立高风险药用辅料和药包材原辅材料的安全性评估体系和方法，包括辅料稳定性研究、包材相容性研究、包装系统密封完整性的验证以及生产洁净环境监控等；

三是在关联审评审批制度实施后，各省要加强对高风险药用辅料和注射剂用药包材的监管，有效地避免各类药害事件的发生。

九、关于机构发展问题

机构改革基本到位后，目前各省级药品医疗器械检验检测机构呈现出不同的管理模式，有的省将检测机构整合为一个超大机构，有些省所归为一类事业单位，有些归到二类，看似变化很大，但是万变不离其宗，不管模式怎么变，药检系统履行的职责和监管部门对我们的要求不会变。

国家药监局向来重视药检机构。2018 年下半年焦红局长亲自带队去天津开展了调研，回来后嘱托我院对药检系统的情况做一个摸底。2019 年年初我们召集了部分省级药检所到北京开展了座谈，大家畅所欲言，提到了许多共性问题，我们将这些问题和情况都作了整理，形成了一份调研报告已向国家局呈报。会上大家提出的意见国家局已经掌握了，口岸检验、批签发经费等问题已经得到了部分解决。接下来各省所要做的，还是要勤练内功，要在监管工作中充分体现自己的价值，充分发挥药检队伍在承担的药品审批、药品生产监管、案件查办、应急事件处置、药品流通使用安全等工作中，不可替代的重要作用。

一是要有信心有决心发展好药检事业。

国家需要药检队伍。1998 年以来，药监系统先后经历了 5 次改革，这 5 次改革无一不体现了中央对于药品监管极度重视，也展示了药品监管体系和监管能力逐步走向现代化的清晰进程。作为药品监管体系的重要一环，药检队伍始终持续而稳定地发挥着技术支撑的作用，药检系统出具的科学数据，权威报告，是药品监管能力最基础、最直接、最可靠的基石。

产业发展需要药检队伍。近二十年来医药产业的增速基本保持在两位数以上，能够生产药品 17944 种，其中疫苗年产能超 10 亿剂，不仅能够满足国内人民群众用药需求，还出口到了国外。如此大的产业体量和使用体量，药品安全需要药检队伍来做“定海神针”。

药检队伍是一支久经考验的队伍。我国药检系统是随着共和国一同成长起来的。在保障公众日常用药安全、保障历次全国性、区域性重大活动的药品安全方面，在突发公共卫生事件的应急工作中，药检队伍始终以科学为准绳，以数据为武器，用最忠实的行动维护了政府部门的权威。审评审批改革大幕拉开后，因为“放管服”改革的深入开展，营商环境进一步优化，药品进口或上市前企业要履行的手续进一步简化，企业活力进一步被激发，企业负担进一步被减轻，而作为药品安全监管技术支撑的药检队伍，肩上的担子更重了。只有我们的技术更领先一点，工作更细致一点，对风险隐患的嗅觉更灵敏一点，才能保证减少流程、简化手续的同时，监管好企业生产的药品质量不下降，切实使企业和公众享受到“放管服”政策的红利。

二是要以时不我待的精神加强能力建设。

创新人才机制，加快人才培养。药检机构是对药品质量进行监督、检验的法定专业技术机构，担负着辖区内药品生产、经营企业医疗单位的药品质量监督、检验任务。这些工作不仅需要一流的技术和装备，更需要一支训练有素、技术精良的药品检验人才队伍。要强化培养机制，多措并举出人才；创新用人机制，不拘一格用人才；搞活人才流动机制，千方百计引人才，营造尊重知识，尊重人才的良好环境。要大力创新人才培养机制，支持相近专业的药品审评、药品检查和药品检验人员适时有序地流动，培养和造就一支真正懂技术、会监管的专家型人才队伍。

着眼技术创新，开展标准研究和补充检验方

法研制。检验检测技术创新是药品医疗器械监管科技创新的重要组成部分，是监管服务产业的重要支撑，也是我们检验检测系统的立足之本。要按国家局有关要求，加强药品医疗器械标准、检验检测技术方法的研究，大力开展补充检验方法研究，解决监管急需和产业发展的关键问题。

加强质量体系建设，提升检验能力。如果说科学权威是药检系统的“金字招牌”，那么质量体系建设就是这块“招牌”含金量的重要保障。要以国家局公布的第一批45个重点实验室的建设为抓手，建成一批科技创新型、示范型、标杆型的综合性重点实验室，建成药品监管科学技术创新的重要平台，提升全系统的检验能力。计划申报第二批重点实验室的单位要抓紧自身能力建设，早日实施。同时，2019年的总局能力验证计划已经发布，请各地认真贯彻落实。

同志们，大力发展检验检测科学，支撑药品医疗器械监管，是我们毕生的事业，更是我们的责任和使命！今年是共和国成立70周年，让我们开拓创新，同心协力、真抓实干，在2019年下半程再加一把力，推动2019年的工作迈向新高度，为推进健康中国战略做出新的贡献！

记事

获批国家药监局首批6个重点实验室

按照国家药品监督管理局（以下简称“国家药监局”）统一规划和安排，根据《国家药监局关于认定首批重点实验室的通知》（国药监科外函〔2019〕82号）要求，中国食品药品检定研究院（以下简称“中检院”）7个业务所即中药所、化药所、生检所、包材所、器械所与诊断试剂所、安评所获颁局六个重点实验室，分别是中药质量研究与评价重点实验室；化学药品质量研究与评价重点实验室；生物制品质量研究与评价重点实验室；药用辅料质量研究与评价重点实验室；医疗器械质量研究与评价重点实验室；药品安全评价重点实验室。

通过外部评审提升疫苗实验室质量体系建设

2019年5月27日至31日，WHO专家对中检院进行了疫苗预认证（PQ）合约实验室评审。本次评审没有发现关键缺陷项和主要缺陷项，WHO专家组对中检院的实验室组织管理、样品管理和实验动物管理等方面给予高度评价，总体评价认为中检院有充分能力对预认证疫苗开展实验室检测工作。

在新一轮世界卫生组织（WHO）对我国疫苗监管体系（NRA）评估任务中，依照监管职能，中检院承担疫苗批签发（LR）和实验室检测（LT）两个板块的准备工作。2019年初，中检院成立了疫苗监管体系工作领导小组，召开WHO－NRA疫苗监管体系评估部署会，确定了各部门职责分工。在国家药监局的组织下，多次与WHO评估专家进行沟通和交流，掌握了此次评估全新工具——全球基准工具（GBT）。在WHO专家的指导下，逐条梳理各项指标，完成自评估工作。与WHO评估专家明确了不适用指标，提出了机构改进计划，制定了下一步工作路线图。院内组织召开了“国家疫苗NRA评估培训会”，结合NRA评估各项指标，不断提升疫苗实验室质量体系建设。

中检院顺利通过实验室认可和资质认定现场评审

2019年7月20日至21日，中国合格评定国家认可委员会评审组对中检院进行了为期2天的实验室认可（CNAS）和资质认定（CMA）扩项评审。

以王培连主任评审员为组长的评审专家组一行4人通过听取汇报、现场核查、检查报告，以及仪器设备、安排现场试验等多种方式，对中检院有源医疗器械、无源医疗器械及洁净环境检测的技术能力进行了现场评审，对中检院申请扩项的全部技术能力予以确认并推荐。

李波院长、邹健副院长参加了现场评审会议，邹健副院长在本次会议上感谢评审组对中检院技术和管理方面提出的宝贵意见，要求各有关部门认真梳理问题，逐一研究解决，进一步加强培训，提高全员质量意识，保证检验数据公正可靠，保障检验检测工作顺利进行。

中检院国家啮齿类实验动物种子中心进入国家科资技源共享服务平台

2019 年 6 月 5 日，科技部及财政部发布国家科技资源共享服务平台优化调整名单，中检院原“国家啮齿类实验动物种子中心”顺利进入国家科资技源共享服务平台，更名为“国家啮齿类实验动物资源库”。

从种子中心成立之初，人、财、物各方面都得到院各级领导和各部门的大力支持，经过前后几任领导、多名行业专家的不辍耕耘及实验动物资源研究所职工 20 余年的攻坚克难，种子中心在种质资源的收集整理、鉴定保存及服务共享等方面积累了丰富经验，为检验检测工作做出积极贡献，在实验动物行业起到了引领作用，为进入国家平台奠定了扎实基础。

根据国家创新驱动发展战略，推进科技资源向社会开放共享，提高资源利用效率。2018 年，科技部、财政部对原有国家科技资源共享服务平台进行优化调整，种子中心通过部门推荐和专家咨询等环节，顺利进入国家平台。

国家啮齿类实验动物资源库顺利进入国家平台，必将深化和扩大中检院在实验动物研究领域的交流与合作，为我国实验动物事业的持续发展提供高质量的科技资源和共享服务。

第一部分　检验检测

2019 年检验检测工作

概　况

中国食品药品检定研究院 2019 年度受理 19110 批检验检测工作（以批/检样数计），较 2018 年增加 1504 批，增幅为 8.5%。2019 年度完成 16737 份报告，较 2018 年减少 722 份，降幅为 4.1%。

注：2019 年度统计时间 2019 年 1 月 1 日至 12 月 31 日，其他类别包括细胞、毒种、菌种、人血浆、人血清及其他。环境设施检验与监测自 2018 年度单独分类。进口检验包括常规进口和进口生物制品批签发（生物制品批签发，以下简称批签发）。检品受理，指受理检验的样品批数（进口药品按检样数计，批签发除外），包括退撤检批次。检验报告书完成，指授权签字人签发检验报告书的检品批数（检样数），不包括函复结果或出具研究性报告的检品批数。

检品受理情况

2019 年度受理检品 19110 批，同比增长 8.5%。

按检品分类计，2019 年度受理化学药品 1647 批（8.6%），中药、天然药物 1655 批（8.7%），药用辅料 225 批（1.2%），生物制品 8190 批（42.9%），医疗器械 937 批（4.9%），体外诊断试剂 1497 批（7.8%），药包材 296 批（1.5%），食品及食品接触材料（以下简称食品）989 批（5.2%），保健食品 136 批（0.7%），化妆品 621 批（3.3%），实验动物 537 批（2.8%），环境设施检验与监测 273 批（1.4%），其他类别 2107 批（11.0%）。（图 1－1）

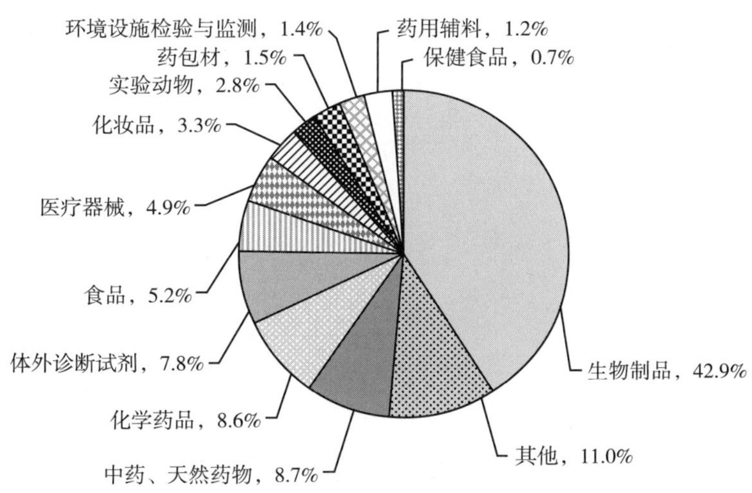

图 1－1　2019 年度各类检品受理情况

2019 年度检品受理同比变化情况：食品增长 300.4%，化妆品增长 181%，其他类别增长 58.9%，中药、天然药物增长 31.1%，实验动物增长 26.7%，保健食品增长 24.8%，体外诊断试剂增长 8.2%，生物制品下降 2.7%，环境设施检验与监测下降 4.2%，药用辅料下降 10.4%，医疗器械下降 14.8%，化学药品下降 23.4%，药包材下降 30.8%。关于食品、化妆品增长显著的说明：2019 年开始化妆品风险监测规模扩大，中检院承担的抽样和检验任务相应增加；2019 年中检院在国家市场监督管理总局（以下简称“市场监管总局”）食品国抽项目中中标，开始全面承担食品国抽任务（此前只承担保健食品国抽任务）；保食化国抽任务未在中检院检定业务系统受理，此前未收录相关数据。（图 1－2）

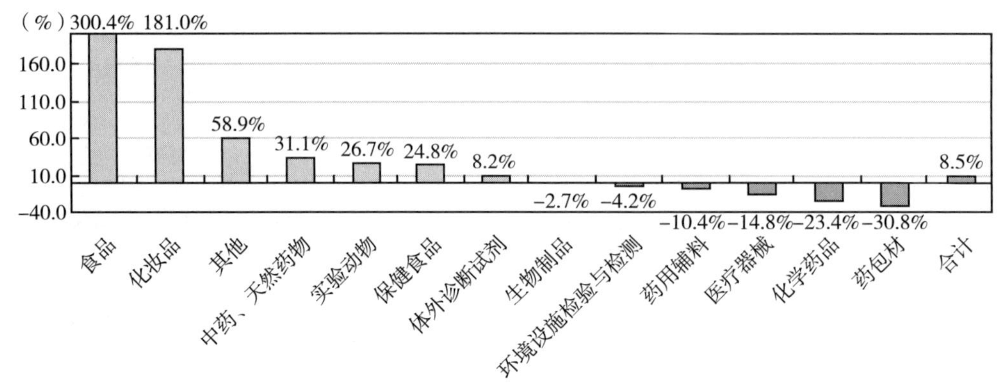

图 1－2　2019 年各类检品受理同比变化情况

按检验类型计，2019 年度受理监督检验 3450 批（占总受理量的 18.1%，包括国家级计划抽验 3147 批，国家级监督抽验/监测 303 批），注册/许可检验 2375 批（12.4%），进口检验 822 批（4.3%，其中进口批签发 348 批），国产生物制品批签发 5230 批（27.4%），委托检验 1520 批（8%），合同检验 5392 批（28.2%），复验/复检 216 批（1.1%），认证认可及能力考核检验（以下简称认证认可检验）105 批（0.5%）。（图 1－3）

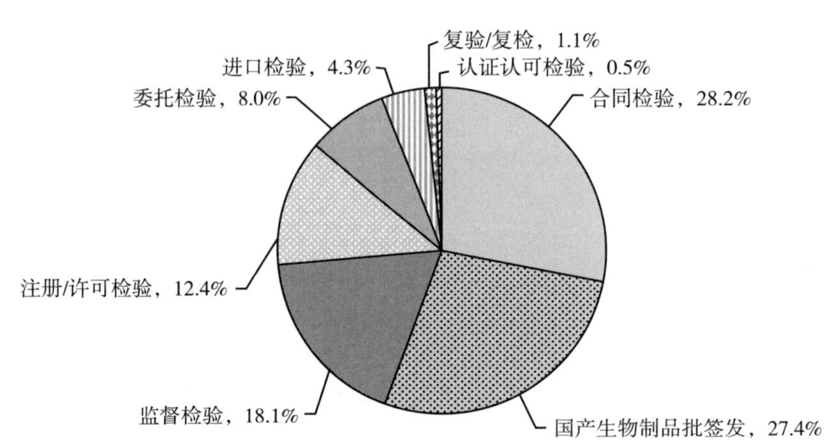

图 1－3　2019 年度各类检定业务检品受理情况

2019 年度检品受理同比变化情况：进口检验增长 28%，复验/复检增长 25.6%，监督检验增长 18.6%，合同检验增长 17.7%，委托检验增长 13.8%，国产生物制品批签发增长 2.2%，注册/许可检验下降 7.7%，认证认可及能力考核检验下降 61.5%。（图 1－4）

报告书完成情况

2019 年度完成 16737 份报告，同比下降 4.1%。

按检品分类计，2019 年度完成化学药品检验报告 993 份（5.9%），中药、天然药物 1638 份（9.8%），药用辅料 39 份（0.2%），生物制品 7648

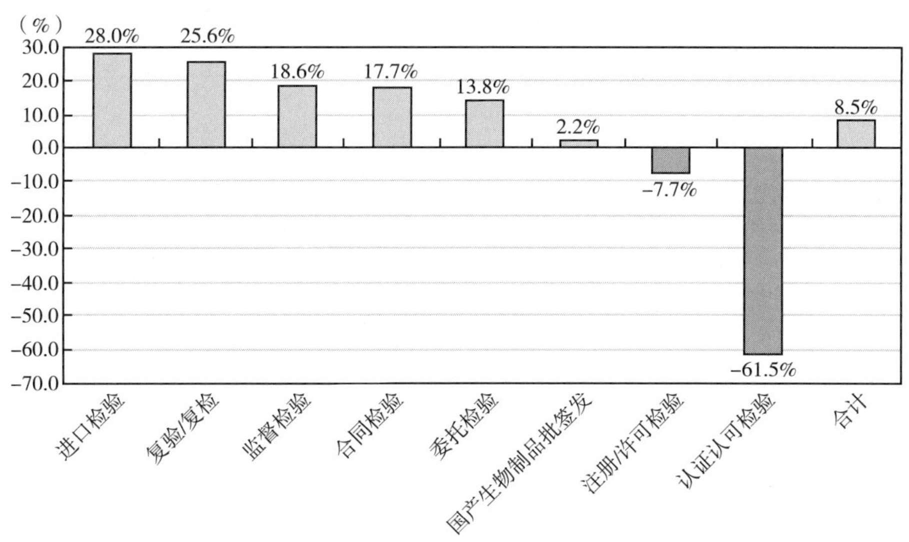

图1-4 2019年度各类检定业务检品受理同比变化情况

份（45.7%），医疗器械682份（4.1%），体外诊断试剂1350份（8.1%），药包材134份（0.8%），食品981份（5.9%），保健食品139份（0.8%），化妆品665份（4%），实验动物512份（3.1%），环境设施检验与监测241份（1.4%），其他类别1715份（10.2%）。（图1-5）

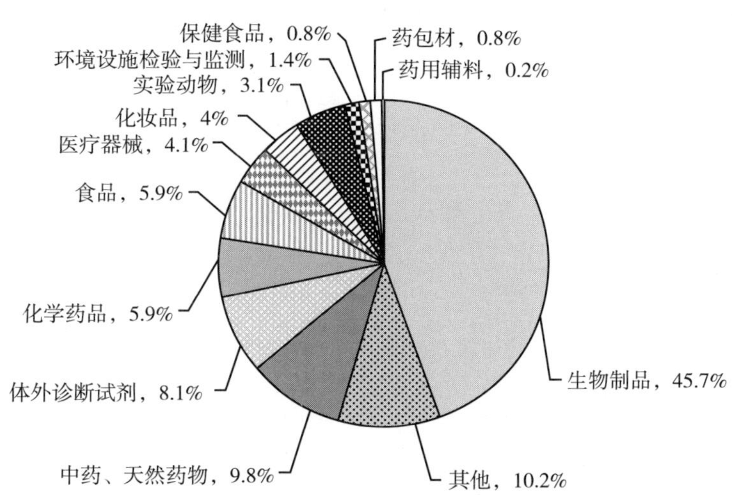

图1-5 2019年度各类检品报告书完成情况

2019年度完成报告同比变化情况：食品增长2235.7%，其他类别增长53.4%，环境设施检验与监测增长29.6%，实验动物增长28.6%，中药、天然药物增长28.6%，化妆品增长14.1%，医疗器械下降5.8%，生物制品下降14.6%，药包材下降15.2%，体外诊断试剂下降18.9%，保健食品下降22.3%，化学药品下降51.6%，药用辅料下降69.8%。关于食品、化妆品增长显著的说明：见检品受理情况同比变化说明。（图1-6）

按检验类型计，2019年度完成监督检验报告3151份（占总签发量的18.8%，包括国家级计划抽验3145份，国家级监督抽验/监测6份），注册/许可检验2342份（14%），进口检验792份（4.7%，其中进口批签发325批），国产生物制品批签发5203份（31.1%），委托检验1337份

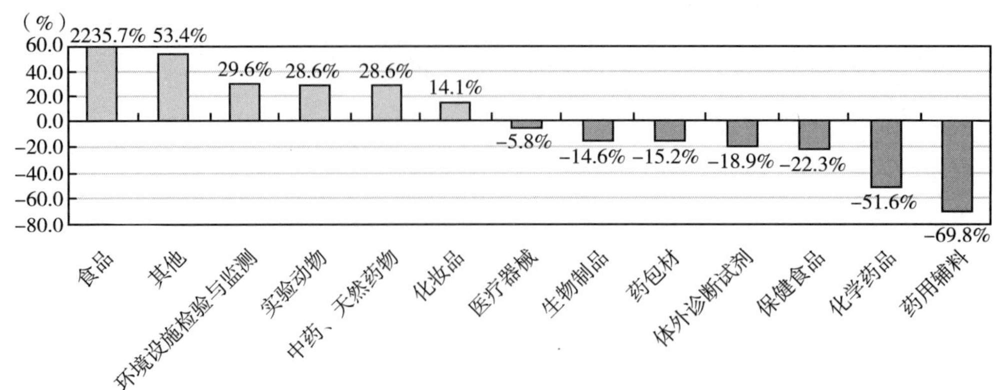

图 1-6　2019 年度各类检品报告书完成同比变化情况

(8%)，合同检验 3658 份（21.9%），复验/复检 213 份（1.3%），认证认可检验 41 份（0.2%）。（图 1-7）

2019 年度完成报告同比变化情况：复验/复检增长 39.2%，进口检验增长 27.9%，监督检验增长 8%，委托检验增长 6.3%，国产生物制品批签发增长 0.5%，合同检验增长 0.4%，注册/许可检验下降 35.4%，认证认可下降 40.6%。（图 1-8）

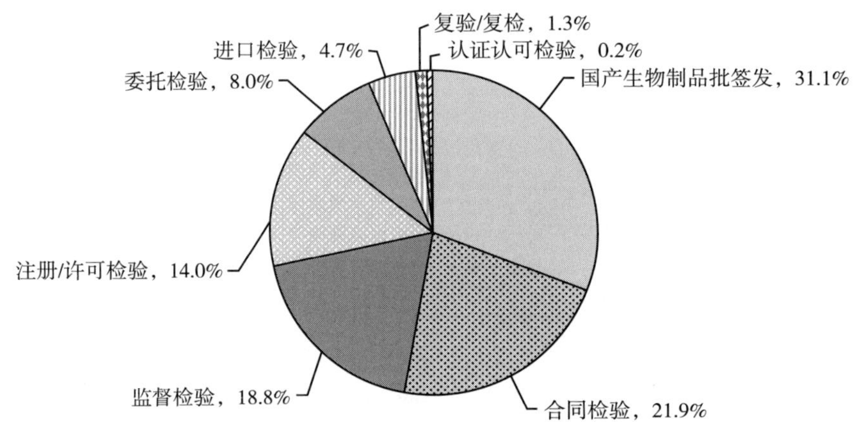

图 1-7　2019 年度各类检定业务报告书完成情况

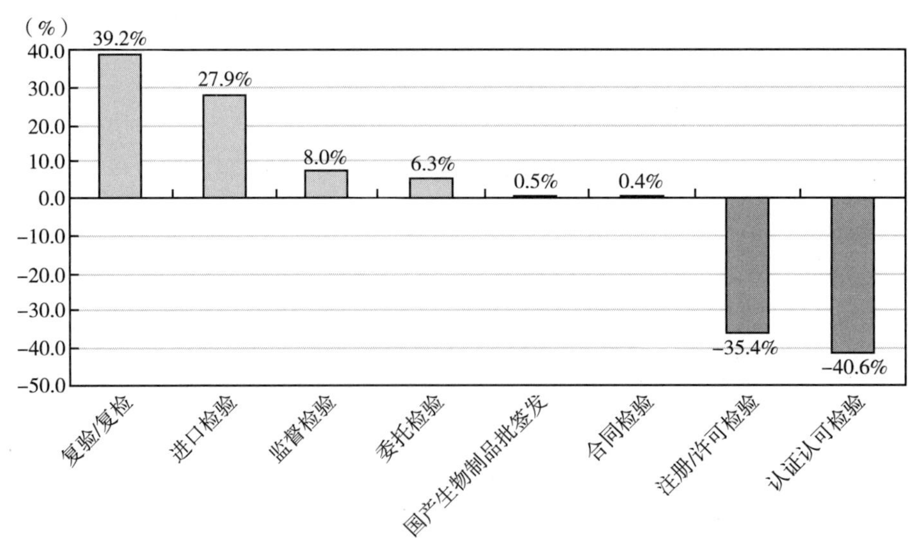

图 1-8　2019 年度各类检定业务报告书完成同比变化情况

生物制品批签发

2019 年度受理了 5578 批，同比增长 3.5%，包括国内制品 5230 批，增长 2.2%；进口制品 348 批，增长 29.9%。疫苗 4544 批，增长 2.1%；血液制品 115 批，增长 155.6%；诊断试剂 919 批，增长 3.3%。（图 1－9）

2019 年度完成了 5528 份报告（不合格制品 2 批），同比增长 2.1%。包括国内制品 5203 批（不合格制品 1 批），增长 0.5%；进口制品 325 批（不合格制品 1 批），增长 37.1%。疫苗 4497 批（不合格制品 2 批），增长 0.3%，血液制品 120 批，增长 172.7%，诊断试剂 911 批，增长 2.9%。（图 1－10）

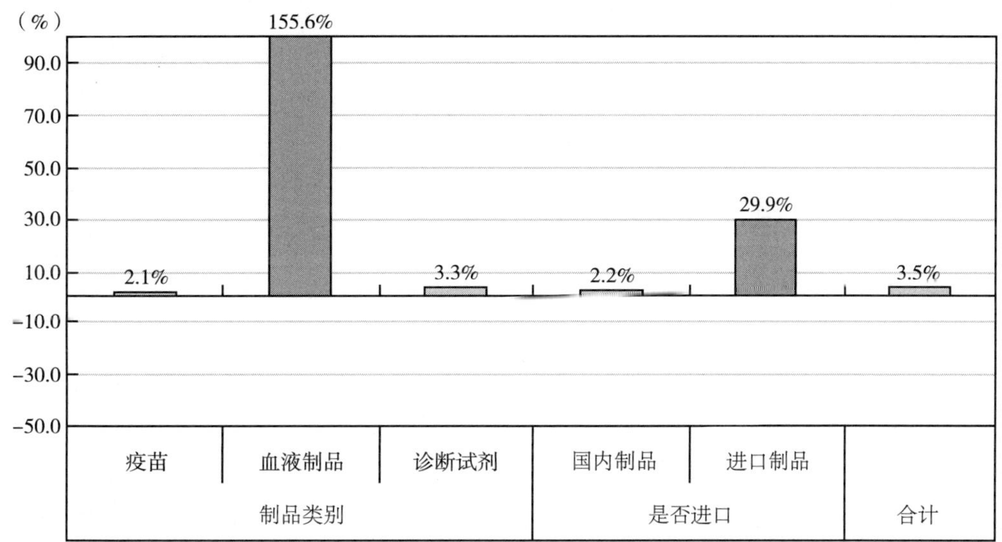

图 1－9　2019 年度批签发检品受理同比变化情况

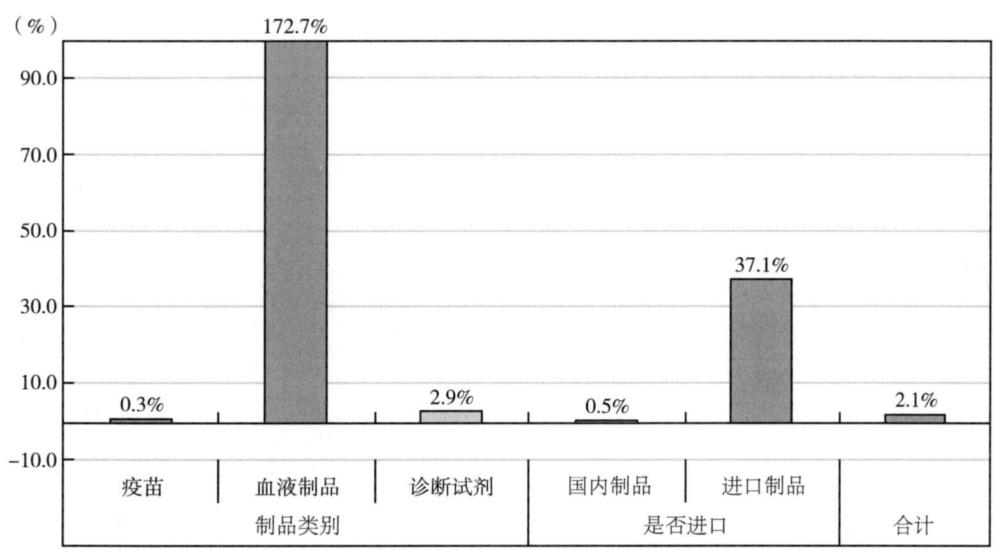

图 1－10　2019 年度批签发报告完成同比变化情况

专项工作

化妆品风险监测专项抽检工作

2019 年中检院通过起草工作规范和相关管理文件，制订年度风险监测计划和工作方案、组织实施风险监测工作、分析研判监测数据、编制阶段和年度总结报告等工作，逐步建立化妆品风险监测体系。全年组织国家化妆品风险监测工作组成员单位共完成祛斑/美白类、彩妆类、祛痘/抗粉刺类、口红、染眉纹眉液等 28 个类别 2393 批次化妆品的风险监测，发现问题样品 376 批次，主要问题为美白祛斑类及祛痘抗粉刺类化妆品非法添加禁用组分（包括重金属、抗感染类药物、激素等）；洗发沐浴类、含甲醛释放体的化妆品等化妆品甲基异噻唑啉酮、游离甲醛等防腐剂超标；海藻面膜微生物超标；产品注册备案批件缺失或过期等，为后期监督抽检计划提供了重点品种和项目线索，助力抽检靶向性的提高。为深入挖掘安全风险，风险监测工作组结合日常监管实际，参考国内外文献，研究了除臭类化妆品中乌洛托品的检测方法、祛痘/抗粉刺类化妆品中阿达帕林等 7 种组分的检测方法等 14 个非标检验方法。通过非标检验方法的研究可弥补规范和标准中检验方法的不足，促进标准体系的完善，为化妆品监管提供技术保障。

药用辅料及包装材料质量专项研究工作

中检院开展了特殊营养注射剂关键大分子辅料精确质量控制方法研究。建立了合相色谱法精确控制特殊营养注射剂中关键大分子辅料结构三酰甘油的质量，将结构三酰甘油的 52 种组分的分离定量，为特殊营养注射剂关键大分子辅料的质量控制建立了指导方法，并研制了用于日常生产质量控制的结构三酰甘油企业对照品。对于特殊营养注射剂常用的大分子辅料氢化大豆磷脂酰胆碱和注射级胆固醇，起草了精确质量控制方法和国家药典标准上报药典委员会。通过以上大分子辅料精确质量控制方法的建立，为特殊营养注射剂的质量控制奠定基础，为国家注射剂一致性评价的顺利开展提供了有力支撑。

中检院以玻璃注射剂包装材料为突破口，全面开展了药包材质量与安全性评估及选择性研究。完成 50 余页，1.5 万余字的《注射剂用玻璃药包材质量与安全性评估及选择性研究（快速预评价）》报告。

另外还结合原辅包与制剂关联审评生产环境检查要点开展了研究工作，完成两家企业的洁净环境数据采集工作及三家企业的现场调研工作，利用风险评估管理工具对其数据进行了风险识别、分析评价，在研究报告中针对找到的风险点提出了无菌制剂用原辅包材料的生产检查关键点及控制措施。

应急检验工作

雷尼替丁应急检验

持续开展化学药品遗传基因毒性杂质的研究工作。中检院密切追踪药物基因毒性杂质最新情况，按照国家药监局工作部署，成立专项工作小组，截至 2019 年 12 月 10 日，已研究建立了雷尼替丁、尼扎替丁、枸橼酸铋雷尼替丁、奥美拉唑、盐酸二甲双胍等药物和中间体的高分辨液质及三重四级杆质谱的检测方法；指导各省级药品检验机构建立检测方法；对雷尼替丁的热稳定性进行了初步的研究；已完成 252 批样品的检测工作；向国家药监局发送阶段性进展报告六期，研究制定化学药品中遗传基因毒性杂质的风险排查方案。

10％葡萄糖酸钙注射液过饱和溶液析出结晶应急检验

针对10％葡萄糖酸钙注射液过饱和溶液析出结晶的情况，中检院开展质量进行研究，进行国内产品现状的调研，并制定研究方案。目前已经确定国内生产厂家共有八种处方工艺，为获取有代表性的样品进行研究，已向相关企业发了调样函，并索取相关研究资料，相关检验工作正在有序开展。结果已上报国家药监局。

生物制品应急事件处理工作

中检院参与“上海新兴免疫球蛋白事件”调查处理工作，为国家药监局妥善处理该事件提供了技术支持；配合发改委、国家药监局、苏州市公安局、新疆公安局、海南公安局等部门处理关于九价HPV疫苗打假案件的调查工作，建立了快速便捷的鉴别方法，并鉴别检测涉假HPV疫苗9批次；针对2019年肉毒毒素产品相关打假工作井喷式增长的情况，受各地公安部门委托，完成49批次的涉案注射用A型肉毒毒素的检验工作。

2019年春节假日期间，中检院对GSK公司的乙肝疫苗在生产过程中由于乙二醇偏差导致引入有机溶剂污染进行研究。相关科室人员加班加点，圆满完成42批次乙肝疫苗挥发性残留物质应急检验任务。

第二部分　标准物质与标准化研究

概　况

2019 年度国家药品标准物质分装及包装

2019 年，中检院全年分装 635 个品种共 328 万支，同比增长 7.8%；包装 590 个品种共 290 万支（表 2－1）；2012 年新版基本药物目录中所需的 1022 个品种的供应率为 100%；全院 3506 个必供品种的全年平均保障供应率 96.42%，满足监管基本需要。处理用户订单 63159 个（同比增长 130%），分发供应了 164 万支；2019 年实现了中检院一级直供。

表 2－1　2014～2019 年度国家药品标准物质分装及包装量

年度	分装		包装	
	品种数（个）	分装量（万支）	品种数（个）	包装量（万支）
2014	685	204	580	191
2015	677	205	563	168
2016	582	237	672	237
2017	445	265	470	243
2018	589	300	600	310
2019	635	328	590	290
同比	7.8%	9.3%	－1.6%	－6.4%

2019 年度国家药品标准物质品种总数与分类

截至 2019 年底，中检院能够提供各类标准物质 4265 种，与 2018 年相比增加 172 个品种，其中生物制品标准物质 205 种，化学对照品 2768 种，对照药材 845 种，医疗器械及体外诊断试剂标准物质 183 种，药用辅料对照品及药包材对照物质 254 种，食品与化妆品标准物质 10 种（表 2－2 和图 2－1）

表 2－2　2014～2019 年度国家药品标准物质分类品种数　　单位：个

年度	生物制品标准物质	化学对照品	对照药材/对照提取物	医疗器械及体外诊断试剂标准物质	药用辅料对照品及药包材对照物质	食品与化妆品标准物质	合计
2014	196	2221	746	56	55	/	3274
2015	204	2520	762	64	130	/	3680
2016	197	2665	767	99	158	/	3886
2017	202	2691	798	107	188	/	3986
2018	196	2724	825	147	197	4	4093
2019	205	2768	845	183	254	10	4265
同比	4.5%	16.2%	24.2%	24.5%	28.9%	150%	4.2%

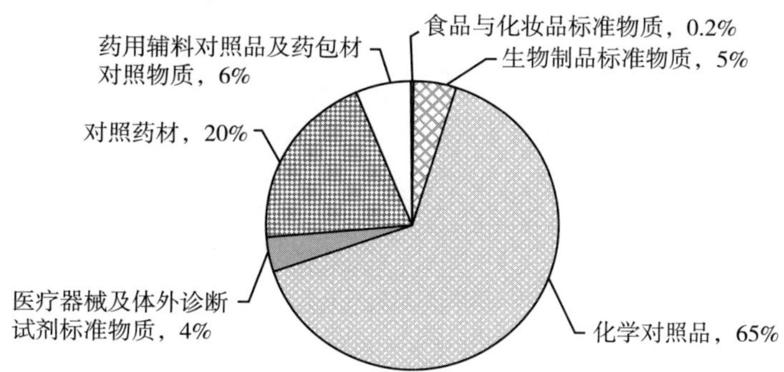

图 2－1　2019 年度国家药品标准物质品种分类情况

2019 年国家药品标准物质报告审核

2019 年共审批 706 份国家药品标准物质报告，其中，首批标准物质报告 205 份，换批标准物质报告 501 份。与 2018 年相比，标准物质报告总量增长 19.1%（表 2－3 和图 2－2）。受理企业新药标准物质原料备案品种 27 个。

表 2－3　2014～2019 年度国家药品标准物质报告审核数

单位：份

年度	首批标准物质数	换批标准物质数	合计
2014	112	311	423
2015	298	274	538
2016	263	444	707
2017	97	373	470
2018	121	472	593
2019	205	501	706
同比	69.4%	6.1%	19.1%

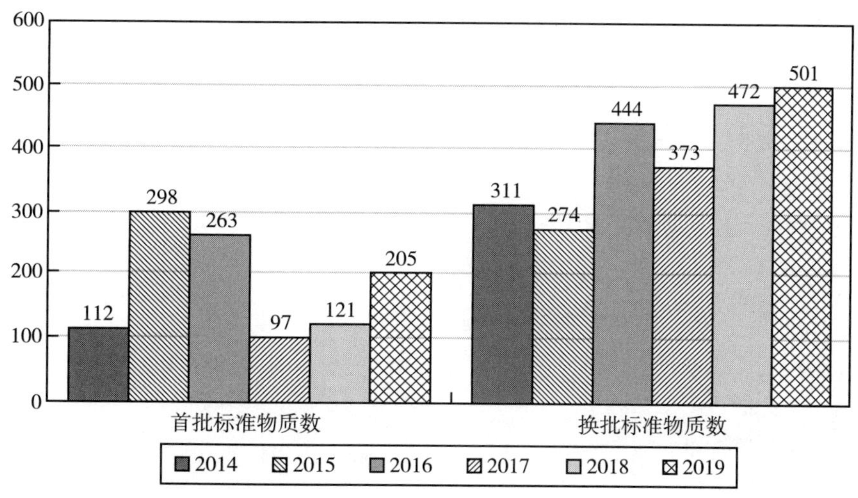

图 2－2　2014～2019 年度首批和换批国家药品标准物质报告受理情况

重点专项

质量体系建设

2019 年中检院制修订了 35 个质量文件（其中新增 15 个），使得标准物质在研制计划、出入库、计划排产、生产及供应等环节的管理更加规范有序，为申请 CNAS 的标准物质生产者能力认可奠定了重要基础。

标准物质管理分类

中检院组织开展了标准物质管理分类专项工作，将原先按照应供管理的新药注册标准收载的

423 个品种调整为必供品种。将现有的 4208 个品种按照应用领域、用途、检测项目及管理类别四个标准进行分类，其中按应用领域分为 16 类，按用途分为 3 类，按检测项目分为 11 类，按管理类别分为 2 类，从而构建了药品标准物质分类体系，为下一步实施科学的分类管理奠定基础。

生产能力升级

针对固体粉末、液体、冻干及危险化学品研究，中检院建立了标准物质生产制备能力的分类与描述文件体系，尤其对生产流程控制、安全与质量要素做了详细的规定，作为各类品种的分包装生产制备作业指导书。另外，中检院还引进了两台自动贴签机，实现了西林瓶和安瓿瓶自动化贴签，提高了包装效率。

中检院利用现有冻干生产线，实现生产环境的在线监测、自动灌装、冻干和封口，已完成生物制品类“尘螨变应原鉴别用兔血清参考品”系列 3 个品种 3000 余支、对照药材类“乌贼墨”约 600 支的冻干制备。成功开展凝血酶、肝素钠、痢疾疫苗临床试验抗体检测用参考品和无菌炭疽疫苗冻干小试和冻干曲线的确立。

通过改进包装容器、进行设备和环境静电消除和提高分包装工艺要求，解决了部分原料的静电吸附、热封口灼烧相变、装量不足及危险品的安全分装等特殊品种的分包装问题。

全面实施一级直供模式

2019 年 1 月 1 日起，中检院全面实施一级直供，为了应对供应模式的转变，有效解决直供带来的订单数、包裹数量、客户咨询量陡增的压力，采取了一系列的工作措施。一是通过调整核对岗，将原来的组内核对改为换组核对，确保了货品、订单、邮寄等信息的一致性。二是增加了大库、配货间的库存盘点频次和对邮运快递结算的审核，捋顺了工作流程，提高了工作效率；三是探索先货后款的工作模式，为海南所等药检机构急需标准物质的采购工作提供了方便；四是召开了标准物质用户沟通会，邀请了 21 家医药企业和 8 家药检机构代表，当面沟通，现场解决问题，受到了客户的一致好评。

质量监测

为保障库存在售的国家药品标准物质的质量，中检院每年开展药品标准物质质量监测工作，按照国家药品标准物质质量监测的有关操作规范，2019 年中检院对 408 个药品标准物质品种进行质量监测。通过对影响标准物质质量的关键因素进行测定和分析，对质量发生变化的品种即时采取停用并发布公告等措施，有效保障库存在售药品标准物质的质量。经过近六年质量监测工作的实施，质量发生变化需要停用药品标准物质的品种数量明显减少，为药品标准物质的质量安全建立了一道有效的“防护网”（表 2 -4 和图 2 -3）。

表 2 -4 中检院 2014 ~ 2019 年药品标准物质质量监测情况

时间	2014 年	2015 年	2016 年	2017 年	2018 年	2019 年
品种数	1005	273	245	411	562	408
停用数	32	12	3	9	5	8

标准物质安全管理

为了消除隐患，中检院对危化品库安装了防盗门并启动入侵报警，建立了独立的排气系统，购置了防爆罐与灭火毯，增加了一定数量灭火器，严格控制人员出入登记，请院安全保卫处对库内设备设施及存储环境进行了安全评估，以防范突发情况，确保安全。

制备生产区和分发供应区监控系统已完成安装并投入使用。制备生产区展示分装、包装及冻干区域，分发供应区展示配货间、包装间核对及大库库区。实现了对外实时展示标准物质生产、供应状况的同时，也实现了对内外的宣传作用。

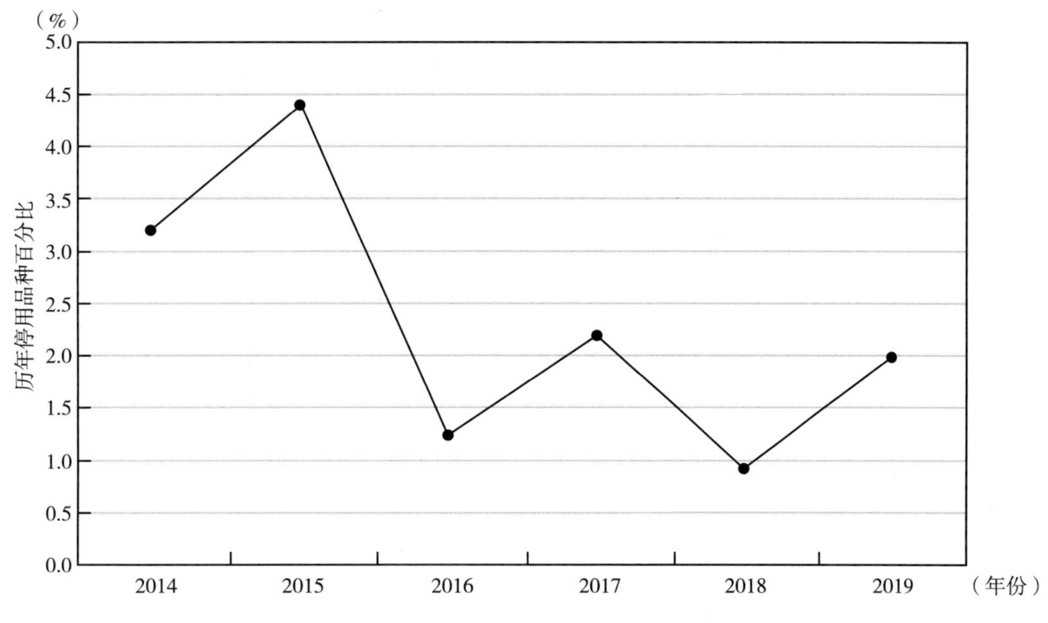

图 2－3　2014～2019 年国家药品标准物质质量监测情况

标准物质研制工作

中检院完成国家药监局专项“当前药品检测急需基因毒性杂质和替尼类药物 15 种标准物质”研制工作，为相关进口药品检验和一致性评价进行了储备性研制，同时，在应急检验用对照品、核磁定量内标物和化学杂质对照品方面还完成 21 个首批及 11 个换批研制工作，填补了国内标准物空白。

标准物质对外信息的发布工作

中检院按照《国家药品标准物质协作标定管理程序》的要求，对国家药品标准物质协作标定实验室名单予以更新。截至目前，协作标定实验室共计 138 家。

中检院发布了两期《注册检验用体外诊断试剂国家标准品和参考品目录》（第五期和第六期），在最新的第六期目录中，共包含 158 个体外诊断试剂国家标准物质。

2019 年中检院已对外发布 11 期供应新情况，告知用户新品种和换批品种的预计上市时间、即将换批品种上一批次的有效使用期限、停用品种及停用时间等信息。

第三部分　食品药品技术监督

制度建设

内部工作管理程序建设

2019年度，为规范国家药品医疗器械抽检工作，加强抽检工作组织管理，规范抽检产品的抽样方案、检验方案、质量分析报告编写，中检院制定《药品质量风险综合分析研判工作程序》《国家药品抽检不符合规定药品申诉研判工作程序》《国家医疗器械抽检抽样方案编写规则》《国家医疗器械抽检检验方案编写规则》《国家医疗器械抽检产品质量分析报告编写规则》。

协助国家药监局完成工作

2019年，根据国家药监局工作要求，为保证国家药品抽检工作规范，中检院组织制定《药品抽样原则及方法》、建立《药品质量风险综合分析研判工作程序》和《国家药品抽检不符合规定药品申诉研判工作程序》、参与修订《药品质量抽查检验管理方法》、《药品生产监督管理办法》、《医疗器械质量监督抽查检验管理规定》和《化妆品监督抽样检验管理规定》；先后完成《化妆品抽样检验管理办法》及其起草说明、《2019年国家化妆品承检机构年终考核办法（草案）》和《化妆品监督抽检承检机构现场检查实施细则》起草等工作。

药品技术监督

国家药品抽检工作

根据《国家药监局关于印发2019年国家药品抽检计划的通知》（国药监药管〔2019〕2号），2019年国家药品抽检品种共191个，中央补助地方经费项目品种为169个。包括化学药70个、抗生素17个、生化药18个、中成药54个、中药饮片5个、生物制品1个、药包材1个、药用辅料3个，属于国家基本药物品种87个。中检院预算项目有22个品种，包括化学药3个、抗生素1个、生化药3个、中成药3个、中药饮片2个、生物制品7个、药包材2个、药用辅料1个，其中属于国家基本药物品种7个。

根据抽检品种的临床用药特点和存在的共性问题，共设立4+7中选品种专项（一致性评价品种专项）、多组分生化药专项等11个专项。

2019年实际抽到品种188个16075批次样品（单硝酸异山梨酯缓释片等3个进口药专项品种未抽到样品）。按质量标准检验，15846批次符合规定，229批次不符合规定；按已批的补充检验方法检验，14批次检出非法成分（其中2批次按质量标准检验不符合规定）。2019年国家药品抽检共产生119份质量分析报告。

《2018年度国家药品抽检年报》和《2018年度国家药品计划抽验质量状况报告》（白皮书）

《2018年度国家药品抽检年报》从宏观角度，按照化学药品、中成药、中药饮片、生物制品等类别，综合分析各制剂产品与饮片的总体质量状况、抽样批次以及各环节的不合格情况，并向生产、经营、使用单位提出了相应的建议。同时，还介绍国家药品监督管理部门对抽检结果的实际应用情况。本报告于2019年8月7日在中检院官网进行公开。

《2018年度国家药品计划抽验质量状况报

告》在宏观介绍质量状况的基础上，从细节入手详细介绍每个评价性品种的质量状况与探索性研究情况，并分别从生产经营单位注意事项、标准修改、监管部门采取措施等方面提出建议。

医疗器械技术监督

国家医疗器械计划抽验

根据《国家药监局关于开展 2019 年国家医疗器械监督抽检工作的通知》（国药监械管〔2019〕6 号）要求，2019 年国家医疗器械抽检共对 54 种产品开展监督抽检，对 5 种产品进行风险监测。监督抽检产品中，有源器械 21 种，无源器械 22 种，诊断试剂 11 种。风险监测产品中，有源器械 2 种，无源器械 2 种，诊断试剂 1 种。抽样范围涵盖全国 31 个省、区、市。抽样环节覆盖生产、进口代理、一般经营、使用单位。29 家医疗器械检验机构承担检验工作。

2019 年，中检院共抽到监督抽检样品 2749 批、风险监测样品 121 批。其中，生产、进口代理、经营、使用环节各自共抽到 1406 批、213 批、703 批、548 批。监督抽检样品中，有源器械 638 批，无源器械 1809 批，诊断试剂 302 批。

经过检验，共发现不合格医疗器械产品 212 批，整体合格率 92. 29%。其中，有源器械不合格 112 批，合格率 82. 45%；无源器械不合格 98 批，合格率 94. 58%；诊断试剂不合格 2 批，合格率 99. 34%。

监督抽检样品中，共包含三类医疗器械 864 批，二类医疗器械 1879 批，一类医疗器械 6 批。三类医疗器械不合格 34 批，合格率 96. 06%，二类医疗器械不合格 177 批，合格率 90. 58%，一类医疗器械不合格 1 批，合格率 83. 33%。

监督抽检样品中，国产医疗器械 2377 批，不合格 181 批，合格率 92. 39%；进口医疗器械（含港澳台）353 批，不合格 30 批，合格率 91. 50%。

《2018 年度国家医疗器械抽检年报》和《2018 年度国家医疗器械抽检产品质量安全风险点汇编》

《2018 年度国家医疗器械抽检年报》包括正文和附件：第一部分“抽检基本概况”，主要介绍当年度抽检各项统计数据；第二部分“系统性成效”，以抽检结果为基础，从较为宏观的视角审视了我国医疗器械行业发展与监管现状；第三部分“专题”，以类别为视角，通过归纳和比较，阐释了抽检发现的典型品种、典型问题，以期达到业界共勉的作用；第四部分“品种综述”，是各医疗器械检验机构在器械监管司的指导和中检院组织下，在对抽检品种质量状况深入研究的基础上形成的每个抽检品种的质量状况综述。综述分品种概述当年抽检情况，分析主要不合格情形和可能造成的危害，对近年来多次抽检的品种质量状况做了纵向对比，并对一些存在地域集中性的品种进行专门分析；附件是《2018 年度国家医疗器械抽检产品质量安全风险点汇编》，从体系、注册、标准等方面对监督检验、探索性研究中发现的可能影响产品安全性、有效性的风险因素进行逐条汇总、整理、分类，共查找到 21 类问题，2000 余个质量安全风险点，供有关部门根据监管实际参考使用。

化妆品技术监督

根据《国家药监局关于做好 2019 年国家化妆品监督抽检工作的通知》（国药监妆〔2018〕58 号）要求，2019 年国家化妆品监督抽检涉及 10 类产品，其中抽检婴幼儿护肤类产品 618 批、染发类（氧化型）产品 1524 批、宣称祛痘/抗粉刺类产品 2155 批、防晒类产品 2165 批、面膜类产品 3148 批、爽身粉类产品 617 批、国产非特一般护肤类产品 1277 批、烫发/脱毛类产品 1189 批、祛斑/美白类产品 2493 批、牙膏产品 340 批。从抽样场所看，所抽样品覆盖专卖店、超市、商场、小商店、批发市场、美容美发场所、药店、网购、其他场所等共 11 个抽样场所。从抽样区域看，抽样覆盖到地级市、市县/区县、省会城市、直辖市、县以下地区共 5 个不同区域。

2019 年，中检院共完成抽检 15526 批，发现不合格产品 559 批，不合格样品检出率 3.60%。从样品来源看，国产样品共抽检 12784 批，共检出不合格样品 543 批次，不合格样品检出率为 4.25%；进口样品共抽检 2742 批次，共检出不合格样品 16 批次，不合格样品检出率为 0.58%。从检验项目分类看，涉及的质量安全问题有检验结果与批件配方或标签标识不符、染发剂超限量超范围、微生物超标、非法添加等 11 类问题。从不合格项次所占比例情况来看，其中问题较严重的有检验结果与批件配方或标签标识不符问题、染发剂超限量超范围问题以及微生物指标超标问题。

保健食品技术监督

保健食品监督抽检和风险监测工作

根据市场监管总局《关于印发 2019 年食品安全监督抽检计划的通知》（国市监食检〔2019〕35 号）和《2019 年食品安全风险监测计划的通知》（国市监〔2019〕5 号）要求，2019 年国家保健食品监督抽检和风险监测抽检在 29 个省份及境外（包括进口样品的代理商/经销商等所在省份）开展，所抽样品覆盖网购环节、批发市场、药店、超市、专卖店、个体经营、商场和其他等共 11 个抽样场所。

2019 年，共完成抽检 2640 批次，检出不合格样品 22 批次，总体不合格率为 0.83%；风险监测共完成 2216 批次，发现问题样品 39 批次，总体问题发现率为 1.76%。

食品保健食品非法添加和虚假宣传专项整治抽检监测工作

按照市场监管总局的委托和要求，组织开展食品保健食品非法添加和虚假宣传专项整治抽检监测工作。2019 年，共完成抽检 310 批次，实际完成抽检 310 批，完成率 100.0%。其中改善睡眠类、辅助降血糖类、辅助降血脂类、辅助降血压类、减肥类、缓解体力疲劳类、提高免疫力类保健食品抽检完成 170 批次，发现不合格产品 2 批，不合格样品检出率 1.18%，未发现问题样品；涉嫌非法宣称的玛咖类、阿胶类、压片糖果、固体冲饮品类、蜜饯类、功能饮料类等普通食品监测完成 140 批，发现问题产品 7 批，问题样品检出率 5.00%。

《2018 年度国家保健食品抽检年报》和《2018 年度保健食品监督抽检和风险监测工作总结及汇编》

《2018 年度国家保健食品抽检年报》从项目的组织实施、总体抽检情况、功能类别、项目类别、发现的问题和监管建议共六个方面进行阐述分析，通过梳理 2018 年保健食品监督抽检结果，发现了质量指标不符合要求、功效成分含量不达标等质量安全风险问题，对了解化妆品存在的质量安全隐患和潜在风险，客观准确评价我国化妆品质量安全状况，提出监管建议。

《2018 年度保健食品监督抽检和风险监测工作总结及汇编》主要包括摘要和正文两部分内容，摘要主要是从宏观角度概述了 2018 年全国保健食品的总体质量状况，正文从计划完成情况、抽检监测结果、主要问题分析、需引起重视的问题和监管建议五个方面进行阐述分析。整体报告以抽检结果为基础，以发现问题为导向，通过对本年度监督抽检数据进行汇总整理，结合往年抽检结果，横向和纵向对比，进行多维度交互的统计分析。同时针对发现的质量安全风险问题和抽检工作中存在的问题，从标签标识管理、抽检类别和场所、修订检验标准以及核查处置等方面给出了针对性的监管建议。

第四部分　质量管理

能力验证提供者体系的建设和运行

国家药监局能力验证工作

2019 年，中检院撰写完成《2013～2018 年全国检测实验室能力验证情况报告》，就能力验证过去 6 年的工作经验及成果进行总结。

中检院组织实施的国家药监局能力验证计划，包括药品 4 项，中药 1 项，临床检验 1 项，辅料包材 1 项，诊断试剂 1 项，化妆品 2 项。总共有 531 家单位报名，参与了 1552 项次，有 1310 项次满意，10 个能力验证计划总体满意率为 84.40%。其中，食品药品医疗器械检验检测系统内有 331 家单位报名，参加了 1224 项次，有 1076 项满意，总体满意率为 87.91%。还有 88 项次结果不满意，60 项次结果可疑。

除了国家药监局项目外，中检院还组织实施了 52 个系统能力验证计划，其中有 4 个计划分别由江苏省食品药品监督检验研究院、中国兽医药品监察所、陕西省食品药品监督检验研究所、山西省食品药品检验所实施，有 1 个计划为认监委 A 类项目。62 个项目总报名单位突破 1000 家，参加项次累计数量达到 3797 项次。

实验室资质评审

2019 年 7 月 20 日至 21 日，中国合格评定国家认可委员会（CNAS）评审组对中检院进行了为期 2 天的实验室认可和资质认定扩项评审。通过听取汇报、现场核查、检查报告以及仪器设备、安排现场试验等多种方式，对中检院有源医疗器械、无源医疗器械及洁净环境检测的技术能力进行了现场评审，对申请扩项的全部技术能力予以确认并推荐。

药检系统实验室质量管理研讨会

2019 年 11 月 15 日，中检院组织召开药检系统实验室质量管理研讨会。部分省级药检机构的负责人、CNAS 药品领域主任评审员、中检院仪器设备管理中心负责人等共计 23 人参加了本次会议。会议就如何应对实验室资质认定的“放与管”备案制、如何应对仪器设备强检目录的变化，以及如何看待《药品管理法》对药品检验机构的要求以及如何合理评价“两品一械”实验室质量成熟度等问题进行了深入研讨。

检验检测质量管理体系的运行与维护

WHO－NRA 疫苗质量控制实验室自评估工作

2019 年 1 月，按照国家药监局统一部署，针对世界卫生组织（WHO）自评估实验室板块（NRA－LT）WHO－GBT 全球基准评估工具，启动第三轮 NRA 评估工作，完成了 NRA－LT 自评估初评报告，对应 WHO－GBT 全球基准评估工具 10 大类 28 项分指标，中检院实验室板块整体完成率 95%。针对未达标的指标，通过与 WHO 专家沟通，除 1 项不适用外，制定了 14 项机构发展计划（IDP）。

为完成 IDP，成立了 NRA 自评估工作小组，全面承担 NRA 评估工作，制定了 2019 年中检院迎接 WHO－NRA 评估 LT 板块工作方案，并且计划在 2020 年 3 月份 WHO 模拟评估之前完成。

2018年度管理评审

2019年4月10日上午，李波院长主持2018年度管理评审。院领导、质量管理体系覆盖的所有部门主要负责人共计25人参加会议。会议听取了“中检院2018年的技术能力变化及检测能力保持情况”“从质量风险角度回顾中检院2018年度实验室质量管理情况”及“药品标准物质专项工作”等3个汇报。与会人员就实验室存在的十大质量风险点及可行性整改措施展开了讨论。

李波院长作会议总结，提出以下四点要求：第一，分级管理。规模大，需要不断创新机制，实验室应做分级管理。第二，分级培训。要在今后的工作中加强科室、所、院各层级的培训，合理分配并规划培训。第三，加强实验室质量管理。要求各部门依据风险评估报告，充分考虑工作中的风险点，并将相关措施落地。要在管理方式上不断创新。第四，加强安全意识。不管是质量安全还是生物安全，所有安全都是头等大事，所有部门都要高度重视。

《国家药品监督管理局重点实验室管理办法》修订研讨会

2019年6月19日至20日，《国家药品监督管理局重点实验室管理办法》（以下简称《办法》）修订研讨会在北京市召开，国家药监局科技和国际合作司科技处、国家药监局重点实验室（以下简称重点实验室）秘书处工作人员以及参与答辩和现场核查工作的相关专家共计23人出席了会议。会议总结了前期重点实验室评定工作中存在的问题，逐条讨论并修改《办法》及相关文件，最终确定了修改方案和意见，为今后重点实验室的评定工作起到了良好的推动作用。

2019年中检院质量工作会议

2019年10月12日上午，中检院召开2019年中检院质量工作会议。会议由院质量负责人、副院长邹健同志主持。会议首先由人事处处长宣布授权签字人职责、授权签字人名单及相关授权签字领域，并由院领导为各授权签字人发放授权通知书。会议第二项，由质管中心负责人宣布6个获得国家药监局首批重点实验室名单，并由院领导为各重点实验室主任发放聘书及重点实验室牌匾。

会议第三项，由医疗器械所、包材所、生检所和质管中心分别汇报《质量检查管理办法（试行）》的应用、WHO合约实验室评审、新版检定系统与质量体系文件对接项目、质量管理体系变化及近期工作部署。

会议最后，党委书记肖学文同志在总结中提出了七个方面要求。一、要充分认识到质量工作的重要性；二、要把习总书记“四个最严”的工作要求贯穿检验工作的全流程；三、要全面实施风险管控；四、要落实质量安全的主体责任制，部门“一把手”是部门的第一责任人；五、要将《药品管理法》、《疫苗管理法》贯彻到全院的学习中，深刻理解并贯彻法规；六、要将党风廉政建设融入质量管理工作，领导干部要敢于担当；七、要重视人才培养等工作。全院科室副主任以上干部以及质管中心工作人员共计122人参加会议。

接受世界卫生组织疫苗预认证（PQ）合约实验室评审

2019年5月27日至31日，中检院生物制品检定所接受了为期五天的世界卫生组织疫苗预认证（PQ）合约实验室评审。评审专家组成员包括WHO总部的Ute Rosskopf博士、Mustapha Chafai博士、刘长暖女士以及WHO驻华办公室的唐铁博士。WHO专家从质量体系、人员资质、样品管理、设施设备、试剂和标准物质、检测方法及验证、检验报告及趋势分析7大方面，对9种疫苗（乙型脑炎疫苗、戊型肝炎疫苗、流感疫苗、脊髓灰质炎灭活疫苗、口服Ⅰ型Ⅲ型脊髓灰质炎减毒活疫苗、人乳头瘤病毒疫苗、肺炎疫苗、ACYW群脑膜炎球菌多糖疫苗和A群C群脑膜炎球菌结合疫苗）的实验室检测进行细致评估。

评审结果为：本次检查未发现关键缺陷和主要缺陷，证明中检院有充分能力对预认证疫苗开展实验室检测工作；同时对标准操作程序（SOP）的规范性、趋势分析报告、外来实验材料验证、检验用细胞的管理、质量管理体系内审的有效性等方面提出问题和整改建议。

中检院高度重视此次评审，希望以这次WHO PQ评审为契机，全面提升疫苗实验室检测和质量管理水平，为2021年接受NRA复评估奠定基础。评审结束后，WHO专家于31日下午与中检院就后续签署WHO PQ合约实验室合同的准备工作进行了交流和讨论。

标准物质生产者质量管理体系建设

CNAS专家组进行标准物质生产者体系年度内审

2019年11月28日，中检院进行了标准物质生产者体系（RMP）年度内审。本次内审邀请CNAS RMP主任评审员担任组长，专家组一行五人，分别来自钢铁研究总院、中国计量院、国家地质分析中心及中国疾控艾防中心。专家组对RMP质量管理体系进行了全要素的审核。质量管理中心及标物中心负责人，中药所、化药所、生检所、器械所、诊断试剂所、食化所、后勤服务中心、仪器设备管理中心的相关人员，以及RMP内审员约50余人全程参加了本次内审活动。

本次内审重点关注了RMP体系文件的合规性、标准物质均匀性和稳定性检验，以及标准物质协作标定等内容，内审过程中专家与内审员及相关实验人员进行了充分的沟通交流。

专家组充分肯定了RMP体系取得的进展。同时，也客观地指出了RMP体系存在的问题，并提出了改进建议。通过本次内审促进了RMP质量体系的持续改进，对内审员也是一个以查代训的学习过程，中检院将在满足相关法律法规要求的基础上，不断地提升标准物质质量，持续为客户提供更优质的服务。

CNAS实验室技术委员会药品专业委员会工作

CNAS实验室专门委员会第四届药品专业委员会全体委员会议

CNAS药品专委会分别于2019年5月和11月，召开了2次CNAS实验室专门委员会第四届药品专业委员会全体委员会议。CNAS认可三处处长唐丹舟、专委会主任委员邹健出席会议，专委会委员、专家及秘书处相关人员30余人参加会议。唐丹舟处长为此次年会致辞，通报了CNAS认可三处的发展情况、最新政策，已经通过认可的实验室数量以及今年新增认可实验室数量，并对专委会2020年工作做出指示。主任委员邹健介绍了2019年专委会主要工作，并就委员及秘书人选调整征求全体委员意见。会上，委员们听取了专委会2019年工作总结，并围绕政府机构改革对药品检验机构的影响、药品检验领域新业态、检验机构能力验证、相关科研项目研究等内容进行了研讨。

第五部分　科研管理

概　述

2019 年中检院在研课题 153 个，科研经费到账 28617.489 万元，其中 2019 年立项课题 68 个（表 5－1），获得专利授权 9 项（表 5－2），获得科学技术奖 3 项（表 5－3），主编出版专著 11 部、译注 1 部，公开发表论文 542 篇，其中 SCI 论文 94 篇，影响因子最高为 12.831。具体内容详见附录。

表 5－1　2019 年立项课题

序号	项目（课题）名称	负责人	专项经费（万元）	起止日期	经费来源	备注
1	医学人工智能产品全生命周期检测平台研发与应用示范	余新华	1314	2019.12～2022.11	国家重点研发计划	承担
2	家庭或个人用可穿戴设备性能检验检测平台的构建	李静莉	76	2019.12～2021.12	国家重点研发计划	承担
3	中药饮片净切质控标准及评价方法研究	魏　锋	130	2019.12～2021.12	国家重点研发计划	承担
4	生物安全样品库信息数据标准及质量管理体系标准研究	高　华	94	2019.12～2022.12	国家重点研发计划	承担
5	食品安全应急保障关键技术与体系的综合应用示范	林　兰	329	2019.12～2022.12	国家重点研发计划	承担
6	牛肉馅中产志贺毒素大肠埃希氏菌分离与遗传溯源方法研究	崔生辉	58	2020.1～2023.12	国家自然科学基金	承担
7	基于何首乌中二蒽酮类成分致其肝毒性假说的炮制减毒机制及质量控制关键技术研究	马双成	55	2020.1～2023.12	国家自然科学基金	承担
8	基于“存效”科学假说的以黑豆汁为辅料炮制何首乌科学内涵阐释	刘　越	20	2020.1～2022.12	国家自然科学基金	承担
9	血管生成调控基因 Adcyap1b 介导头孢菌素诱发血管损伤的作用及机制研究	韩　莹	21	2020.1～2022.12	国家自然科学基金	承担
10	基于碳氟标记荧光探针库构建药用蛋白酶质量控制新方法	刘　博	10	2019.1～2020.12	北京自然科学基金	承担
11	冷适应流感疫苗株的制备与质量评价	徐康维	97.5	2019.12～2023.12	北京市自然基金	承担
12	结核分枝杆菌感染筛查用皮试试剂质量评价的影响因素研究	徐　苗	100	2019.1～2019.12	中国医学科学院公益性行业科研专项	承担
13	实验动物资源发展与管理政策研究	贺争鸣	25	2019.8～2020.12	国家科技基础平台	承担
14	海洋多糖药物的质控新方法研究	范慧红	15	2019.3.2021.3	青岛海洋科学与技术试点国家实验室	承担
15	中国 HIV 流行株假病毒体外评价平台的建立	赵晨燕	182.63	2019.1～2020.12	国家科技重大专项	参加

续表

序号	项目（课题）名称	负责人	专项经费（万元）	起止日期	经费来源	备注
16	抗体偶联药物的质量评价方法和质控标准研究平台	于传飞	329.51	2019.1～2020.12	国家科技重大专项	参加
17	大复方中药申报欧盟植物药的国际注册和开发研究	王　莹	120	2018.1～2020.12	国家科技重大专项	参加
18	组分百白破疫苗/麻风腮系列疫苗/黄热减毒活疫苗质量控制和质量标准的研究	贾丽丽	375.14	2018.1～2020.12	国家科技重大专项	参加
19	埃博拉疫苗临床和产业化及寨卡疫苗临床前研究	王　玲	61.44	2018.1～2020.12	国家科技重大专项	参加
20	恶性肿瘤治疗的单抗类生物类似药质量评价研究	付志浩	140.44	2018.1～2020.12	国家科技重大专项	参加
21	自身免疫疾病治疗的单抗类生物类似药质量评价和国家标准品建立	刘春雨	63.61	2018.1～2020.12	国家科技重大专项	参加
22	聚乙二醇干扰素α2b注射液国际化项目	范文红	17.5	2018.1～2020.12	国家科技重大专项	参加
23	新型注射脂质辅料的产业化及应用的共性关键技术研发和国家和国际化注册	杨　锐	70.5	2018.1～2020.12	国家科技重大专项	参加
24	HIVV1V2抗体及中和抗体检测研究	刘　强	51.89	2018.1～2020.12	国家科技重大专项	参加
25	优势组合疫苗临床免疫评价方法研究	黄维金	71.47	2018.1～2020.12	国家科技重大专项	参加
26	Ad5疫苗试验病毒学及免疫学指标的评价	张　黎	224.81	2018.1～2020.12	国家科技重大专项	参加
27	新型国家标准物质和质控品的研制	许四宏	152.15	2018.1～2020.12	国家科技重大专项	参加
28	突发急性传染病诊断试剂的研制	白东亭	48.34	2018.1～2020.12	国家科技重大专项	参加
29	血清HBV RNA等新型检测试剂国家参考品的研制	周　诚	83.19	2017.1～2020.12	国家科技重大专项	参加
30	器官重建与制造类细胞质量控制方法标准化研究	孟淑芳	1000	2019.7～2022.12	中国科学院战略先导科技专项	参加
31	器官重建与制造类生物材料产品的研制及检验	韩倩倩	150	2019.7～2022.12	中国科学院战略先导科技专项	参加
32	磁控主动胶囊机器人结肠检查临床试验与评估	张　超	55	2019.12.2021.12	国家重点研发计划	参加
33	辩证保健理论研究与中药复方保健产品研发平台整合研究	金　阳	32	2019.1～2021.12	国家重点研发计划	参加
34	高通量自动化样品前处理、智能化现场快检设备研制及快检方法集成	高家敏	77.87	2019.1～2021.12	国家重点研发计划	参加
35	环境和食药侵权领域损害分析模型与评估技术研究	张庆生	34	2018.7～2021.6	国家重点研发计划	参加
36	基于立体化网络建设出生缺陷综合防控示范应用体系	于　婷	67	2018.7～2020.12	国家重点研发计划	参加
37	原料乳中耐药微生物的检测技术开发	赵琳娜	110	2018.12～2021.9	国家重点研发计划	参加

续表

序号	项目（课题）名称	负责人	专项经费（万元）	起止日期	经费来源	备注
38	食品安全突发事件及重大事件应急机制研究	裴新荣	76.4	2018.12～2021.12	国家重点研发计划	参加
39	宿主对病原易感性遗传位点的筛查技术标准的建立	李　加	191	2018.1～2021.6	国家重点研发计划	参加
40	基于人工智能的食品安全突发事件分类和回溯分析	王学硕	40.5	2019.12.2021.12	国家重点研发计划	参加
41	临床解决方案设计、医学实验验证及系统评价研究	许慧雯	75	2019.12.2021.12	国家重点研发计划	参加
42	人工智能医学信息系统测试技术规范制定	唐桥虹	12.9	2019.12～2022.12	国家重点研发计划	参加
43	人工智能医学信息系统软件审评指导体系构建	唐桥虹	12.47	2019.12～2022.12	国家重点研发计划	参加
44	虚拟现实视觉健康的关键评级技术及标准	孟祥峰	110	2020.1～2022.12	广东省科技计划	参加
45	注射用益气复脉（冻干）标准提升成果转化项目	金红宇	20	2018.10～2020.9	天津市科技计划	参加
46	益生菌婴幼儿奶粉生产及安全控制技术产业化	崔生辉	40	2019.1～2021.12	河北省科技重大专项	参加
47	医学微生物资源共享服务子平台运行与服务支撑	张志军 叶　强	217	2019.1～2019.12	国家科技基础条件平台	参加
48	国家实验细胞资源共享服务平台	孟淑芳	35	2019.1～2020.1	国家科技基础条件平台	参加
49	高通量人乳头瘤病毒疫苗免疫原性评价技术研究	聂建辉	29.32	2019.10～2021.10	院学科带头人培养基金	承担
50	建立基于遗传修饰动物模型的药物致癌性评价替代方法	刘甦苏	29.93	2019.10～2021.10	院学科带头人培养基金	承担
51	肿瘤突变负荷（TMB）标准化研究	曲守芳	30	2019.10～2021.10	院学科带头人培养基金	承担
52	杂质遗传毒性评价方法研究	文海若	29.95	2019.10～2021.10	院学科带头人培养基金	承担
53	变应原制品质量控制关键技术研究	张　影	29.56	2019.10～2021.10	院学科带头人培养基金	承担
54	报告基因法测定 IL－4/IL－4R 靶点单抗的生物学活性研究	俞小娟	8	2019.10～2021.10	院中青年发展研究基金	承担
55	建立基于 R26－hSCARB2 敲入小鼠模型的手足口病毒疫苗体内保护力直接检测方法	吴　勇	8	2019.10～2021.10	院中青年发展研究基金	承担
56	数字式助听器语音质量评价方法研究	郝　烨	7.5	2019.10～2021.10	院中青年发展研究基金	承担
57	塑料包装输液类及腹膜透析液类产品中吸氧剂的选择	王　颖	8	2019.10～2021.10	院中青年发展研究基金	承担
58	动物源性生物材料处理剂残留和溶出的毒性研究	史建峰	8	2019.10～2021.10	院中青年发展研究基金	承担

续表

序号	项目（课题）名称	负责人	专项经费（万元）	起止日期	经费来源	备注
59	脑部植入器械的神经毒性评价（原位植入法）	邵安良	8	2019.10～2021.10	院中青年发展研究基金	承担
60	手术机器人定位准确性及系统延迟测试研究	唐桥虹	7.7	2019.10～2021.10	院中青年发展研究基金	承担
61	临床急需化学药品注册检验工作机制创新研究	李文龙	7.26	2019.10～2021.10	院中青年发展研究基金	承担
62	蛋白饮料植物源性成分非定向筛查方法的建立与应用	陈怡文	8	2019.10～2021.10	院中青年发展研究基金	承担
63	高风险制剂用玻璃包装容器快速预评价方法与相容性的相关性研究	齐艳非	8	2019.10～2021.10	院中青年发展研究基金	承担
64	体外采样检测法在SPF级小鼠微生物检测中的应用研究	高 强	8	2019.10～2021.10	院中青年发展研究基金	承担
65	6种双歧杆菌菌株精准鉴定方法研究	任 秀	8	2019.10～2021.10	院中青年发展研究基金	承担
66	能力验证方案指标遴选方法的研究	刘雅丹	5.6	2019.10～2021.10	院中青年发展研究基金	承担
67	注射用头孢硫脒质量评价探索性研究	戚淑叶	8	2019.10～2021.10	院中青年发展研究基金	承担
68	基于化妆品技术审评的系统优化设计和数据库开发	苏 哲	6.3	2019.10～2021.10	院中青年发展研究基金	承担

表5-2 2019年获得专利授权项目

序号	专利名称	授权专利号	公告号	授权日期	专利类型	专利权人	发明人
1	小鼠短串联重复序列的复合扩增体系及检测试剂盒	ZL201610177489.9	CN 105648100 A	2019.1.11	发明专利	中国食品药品检定研究院，北京阅微基因技术有限公司	孟淑芳；樊金萍；徐苗；吴雪伶；吕悦心；陈初光；赵翔；冯建平
2	乙型脑炎减毒活疫苗株SA14-14-2在人二倍体细胞2BS上的适应株及其疫苗	ZL201610180176.9	CN 105695424 B	2019.6.14	发明专利	中国食品药品检定研究院	李玉华；俞永新；余凝盼；刘欣玉；徐宏山；贾丽丽
3	一种脊髓灰质炎Ⅰ型病毒单克隆抗体及其应用	ZL201610515718.3	CN 106119210 B	2019.6.11	发明专利	中国食品药品检定研究院	李长贵；徐康维；英志芳；王剑锋；江征（生检所/呼吸道病毒疫苗室）
4	一种脊髓灰质炎Ⅱ型病毒单克隆抗体及其应用	ZL201610515716.3	CN 105907724 B	2019.6.11	发明专利	中国食品药品检定研究院	李长贵；徐康维；英志芳；王剑锋；江征（生检所/呼吸道病毒疫苗室）

续表

序号	专利名称	授权专利号	公告号	授权日期	专利类型	专利权人	发明人
5	一种用于细菌性疫苗菌种的质量控制的方法	ZL201410617618.2	CN 105628773 B	2019.7.16	发明专利	中国食品药品检定研究院	王军志；徐颖华；张金龙；辛晓芳
6	一种制备 GGTA1 和 iGb3S 双基因敲除的非人哺乳动物的方法及应用	ZL201510122581.0	CN 104894163 B	2019.1.18	发明专利	中国食品药品检定研究院	徐丽明；邵安良；范昌发
7	一种两法联合标定氧气透过量标准膜及其制备方法	ZL201710452697.X	CN107271345B	2019.7.19	发明专利	中国食品药品检定研究院	孙会敏；谢兰桂；赵霞；窦思红；贺瑞玲
8	一种基于 hSCARB2 基因敲入的肠道病毒 71 型感染模型的构建方法及所述感染模型的用途	ZL201510622357.8	CN106554972B	2019.5.31	发明专利	中国食品药品检定研究院	范昌发；周舒雅；刘强；吴星；陈盼；吴曦；王佑春；毛群颖；刘甦苏；左琴；黄维金；李保文；梁争论；李文辉；贺争鸣
9	一种利用相关系数进行药品库数据处理的方法	ZL201710389822.7	CN106979934B	2019.4.5	发明专利	中国食品药品检定研究院	胡昌勤；戚淑叶；邹文博；冯艳春；尹利辉；赵瑜

表 5－3　2019 年获得科技奖励项目

序号	项目名称	获奖等级	主要完成人（获奖人）	完成单位
1	动物药真伪鉴定关键技术突破和中药掺杂使假检测技术平台的建立及其应用	中国药学会科学技术奖二等奖	马双成，魏锋，程显隆，张毅，周娟，林永强，张文娟，刘永利，徐丽华，冯丽，杨平荣，孙磊，金红宇，于建东，刘燕	中国食品药品检定研究院，山东省食品药品检验研究院，重庆市食品药品检验检测研究院，四川省食品药品检验检测院，河北省药品检验研究院，甘肃省药品检验研究院
2	乙型脑炎减毒活疫苗生物学研究及大规模生产应用	四川省科技进步二等奖	李玉华，葛永红，贾丽丽，吴永林，刘欣玉，姚亚夫，俞永新，刘少祥	成都生物制品研究所有限责任公司、中国食品药品检定研究院
3	动物源性医疗器械质量评价关键技术与标准化研究	北京市科学技术进步奖二等奖	徐丽明，邵安良，陈亮，王春仁，史新立，凌友，范昌发，魏利娜，张勇杰，赵鹏	中国食品药品检定研究院，国家药品监督管理局医疗器械技术审评中心，冠昊生物科技股份有限公司

课题管理

国家药监局首批监管科学行动计划重点项目

2019 年，国家药监局启动首批监管科学行动计划重点项目共 9 个项目。其中，中检院作为实施单位承担项目 1 项，即“化妆品安全性评价方法研究”；作为共同实施单位项目承担 2 项，分别为“药械组合产品技术评价研究”和“以中医临床为导向的中药安全评价研究”；参加项目 4 项，分别为“纳米类药物安全性评价及质量控制研究”“细胞和基因治疗产品技术评价与监管体系研究”“人工智能医疗器械安全有效性评价研究”和“医疗器械新材料监管科学研究”。中检院承担和参与项目共计 7 项。

2019 年度中青年发展研究基金课题申报工作

2019 年度中检院“中青年发展研究基金”课题申报工作于 7 月 24 日启动，各所、处、室、中心共推荐 25 个申报课题，20 个课题的申报书通过形式审查。9 月 2 日，院学术委员会组织了答辩评审，19 个课题申报人进行了报告答辩，1 个课题申报人因故缺席弃权。评审结果经主管院长、院长批准，给予“报告基因法测定 IL－4/IL－4R 靶点单抗的生物学活性研究”等 15 个课题（表 5－4）立项支持，专项经费 114.36 万元。

表 5－4　2019 年度中青年发展研究基金立项课题

序号	课题名称	申请人	经费额度
1	报告基因法测定 IL－4/IL－4R 靶点单抗的生物学活性研究	俞小娟	8
2	建立基于 R26－hSCARB2 敲入小鼠模型的手足口病毒疫苗体内保护力直接检测方法	吴　勇	8
3	数字式助听器语音质量评价方法研究	郝　烨	7.5
4	塑料包装输液类及腹膜透析液类产品中吸氧剂的选择	王　颖	8
5	动物源性生物材料处理剂残留和溶出的毒性研究	史建峰	8
6	脑部植入器械的神经毒性评价（原位植入法）	邵安良	8
7	手术机器人定位准确性及系统延迟测试研究	唐桥虹	7.7
8	临床急需化学药品注册检验工作机制创新研究	李文龙	7.26
9	蛋白饮料植物源性成分非定向筛查方法的建立与应用	陈怡文	8
10	高风险制剂用玻璃包装容器快速预评价方法与相容性的相关性研究	齐艳非	8
11	体外采样检测法在 SPF 级小鼠微生物检测中的应用研究	高　强	8
12	6 种双歧杆菌菌株精准鉴定方法研究	任　秀	8
13	能力验证方案指标遴选方法的研究	刘雅丹	5.6
14	注射用头孢硫脒质量评价探索性研究	戚淑叶	8
15	基于化妆品技术审评的系统优化设计和数据库开发	苏　哲	6.3

2019 年度学科带头人培养基金课题申报工作

2019 年度中检院“学科带头人培养基金”课题申报工作于 7 月 24 日启动，各所、处、室、中心共推荐 23 个申报课题，15 个课题的申报书通过形式审查。9 月 16 日，院学术委员会组织了答辩评审，15 个课题申报人进行了报告答辩，评审结果经主管院长、院长批准，给予“高通量人乳头瘤病毒疫苗免疫原性评价技术研究”等 5 个课题（表 5－5）立项支持，专项经费 148.76 万元。

表5－5　2019年度学科带头人培养基金立项课题

序号	课题名称	申请人	经费额度
1	高通量人乳头瘤病毒疫苗免疫原性评价技术研究	聂建辉	29.32
2	建立基于遗传修饰动物模型的药物致癌性评价替代方法	刘甦苏	29.93
3	肿瘤突变负荷（TMB）标准化研究	曲守芳	30
4	杂质遗传毒性评价方法研究	文海若	29.95
5	变应原制品质量控制关键技术研究	张　影	29.56

学术交流

2018年度中检院科技评优活动

根据《科研工作管理办法》，2018年度科技评优活动按所、院两级进行。所级科技评优在13个业务所、中心进行，各所、中心在总结工作的基础上，进行广泛的学术交流，从92个报告中推荐23个报告参加院级科技评优。2019年1月17日，院学术委员会组织召开院级科技评优活动，通过报告、答辩，评选出院级一等奖2项，二等奖7项，三等奖9项。（表5－6）。

表5－6　2018年度院科技评优结果

序号	报告题目	报告人	推荐单位	奖励等级
1	抗体生物类似药质量相似性研究	王　兰	生检所	一等奖
2	新型热原检测替代方法的建立	贺　庆	化药所	
3	能被MERS－CoV真假病毒感染的小鼠模型	范昌发	动物所	二等奖
4	乙酰化对戊肝VLP抗原稳定性研究	许　楠	生检所	
5	脆性X综合征国家参考品的研制及相关评价方法的建立	高　飞	诊断所	
6	玻璃类包装容器性能评估方法的建立及验证	齐艳菲	包材所	
7	神经毒性评价体外替代模型研究	屈　哲	安评所	
8	基于质谱特征碎裂非靶向筛查非法添加物质方法的研究	金绍明	食化所	
9	基于报告基因的促卵泡激素（FSH）体外生物学活性检测方法研究和建立	王绿音	化药所	
10	β－内酰胺类抗生素的聚合物质控研究	李　进	化药所	三等奖
11	Sabin－IPV大鼠效力试验协作研究	江　征	生检所	
12	生命支持设备中流体力学问题的研究	侯晓旭	器械所	
13	基因毒性杂质对照品NDMA的应急研制	吴先富	标物中心	
14	梅毒诊断试剂质量评价及国家参考品的研制	夏德菊	诊断所	
15	基于斑马鱼模型研究何首乌中肝毒性成分	杨建波	中药所	
16	裸鼹鼠呼吸道和肠道菌群结构研究	邢　进	动物所	
17	人血白蛋白多聚体含量UPLC测定方法建立及适用性论证	王敏力	生检所	
18	动物源医疗器械材料特异性抗体检测	魏利娜	器械所	

“创新食品药品安全科技，支撑监管科学不断发展”科技周活动

为全面提升中检院科技能力，更好地适应食品药品监管和高新技术快速发展的需要，中检院于2019年5月20日至23日举办了主题为“创新食品药品安全科技，支撑监管科学不断发展”的科技周活动。本届科技周以监管科学为主线，主要针对创新产品的研发和质量评价，围绕食品药品安全、检验检测、质量控制、风险防控和促进创新研发等安排了4个学术领域的分会场活动。

理化分析分会场，来自北京大学等高校和研究机构的7位专家以及中检院的6位学者，分别从药物及辅料的研发、质控以及监管角度做了精彩的学术报告。北京大学药学院院长周德敏教授作了题为“基于病毒的仿生药物研究”的报告，详细阐述了他们利用密码子扩展技术，通过修改病毒基因编码和多重诱导病毒突变实验，研制出一种全新复制缺陷型活病毒流感疫苗，该成果被《科学》杂志列为2017年全球十大科学突破之一。吉林大学顾景凯教授作了题为“大分子药用辅料多分散性代谢谱的精准分析及其药代动力学研究”报告，为大家详细讲解了利用液质联用技术对聚乙二醇辅料在生物体内分解代谢等的创新性研究，解决了此类大分子药用辅料的体内代谢分析，为指导药物前期研发以及质量监控提供了强有力的工具。其他特邀专家也分别从中药成分分析质量控制、我国化妆品发展现状等各个方面作了深入浅出的报告。

生物分会场，来自厦门大学的夏宁邵教授、清华大学的罗永章教授和复旦大学的徐建青教授，分别以“新型溶瘤病毒的研究及发展趋势”“热休克蛋白HSP90α是一个全新的肿瘤标志物”和“免疫细胞治疗研究进展”为题，与大家分享了相关领域的最新研究进展。院内从事生物制品检定、体外诊断试剂检定、实验动物和食品检定的7位专家，以“基因治疗产品的质量控制研究”“细胞治疗产品的质量评价”“重组人凝血因子的质量评价”“HPV疫苗质量评价方法研究”“梅毒抗体诊断试剂的质量评价”“生物制品用实验动物的质量控制”和“食品微生物耐药与原因分析”为题作研究报告。

药理毒理分会场，中检院邀请的中国中医科学院首席研究员叶祖光教授、解放军总医院肿瘤生物治疗中心韩为东教授、中国药科大学江振洲教授、军事科学院军事医学研究院王韫芳教授分别以“中药经典名方的评价策略”“生物治疗药物应用现状和前景”“中药的肝损伤研究进展”“人体肝脏类器官用于药物评价的转化研究”为题作了报告。中检院专家围绕药品安全评价技术作题为“中药非临床安全性评价新技术研究”“动物源生物材料的免疫原性检测与评价技术和标准研究”“光致敏体外评价方法研究”“化妆品安全性评价的研究进展”等报告，展示了最新研究成果。

医疗器械分会场，来自中国科学院、中国人民解放军总医院骨科研究所、北京理工大学、北京航空航天大学、北京化工大学、华南理工大学的专家从美国认可标准、医疗器械电磁兼容问题及其控制、动物源性医疗器械质量控制关键技术、胶原蛋白质量控制等四大方面，针对相应学科和技术领域的前沿和热点问题展开主题演讲。中检院专家就人工智能医疗器械、组织工程软骨及软骨再生材料、有源植入物的质量评价，医疗器械的血液相容性评价方法，以及低模量钛合金标准化等方面报告了研究进展。

来自北京市药检所、北京市医疗器械检验所、中国人民解放军联勤保障部队药品仪器检验所、军事医学科学院、北京理工大学等检验机构、高校、科研机构与企业人员参加了交流，中检院学术委员会委员、各部门负责人、有关业务所科技人员300余人次参加了本次科技周活动。本次活动的顺利开展，为同行之间搭建了一个知

识共享、学术思想交流的有利平台。在以后的科技活动周中，中检院将进一步扩大学科交流范围，不断提升自身学术能力，为安全监管做好支撑，为医药产业创新发展做好服务。

“干细胞研发进展与质量评价”学术论坛

干细胞研究是生物医药前沿学科的重点发展领域之一，也是“十三五”国家科技计划重点支持的方向。随着从基础到临床的转化，干细胞药物的临床研究和临床试验进入了快速发展阶段。为进一步促进干细胞临床研究规范有序向前发展，以期达成干细胞质量共识，我院于 2019 年 5 月 17 日举办了“干细胞研发进展与质量评价”学术论坛。

本次论坛邀请了国内干细胞国家科技项目管理、干细胞研究及监管领域的专家，以及我院相关研究人员进行了报告。论坛由王佑春研究员主持，李波院长致辞并表示希望通过本次学术交流达成共识，推动干细胞产业的发展。中国生物技术发展中心副主任沈建忠介绍了推进干细胞临床转化的相关政策。张志军副院长、王军志首席专家，国家药监局药品注册管理司张辉处长、科技和国际合作司周乃元处长、药品注册管理司白鹤副调研员，药典委员会，药品审评中心等领导和专家出席。包括干细胞重点专项承担单位及干细胞临床研究备案单位人员、我院生物制品检定所负责人，以及相关科室人员共计 130 余人参加了本次论坛。

论坛就干细胞研发与监管领域中的热点问题进行了专家报告和讨论。中国生物技术发展中心卢姗副处长作了题为“‘干细胞及转化研究’重点专项基本情况介绍”的报告，介绍了干细胞国家重点专项设置情况及取得的重要成果。国家卫生健康委员会科技教育司王锦倩处长和中国医药生物技术协会吴朝晖秘书长分别就干细胞临床研究的监管要求和实施情况作了报告，特别强调干细胞临床机构要加强责任意识。干细胞国家重点专项专家组专家裴端卿研究员和胡宝洋研究员、中科院上海高等研究院李凌松研究员、中南大学生殖与干细胞研究所林戈研究员分别针对 iPS 细胞、人胚胎干细胞、RPE 细胞在疾病治疗的基础研究与临床研究的进展方面进行了报告。我院袁宝珠研究员、张可华副研究员、纳涛副研究员、霍艳研究员报告了干细胞质量标准化研究、间充质干细胞和胚胎干细胞质量评价研究，以及干细胞临床前安全性评价的研究进展。孟淑芳副主任对细胞中心承接干细胞质量检验程序以及干细胞产品研究中常见问题做了报告。论坛最后对我院组织起草的《临床研究用人间充质干细胞质量检验规范（征求意见稿）》和《临床研究用人胚胎干细胞质量评价规范（征求意见稿）》两个文件进行了初步讨论，大家对文件内容提出意见和建议。下一步，我院将以电子邮件形式广泛征集各方面意见，逐步完善两个文件。

本次干细胞论坛为干细胞研发人员与监管部门的深入交流提供了机会，推动了干细胞质量检验规范共识的进一步完善，受到了参会人员的广泛好评，为推动干细胞从基础到临床的转化起到一定的促进作用。

“医用胶原蛋白及其相关产品表征与质量控制”学术论坛

2019 年 6 月 28 日，由中检院学术委员会医疗器械分委会主办，医疗器械检定所和科研处承办的“医用胶原蛋白及其相关产品表征与质量控制”学术论坛在中检院召开。来自全国相关研究机构、大专院校、检测机构、监管机构及生产企业的代表 180 余人参加论坛。

中检院医疗器械检定所负责人介绍了本次论坛召开的目的和意义，表示中检院医疗器械检定所将积极践行监管科学行动计划，通过科学检验，创新检验技术和完善技术标准，为监管提供支撑，助力创新医疗器械尽早实现产业化进程。

根据会议安排，来自国家药监局医疗器械技术审评中心、中科院、各高校和医院等有关专家作了精彩的报告。报告内容涉及胶原基生物材料质量控制方法、胶原基医用材料及其制品的基础研究与产业化、重组类人胶原蛋白水凝胶的特性及应用前景、基于胶原蛋白的组织工程产品研发、医用胶原蛋白类医疗器械的技术审评要求探讨、软骨基质的特性和软骨修复材料的选择与应用、再生型软骨植入物的注册与审评。

与会专家和代表共同交流和研讨了《医用胶原蛋白类产品的表征与质量评价》和《再生型膝关节软骨植入物评价规范》共识文件。起草小组就第一份共识文件的征求意见处理概况进行了说明，并对照共识文件送审稿中重点意见部分带领与会代表进行了现场讨论，并初步达成共识。对个别没有达成共识的内容将由起草小组于会后进一步查找文献和依据，进行完善后再次向社会广泛征求意见后再行定稿。针对第二份共识文件，起草小组介绍了起草的目的和意义、起草依据，并对文件工作组草案稿的主要内容和框架进行了展示和说明。会后起草小组将结合国家对该类产品的审评和监管要求，进一步完善草案内容，形成征求意见稿后向社会广泛征求意见，再根据反馈情况修改完善，最终定稿。

另外，中检院全国外科植入物和矫形器械标准化分技术委员会组织工程医疗器械产品分技术委员会秘书处（ISO/TC150/SC3）为参会代表介绍了组织工程领域的标准化工作概况、标准体系、已制修订的标准情况、将我国行业标准升级为国际标准等国际标准化工作进展及本年度拟组织宣贯的标准清单。同时，介绍了未来 3 至 5 年的标准制修订规划和相关标准品研制计划，希望相关专家及各位代表积极参与这些标准化工作，共同推动相关创新医疗器械的健康发展。

与会代表纷纷表示通过参加本次论坛收获满满，受益匪浅，各位代表积极加入了组织工程秘书处建立的微信公众群，将通过这一产、学、研、检、审的交流平台，共同推进我国相关领域医疗器械的创新发展。

“组分百白破及联合疫苗的研发进展与质量评价”学术论坛

在《疫苗法》明确支持我国研发多联、多价疫苗的背景下，我院于 7 月 5 日组织召开了“组分百白破及联合疫苗的研发进展与质量评价”论坛，旨在促进我国组分百白破和以其为基础的联合疫苗研发与质量控制，通过整合药品监管各个方面的服务资源，从药品审评、药品审核查验、药品质量控制各个监管层面，使研发企业更好地了解联合疫苗在临床和药学方面的审评要点，生产现场检查方面的最新要求，联合疫苗质量控制的最新技术，以及联合疫苗的免疫策略和在计划免疫规划（EPI）中的应用。

本次论坛，特别邀请了国家疾病与预防控制中心免疫规划中心尹遵栋主任做了以需求为导向的疫苗创新研发和规范接种的报告，提出我国联合疫苗的需求方向，以百白破为基础的联合疫苗免疫策略优化。由于近年来，百日咳在计免规划疫苗预防的疾病中感染病例有所增加，现阶段通过研发新型组分百日咳疫苗、修改接种策略、提前接种和儿童加强接种是有效的策略。

我院百白破疫苗与毒素室作为联合疫苗的主检科室，承担了国家重大新药创制“以百白破为基础的联合疫苗质量控制平台研究”课题，在本次论坛上，相关人员介绍了我室最新建立的多项质量控制新方法，包括百日咳中和抗体效价检测新技术、细胞法检测百日咳毒性新技术、类毒素多聚体免疫评价、百日咳体液、细胞免疫评价及免疫持久性等，对于支持新联合疫苗的研发起到重要作用。

通过本次论坛，对联合疫苗与我国免疫程序的对接和应用策略进行了深入探讨，为联合疫苗的实际应用奠定了基础。通过本次论坛，使各个研发企业明确了联合疫苗的发展方向，了解了联合疫苗的技术、临床审评要求以及我国计划免疫对联合疫苗品种的需求。

“2019中国基因治疗产业发展及产品质量控制”学术论坛

2019年10月18日至19日，在北京市大兴区人民政府的大力支持下，中检院科研管理处、生物制品检定所联合中关村科技园区大兴生物医药产业基地管委会及中关村药谷生物产业研究院于中检院大兴院区共同举办“2019中国基因治疗产业发展及产品质量控制”论坛。中检院李波院长、大兴区常务副区长贺锐、大兴生物医药基地管委会主任田德祥，以及大兴区经信委、科委、知识产权服务中心等相关委办局领导出席了会议。来自基因治疗产品的科研学术、产品研发、生产制造和质量控制等领域的专家代表，以及罕见病组织成员等共500余人参加交流研讨。

李波院长首先致辞欢迎各位专家的到来，并介绍道，近年来随着基因治疗产品相关技术的不断成熟和完整，该领域迎来研发的热潮，数量众多的产品处于临床前和临床试验研究阶段，为促进中国基因治疗产业及产品质量控制技术的发展，召开了此次会议，提供和行业内专家、研发企业、检验机构之间面对面交流合作的机会。贺锐副区长随后致辞，对论坛的召开表示祝贺，同时介绍了大兴区在促进生物医药健康产业发展方面的决心和举措。

在大会报告环节，美国北卡罗莱纳大学肖啸教授作了题为“腺相关病毒（AAV）载体基因治疗的进展和前景”的报告。中检院生物制品检定所重组药物室饶春明主任介绍了我国基因治疗产品的质量控制方法和质量标准研究的依据及相关进展。清华大学药学院王闻雅研究员报告了对国际细胞基因治疗监管政策的研究情况，以及相关的启示和建议。美国食品药品监督管理局（FDA）原资深审评员陈长汀博士分享了在FDA工作期间对基因治疗产品的审评经验。北京瑞希罕见病基因治疗技术研究所吴小兵所长对中国基因治疗研究的30年发展历程进行了回顾，并分析探讨了中国基因治疗产业的机遇和挑战。

除了主会场的大会报告，还设置了三个分论坛和两个分会场。分论坛一的主题是基因治疗质量控制研究，作为2019年中检院学术委员会生物分委会的学术论坛内容之一，包括了9个报告，主要内容是《中国药典》（2020年版）《人用基因治疗制品总论》起草情况和基因治疗产品质量研究和检测技术进展情况的介绍，以及基因治疗和免疫治疗安全评估技术的介绍。分论坛二的主题是AAV及罕见病基因治疗，包括13个报告。分论坛三的主题是溶瘤病毒及肿瘤免疫治疗，包括10个报告。两个分会场分别是项目路演专家交流会及罕见病组织专家交流会。

参会代表表示，通过这些报告，他们对基因治疗产品研究进展情况及中检院对这类产品的检验检测和业务管理有了更为深入的了解。报告会后，部分专家与参会代表进行了交流研讨。本次会议为促进基因治疗产业的发展及促进中检院与基因治疗产品相关研究单位在检验检测技术与标准物质研制工作等方面的交流奠定了良好基础。

“医疗器械唯一标识系统关键技术和应用”学术论坛

2019年11月28日，由中检院学术委员会医疗器械分委会主办，医疗器械标准管理研究所和科研处承办的“医疗器械唯一标识系统关键技术和应用”学术论坛在中检院召开。来自全国医疗器械相关监管机构、生产流通企业、科研机构的代表近300人参加本次论坛。

中检院张志军副院长出席论坛并讲话，他指出医疗器械唯一标识（UDI）是医疗器械产品的电子身份证，是医疗器械的“通用语”“国际语”。今年国家药监局发布医疗器械唯一标识系统规则，并和国家卫生健康委员会联合印发《医疗器械唯一标识系统试点工作方案》，各方对UDI的积极性很高，希望通过本次论坛，普及UDI相关知识，促进各方沟通和交流，为今后的实施打好基础。

国家药监局医疗器械注册管理司李军处长介绍了医疗器械唯一标识系统的法规建设情况，试点进度安排以及组织保障，她强调UDI的成功实施需要各方协同合作，形成共赢。来自国家药监局、中检院、中国电子技术标准化研究院、医疗器械生产流通企业和行业协会的专家对UDI系统相关技术标准、感知媒体（载体）技术和标准、国内生产企业和进口代理人UDI实施经验、流通和使用环节UDI的应用等内容进行了分享。

药品全生命周期管理学术交流会

2019年9月27日上午，中检院化学药品检定所与科研管理处联合举办了药品全生命周期管理（ICH Q12）学术交流会，化药所、生检所、综合业务处、监督中心等部门130余人参加了会议。

本次学术交流会得到了默沙东公司的大力支持，四名在化学药品和生物制品质量控制以及监管政策方面的资深专家和高级管理人员，就上市后变更管理的全球性挑战、ICH Q12－可比性研究方案与PACMP、疫苗的上市后变更和生物制品的上市后变更管理四个主题，结合丰富的具体实例进行了详细的讲解分享，并对大家提出的问题进行了充分细致的讨论回答。

随着中国加入ICH，如何提升对ICH指导原则的理解，以及加快ICH指导原则在中国的实施是我们面临的新的挑战。Q12是ICH质量部分最新的指导原则之一，预计将于今年年底正式发布实施。Q12着重关注于药品生命周期的商业阶段，重点内容是药品对批准上市后的变更管理，强调通过加强行业与监管机构间的透明度与协调性，以实现各国药品监管机构在药品全生命周期中管理技术和法规考虑的协调一致。最终达到药品的创新和持续改进，从而提升药品质量，保证药品供应。

“免疫佐剂机制及评价技术研究”学术讲座

2019年3月13日，中检院邀请北京大学生命科学学院副院长蒋争凡教授在新址201会议室作了题为“免疫佐剂机制及评价技术研究”的学术讲座，生检所和动物所80余人参加本次讲座。

蒋教授为教育部“长江学者”特聘教授，“谈家桢生命科学创新奖”获得者，基金委的“国家杰出青年科学基金”及“创新团队”获得者。现为基金委重大研究计划专家组成员，科技部“973”首席科学家等。其研究领域主要为天然免疫应答及细胞信号转导研究，其团队在国际上首次发现并报道了二价锰离子（Mn^{2+}）具有免疫调节活性。

蒋教授介绍了天然免疫的激活机制，免疫调节剂首先与胞内外受体相互作用激活信号通路，然后刺激细胞因子的产生，以达到免疫调节的作用。蒋教授团队在对RNA病毒和DNA病毒对细胞天然免疫的机制研究中发现，在某种条件下DNA病毒很容易激活Hela细胞的天然免疫系统，随后对各种影响因素进行了系统研究，发现二价锰离子（Mn^{2+}）具有较强的免疫调节活性。当发生病毒感染时，Mn^{2+}会作为一种内源的信号分子被特异性地释放，游离态的Mn^{2+}通过激活cGAS－STING抗病毒信号通路，在抗病毒天然免疫防御中发挥警报素和激活剂的双重作用。实验表明，Mn^{2+}的释放与累积使得细胞对细胞质DNA或者DNA病毒的敏感性增加数千倍；更为重要的是，当锰元素缺少时，小鼠对DNA病毒的抵抗能力显著下降。进一步研究显示，锰佐剂可以明显增强水泡性口炎病毒（VSV）、单纯疱疹病毒（HSV）、牛痘病毒（VACV）以及流感病毒（PR8）等抗原的免疫反应。而且发现锰离子是高效的 cGAS - STING 通路激动剂，具备很强的抗肿瘤免疫功能，在多种肿瘤模型中可强烈诱导抗肿瘤免疫反应，对原位癌和转移癌都有显著抑制效果。锰佐剂是一种无机盐佐剂，具有制作工艺简单，成本低廉的优势，具有开发成佐剂的可能。

第六部分　系统指导

系统交流

2019年全国药检系统民族药学术研讨会议在青海省西宁市召开

由中检院主办，青海省药品检验检测院承办的2019年全国药检系统民族药学术研讨会议于2019年9月9日至12日在青海省西宁市召开。青海省药品监督管理局副局长张忠田、中国食品药品检定研究院中药民族药检定所所长马双成，药检系统民族药专业委员会委员以及从事民族药检验工作的相关人员共50人参加了本次会议。

本次会议旨在梳理民族药发展变革、促进民族药质控研究的技术交流、提高民族药研究水平。会议邀请药检系统4位专家作大会报告，并针对民族药质量控制技术平台、民族药制剂质量标准与标准提高、藏药发展现状与展望、民族药品种研究经验与对策共4个议题展开研讨。与会人员一致认为，前期工作主要针对民族药材开展调研、生药学、化学成分等方面的研究，取得了可喜成果，也为将于明年启动的《新编民族药志》的编写工作奠定扎实的基础，希望后续工作能攻坚克难，关注民族成药质量问题，开展民族药制剂的质量标准研究。同时，民族药研究工作应实行优势互补、强强合作，既发挥少数民族省区得天独厚的资源和多年从事民族药工作的专业人才优势，同时，也要联合其他从事民族药研究的非少数民族省区，运用先进技术手段、交流研究经验、加快研究进程、解决突出瓶颈问题，以迎来民族药质控研究的加速发展期。

本次会议还进行了第二届全国药检系统民族药专业委员会的换届改选，包括主任委员2人、副主任委员17人、秘书长1人、副秘书长3人、委员20人，由全国各民族省区及相关省区从事多年民族药管理与检验工作、能够引领行业发展的专业人员组成。会上审议通过了《药检系统民族药专业委员会章程》。

马双成所长发表指导性意见，指出近年来，民族药质量研究工作蒸蒸日上。依托于国家药监局注册司项目，在中检院的带领下，在各级单位的共同支持下，形成了一支传承与创新并举、有凝聚力的研究团队，使民族药质控水平显著提升，研究成果有目共睹。但是，后续研究依然任务艰巨，希望各位专家针对本次会议的4个议题，积极提出问题、热烈讨论、充分论证、达成共识，为民族药质控研究的发展方向提出宝贵意见。希望第二届全国民族药专业委员会的委员们能够总结前期研究经验，针对突出共性问题，提出解决方案。

本次会议通过充分研究讨论，梳理了民族药近几年的发展变革，提出了民族药质控研究的发展方向，初步商讨了《新编民族药志》的研究策略。

会议期间，与会专家们赴西宁大通县东峡镇田家沟村参加了青海省院组织的地方扶贫项目，开展野外药用植物分布情况的考察，了解到该地区中藏药资源丰富，分布有抱茎獐芽菜（藏茵陈）、湿生扁蕾、椭叶花锚、甘青铁线莲、铁棒锤、金露梅、银露梅，以及芍药、三颗针、沙棘等品种，结合当地的精准扶贫与村委会对即将开展的抱茎獐芽菜、芍药和其他药材的抚育工作进行了经验交流和现场技术指导。

系统培训

2019年中国药品质量安全年会暨药品质量技术培训会

2019年6月4日至5日，由中检院主办，四川省食品药品检验检测院、《药物分析杂志》、《中国药事》协办的“2019中国药品质量安全年会暨药品质量技术培训会”在四川省成都市召开。本届培训会以“确保药品安全 维护公众健康”为主题，围绕药品器械检验的新技术、新手段、新方法进行深入探讨，让监管的技术成果直接服务于产品质量提高，进一步推动企业落实主体责任和监管科学的发展。

培训会设置了主会场和中药、化学药品、生物制品、医疗器械、药用辅料和包装材料、诊断试剂6个分会场，来自全国药品和医疗器械检验检测机构、生产企业、科研机构近1500人参会。中检院副院长邹健主持会议，国家药监局医疗器械监管司处长朱宁，国家药监局药品监管司副处长高燕，四川省药品监督管理局党组书记、局长张大中等相关负责同志出席。

培训会发布了药品、医疗器械2018年国家监督抽检情况报告，向业界同行通报最新药械抽检结果，探讨上市后监督的热点质量问题，培训药械质量检验和分析中的相关业务知识，为参会人员提供多维度、多层次的内容和信息。此外，会议结合目前进一步深化审批制度改革，强化事中事后监管等工作重点，剖析在“大市场监管背景”下的国家药品医疗器械监管战略、研发政策。解读ICH等最新的技术指导原则，介绍产业化的新产品质量控制与标准的研究新进展。

6个分会场围绕各自的主题开展了论坛，来自各行业各领域的专家学者，针对国家、省级监督抽检及日常检验中发现的药品医疗器械质量问题，展开了热烈讨论和深入交流。

扶贫培训

把精准扶贫工作与业务工作统筹安排，中检院举办了为期两个月（10月15日至12月15日）的贫困地区及新疆、西藏检验人员业务培训班，来自安徽临泉、砀山，江西龙南、四川眉山及新疆、西藏自治区共10名检验人员参加培训，培训由中药所、化药所、食品和化妆品所承担具体业务培训工作。

培训期间，带培老师从实验思路的建立、数据分析等对学员们进行指导，还教授了器械的使用，标本的制作等实际操作。

12月11日，教育培训中心组织召开座谈会，10名学员以及3个部门的代培老师代表发言。学员们反映通过参加培训，提高了个人的业务能力，拓宽了工作视野，学会了许多工作方法，要将学习成果分享给原单位的同志们，为当地检验所的发展做出自己的贡献。此次培训为贫困地区和新疆、西藏地区培训了业务骨干，培训圆满结束，达到了预期效果。

对外开展交流培训，对全系统进行指导

2019年中检院面向系统内外陆续举办了“全国药品微生物检验控制技术精要培训班”“全国中药分子鉴定技术培训”“化妆品替代毒理学试验技能培训”等，共计培训46项，累计培训3300余人次。

第七部分　国际交流与合作

概　况

出国（境）情况

2019年，中检院共选派专家、技术骨干71人次赴美国、古巴、智利、澳大利亚、南非、英国、俄罗斯、匈牙利、瑞士、瑞典、法国、德国、意大利、希腊、西班牙、丹麦、奥地利、比利时、以色列、阿曼、韩国、日本、中国香港、中国澳门等24个国家及地区访问交流、参加国际会议。其中参加国际会议50人次、执行双边交流及合作项目10人次、境外检查11人次。共组织出访团组50个，其中自组团出访团组21个，参加国家药监局或其他直属单位团组29个。

国际会议

2019年，中检院共选派专家50人次应邀出席世界卫生组织（WHO）、国际标准化协会（ISO）、医疗器械监管机构国际论坛（IMDRF）、国际植物药监管合作组织（IRCH）、美国药典委员会（USP）等国际组织和相关机构召开的会议，以及国际植物药及天然产物大会、全球监管科学峰会等重要国际会议，在大会上作专题报告6个，向世界展示了我国在药品、生物制品和医疗器械等领域的研究成果和科研水平，宣传了我国政府为保障人民用药安全采取的有效措施，扩大了中国食品药品检定研究院在国际上的影响。

国际交流

王军志、王佑春赴瑞士参加WHO生物制品标准化专家委员会会议

世界卫生组织生物制品标准化专家委员会（ECBS）每年召开一次全体委员参加的会议，2019年10月21日至25日在瑞士日内瓦WHO总部召开了本年度WHO ECBS会议。除11名专家委员以外，参加会议的还有11名临时咨询专家、37名政府质量管理方面的专家、14名各相关国际组织的代表，以及20余名WHO各部门有关的代表和专家，中检院王军志和王佑春研究员作为专家委员应邀参加会议。会期5天，分4种形式召开。在21日全天和22日上午的全体会议上，首先由法规与预认证部门负责人Emer Cooke博士致欢迎词，并报告了医药健康产品法规管理的战略方向，重点报告了为保障医疗健康产品质量与安全的5年战略计划。Yuyun Maryuningsih博士报告了血液制品及诊断试剂领域的近期完成和将要开展的工作。此后，NIBSC、EDQM、PEI和C-BER分别报告了其实验室近期所开展的工作及相关标准物质的研究情况。WHO相关部门和有关国际组织也作了相应的报告，包括生物制品INN命名、CEPI支持突发传染病疫苗研发的计划、加强法规系统建设的相关进展、将血液制品整合到全球标杆管理工具（Global Benchmarking Tool，GBT）的工作进展，SAGE疫苗免疫规划方面所开展的工作，以及对生物类似药指导原则是否修订的讨论等。在22日下午和23日全天的两个分会场，分别就相关指导原则以及新研制和将要研制的标准品等进行报告和讨论。该分会场主要对新修订的呼吸道合胞病毒疫苗、灭活脊髓灰质炎疫苗、疫苗和生物治疗产品评价用标准品和参考物质等进行报告和讨论。在24日上午的全体会议上，对标准品量值互换的实验设计和统计分析方法进行了系统报告。对计划开展的用于新技术评价的参考物质进行了系统报告和讨论，如间充质干细胞鉴别参考物质、多能干细胞鉴别参考物

质、基因治疗中复制载体检测的参考物质、Ebola病毒检测方法的标准化的协作研究等。在讨论中，各位专家充分感受到针对新型产品研发标准物质的必要性和紧迫性。24日下午和25日全天的专家委员闭门会议上，专家委员对整个会议内容进行了系统讨论并通过会议决议包括以下主要内容：一、通过了新制定的《呼吸道合胞病毒疫苗质量、安全和有效的指南》和对《脊髓灰质炎病毒灭活疫苗质量、安全和有效的指南》的修改内容。二、通过了系列标准品或参考品。在疫苗方面，包括EV71灭活疫苗抗原标准物质、呼吸道合胞病毒抗体标准品、脑膜炎球菌包膜W组多糖、脑膜炎球菌包膜Y组多糖等第一个国际标准品；在治疗生物制品方面，包括Darbepoetin和阿达木单抗效价国际标准品；细胞和基因治疗方面，包括慢病毒载体拷贝数和慢病毒载体整合拷贝数的标准品或参考物质；在血液制品方面，包括强卡力激活剂（Prekallikreinactivator）、链激酶、凝血因子XIII等国际标准品；在诊断试剂方面，HPV 6、11、31、33、45、52和58型DNA以及HCV RNA等国际标准品。三、通过了一系列新研发国际标准的研制计划，共有23项，主要集中在新技术新方法所研制的产品以及临床需求量大的产品。

母瑞红、杜晓丹随团赴澳大利亚参加3D打印医疗器械检验和评价技术研究课题的研究进展和未来应用交流会

应澳大利亚墨尔本大学邀请，经国家药监局科技和国际合作司批准，中检院医疗器械标准管理研究所母瑞红、杜晓丹随中国食品药品国际交流中心团组于2019年12月2日至6日赴澳大利亚执行参加3D打印医疗器械检验和评价技术研究课题的研究进展和未来应用交流会任务。

会议由澳大利亚研究委员会医学植入技术培训中心（ARC CMIT）组织，该中心负责人Peter Lee教授主持，舒融同志致辞，母瑞红同志和杜晓丹同志分别作了英文报告。会议过程中，中方参会代表与医学植入中心的各位专家进行了精彩而热烈的学术交流。来自墨尔本大学医学植入技术培训中心的Dale Robspanon等6位教授和博士分别就建模和快速原型设计在3D打印个性化颌面修复产品开发中的应用、3D打印骨盆固定接骨产品的开发及临床应用，骨骼微观结构的生物力学测试方法、新型合金材料的开发与验证、3D打印骨科植入物的研究进展、澳大利亚大学在推动创新方面的角色等作精彩演讲。来自中检院的母瑞红主任技师和杜晓丹副主任药师分别就新一代生物材料质量控制关键技术研究和3D打印医疗器械质量评价技术和标准化研究等作英文演讲。同时，双方就3D打印产品智能结构的开发与应用、3D打印技术在骨科领域的最近成果与挑战、如何评价个性化种植体的安全性和有效性、量产产品与定制式产品评价方法的差异等问题展开了讨论，并围绕3D打印医疗器械的产品设计、质量控制、分析检测、法规监管、存在的问题和面临的挑战等多个方面交流了现状和看法。另外，中方还介绍了我国在医用3D打印领域的标准管理情况和建立的首个关于3D打印用原材料质量控制的行业标准情况。会后。中方参会代表在墨尔本大学参观了墨尔本生物医学工程学院和医学植入技术培训中心等实验室。

高华、贺庆赴德国参加欧洲法规管理学会第20届学术年会

应欧洲法规管理学会（ECA）邀请，经国家药监局批准，中检院化药所高华、贺庆于2019年11月11日至15日赴德国杜塞尔多夫参加ECA第20届学术年会。会议邀请了来自世界卫生组织（WHO）、美国食品药品监督管理局（FDA）、欧洲药品管理局（EMA）、药品检验公约与药品检验合作计划组织（PIC/S）、德国血清与疫苗研究所（PEI）等药品监管机构和世界知

名药品生产企业（如瑞士罗氏制药、法国赛诺菲巴斯德、德国默克）的不同领域专家学者进行会议报告。

本届年会主要通过大会主旨报告（2 个）、分会主题报告（62 个）和实验技术培训等形式进行，共设 1 个主会场和 4 个分会场，各分会的主题报告内容主要介绍微生物快速检测方法、内毒素与热原检测方法、生物制品原料和产品的生物分析与生物活性检测方法、分析方法的生命周期管理等领域的最新进展。高华研究员、贺庆副研究员参加了大会主旨报告和内毒素与热原检测方法分会主题报告。参会专家主要介绍了各实验室对单核细胞活化实验（MAT）热原检测法开展的验证、应用与改进工作，以及各国内毒素与热原检测方法的最新进展。贺庆作为中方代表作了“一种新型报告基因热原检测法的建立”主题报告，针对目前 MAT 存在的人血来源不便、方法不易推广和标准化问题，在中检院建立的转基因细胞生物活性测定技术平台上，结合报告基因原理与转基因技术，利用单核细胞系率先建立了更简便的报告基因热原检测法，成功解决了国际 MAT 研究领域面临的上述问题，并对该方法检测相关生物制品（如单抗、疫苗）的热原进行了验证，该方法具有可检测内毒素和非内毒素热原、灵敏度高、准确性好等特点，引起参会人员的广泛兴趣和关注，中方与外方专家还就报告基因法的应用前景、方法协作验证、标准品建立等问题进行了热烈讨论。

邹健、聂黎行随团赴匈牙利参加 WHO 国际植物药监管合作组织第十一届年会

2019 年 12 月 5 日至 7 日，世界卫生组织（WHO）国际植物药监管合作组织（International Regulatory Cooperation for Herbal Medicines，IRCH）第十一届年会在匈牙利布达佩斯召开。由中检院邹健副院长为团长，国家药监局药品注册管理司王海南处长和于江泳副处长，中检院中药民族药检定所聂黎行副研究员及国家药典委申明睿药师一行 5 人组成中国代表团参加了此次会议。

本次年会由 IRCH 秘书处主办，匈牙利国家药学与营养研究所（OGYEI）承办。来自 WHO、中国（包括中国香港特别行政区）、阿根廷、巴西、古巴、美国、欧洲药品管理局（EMA）、德国、印度、匈牙利、日本、韩国、南非、沙特阿拉伯、阿拉伯联合酋长国、亚美尼亚、泰国、加纳等成员国/地区/组织及观察国波兰、瑞士、津巴布韦、乌干达的 45 名官员及专家出席了本次会议。承办方匈牙利国家药学与营养研究所（OGYEI）致欢迎辞，WHO 传统医学及整合医学部 Aditi Bana 博士致开幕辞。大会主要包括 OGYEI 特别报告、IRCH 成员报告、IRCH 新成员（荷兰）报告、MedNet 信息交流平台使用培训、IRCH 工作组报告、国际植物药典（IHP）编制大纲研讨会、植物原料药质量和安全研讨会、各国植物药法律地位信息收集标准研讨会、IRCH 观察员准入制度讨论等内容。

王海南代表中国作了 IRCH 成员报告，介绍了机构改革后的国家药监局负责中药监管的机构和职能、中成药注册管理及《来源于古代经典名方的中药复方制剂简化审批管理规定》、《中药资源评估技术指导原则》、国家药监局落实国务院传承创新发展中医药号召的举措、《中国药典》（2020 年版）（一部）的制定、中药上市后监管等内容，并倡议 WHO 开展针对各国中药监管机构的 NRA 评估。聂黎行代表中国汇报了国际植物药监管合作组织第二工作组的工作进展。中检院代表主要汇报了第二工作组的章程、对照物质技术指导原则、2018 年中检院中药所组织召开的第二工作组会议的交流情况。在植物原料药质量和安全研讨会环节，申明睿介绍了《中国药典》（一部）的结构，并以重楼、金银花等药材标准为例阐释了《中国药典》（2020 年版）以中医临床导向制定药典标准的原则。最后，针对中药安

全性方面的挑战，介绍了《中国药典》（2020 年版）全面制定重金属、农药残留一致性限量标准的情况。

魏锋、程显隆随团赴韩国参加西太区草药协作论坛第 17 届执委会会议

2019 年 11 月 13 日至 16 日，西太区草药协作论坛第 17 届执委会会议在韩国召开。经国家药监局批准，由国家药监局药品注册管理司徐小强副处长为团长，药品注册管理司张体灯及中检院中药民族药检定所魏锋研究员、程显隆研究员一行 4 人组成中国代表团参加了此次会议。出席会议的有来自于中国 NMPA、NIFDC，日本 NIHS、NIBIOHN，韩国 NIFDS，中国香港 Department of Health，新加坡 HSA，越南 IDQC－HCMC，德国 CAMAG 公司的专家共 30 余人。第 17 届执委会会议邀请来自各个国家、地区和有关组织的专家进行了大会交流。会议共分六个部分，第一至第五部分分别就各国家和地区草药政策法规、草药标准化、对照药材研究、上市后安全监测、药草杂交监管、FHH 今后工作计划等内容进行大会报告。第六部分介绍了 FHH 工作计划，包括 FHH 讨论会主题和下一个 20 年行动计划，各方代表围绕这一主题进行了发言和讨论。会议期间，国家药监局注册司中药处徐晓强副处长就我国中药监管体系和最新进展作了主题报告，重点介绍了新修订的《药品管理法》《进口药材管理办法》以及中药注册路径等内容，并就经典名方与参会人员进行了交流互动。中检院魏锋博士分享了我国对照药材的技术要求和供应情况。国家药监局注册司中药处张体灯介绍了《中国药典》（2020 年版）编制进展情况，重点就重金属、农药残留、真菌毒素等外源性成分的风险控制以及一测多评等技术在中药整体质量控制中的应用进行了交流。中检院院程显隆博士报告了中药补充检验方法在我国中药监管中的应用。此外，代表团还同香港代表团讨论了中药标本馆建设等事宜。

张志军、余新华赴英国参加 ISO/TC210 医疗器械质量管理和通用要求技术委员会第 22 届年会

经国家药监局批准，应英国标准化协会（BSI）邀请，中检院副院长张志军、医疗器械标准管理研究所副所长余新华于 2019 年 10 月 8 日至 12 日赴英国伦敦参加国际标准化组织医疗器械质量管理和通用要求技术委员会（ISO/TC 210）第 22 届年会及工作组会议。本届年会为期 5 天，国际医疗器械监管机构论坛（IMDRF）、欧洲标准化委员会和（CEN/CENLEC）、亚洲协调工作组（AHWP）等国际组织和中国、日本、印度、韩国、新加坡、马来西亚、泰国和欧美 20 多个国家近百名代表参加全体会议。我国由医疗器械标准管理部门、国内对口标准化技术委员会秘书处、医疗器械检测机构和企业代表 9 人组团参加了会议。本届年会包括质量体系对医疗器械的应用工作组（ISO/TC210/WG1）、质量原则对医疗器械应用的通用要求工作组（ISO/TC 210/WG2）、医疗器械的符号和命名工作组（ISO/TC 210/WG3）、上市后监督系统对医疗器械的应用工作组（ISO/TC 210/WG6）、风险管理对医疗器械的应用联合工作组（ISO/TC 210/JWG1）、高级结构分析特别工作组（ISO/TC 210/AHG 01）、ISO/TR 22740 特别工作组（AHG）和风险管理专题国际研讨会等 5 个小组会议、2 个特别工作组、1 个专题研讨会和 ISO/TC 210 全体会议。参会期间，张志军副院长会见了 ISO/TC 210 主席 Peter W. J. Linders 博士（荷兰）和 ISO/TC 210 秘书 Vil Vargas 等，就医疗器械质量管理和通用要求标准进行了交流。

母瑞红随团赴美国参加医疗器械监管能力培训

应美国贸易发展署的邀请，2019 年 11 月 10 日至 24 日，中检院械标所副所长母瑞红随国家

药监局团组赴美执行医疗器械监管能力培训任务（HCP 项目）。培训项目共分为两个部分：第一周，在加州大学旧金山分校（UCSF）斯坦福监管与创新卓越中心进行了《FDA 和美国医疗器械法规简介》《真实世界证据（RWE）和真实世界数据（RWD）在医疗器械开发》《医疗器械评估的收益 - 风险分析和实践》《美国质量体系规范》《美国医疗器械生产质量规范检查》《罕见病的远程诊断与监测的医疗器械》《FDA 标准认证程序和共识标准》《美国医疗器械的标准制定与规范及案例分析》等课程学习。第二周，与美国药品监督管理局（FDA）器械与辐射中心（CDRH）监管人员、美国国家标准协会（ANSI）、先进医疗（AdvaMed）、医学影像与技术联盟（MITA）等开展交流及霍普金斯大学医院指挥中心、透析中心、医疗器械工厂等地现场参观。从监管人员、学者、制造业界以及用户等不同角度对美国医疗器械监管法规有了全面了解和学习理解。通过课程学习和参观交流活动对 FDA 和 CDRH 组织结构及 CDRH 职责、工作流程，医疗器械法规体系，以及美国标准体系和 CDRH 认可共识标准的原则程序及在审评中的应用等有了全面了解，增长了知识，开阔了眼界，对今后的工作具有重要意义。同时也深刻认识到交流沟通的重要性，加强我国医疗器械监管工作的宣传，消除误解，提升中国力量。

孙会敏赴美国参加美国药典委员会 2019 年度药用辅料专家委员会面对面会议

应美国药典委员会邀请，经国家药监局批准，2019 年 10 月 23 日至 27 日，孙会敏研究员作为美国药典委员会药用辅料专家委员会委员，赴美国马里兰州洛克威尔市参加了 2019 年度美国药典委员会专委会面对面会议。

会上，孙会敏研究员与国内外专家一同回顾了 2019 年度辅料专委会成果、工作更新计划、深入讨论了 USP 最新科学战略、未来参考标准的更新、PDG 和药典合作的更新、辅料委员会 ECs PDG 工作计划、2020 ~ 2025 年委员会候选人的申请过程和要求，以及专家顾问、候选人合作招聘组的要求；在各论讨论中重点关注了 PLGA/PLA、硬脂酸、小麦淀粉、羧甲基纤维素钠、聚山梨酯 65、二氧化硅/胶态、USP 通则 < 476 > 和 < 1086 > 修订更新、辅料杂质更新、命名原则 - IID 草案的指导意见、化学信息更新等内容；具体讨论聚合物辅料、辅料杂质、新辅料、通则 < 1059 > 辅料功能、供应商资格认证、滑石粉、聚山梨酯系列、甘油、乳糖、复杂辅料（聚乙二醇）等标准相关问题。还建议部分辅料单独制定吸入用或注射用标准，如乳糖（吸入用）标准，优化辅料的分类管理等。此外，作为 USP 聚山梨酯类药用辅料标准更新组的召集人，孙会敏研究员在本次会议中向各国专家分享了《中国药典》（2020 年版）聚山梨酯 65 辅料标准草案，汇报了《中国药典》（2020 年版）、《美国药典》（second draft）和《日本药典》（2019 年 8 月）拟定的聚山梨酯 65 辅料标准草案的具体内容异同及制定依据。孙会敏研究员同时还向与会专家提出了应该如何更好地控制聚山梨酯系列产品（不同规格和用途）质量的建议，以更好地提高含聚山梨酯制剂的临床用药安全性。

徐丽明、汤京龙随团赴瑞典参加第 39 届国际标准化组织外科植入物年度工作会议

经国家药监局批准，中检院医疗器械检定所、全国外科植入物和矫形器械标准化技术委员会组织工程医疗器械产品分技术委员会（SAC/TC110/SC3）秘书长徐丽明和医疗器械标准管理研究所汤京龙副主任随国家药监局团组于 2019 年 9 月 13 日至 17 日赴瑞典参加了第 39 届国际标准化组织外科植入物年度工作会议。中国代表团 18 人，与来自美国、日本、欧洲各国、巴西、加

拿大、新加坡、韩国、印度等30多个国家和地区的专家和代表一道，合计约130人参加了本次会议。组织工程医疗器械产品分技术委员会秘书长徐丽明主要参加了SAC/TC110/SC3对口国际ISO/TC150/SC7的年度工作会议。会上，中国主导的ISO/DTR 24560－1（组织工程医疗产品 软骨核磁评价 第1部分：再生膝关节软骨的临床磁共振评价方法——dGEMRIC和T2扫描技术）标准已完成出版前投票，本次会上由中国项目负责人详细汇报和说明了征求意见处理情况和标准草案的修改说明，并与到会专家进行了现场讨论。此外，中国和美国共同主导的ISO/CD 21560标准已完成CD稿的投票。本次会上汇报和说明了征求意见处理情况和标准草案的修改说明。医疗器械标准管理研究所汤京龙主要参加了TC 150/SC2/WG8心脏封堵器的工作组研讨会，本次会议主要是对ISO 22679 Cardiovascular implants－Cardiac occluders的WD3稿（第三版的工作组草稿）进行讨论，参加该会议的主要是来自于中国、美国、德国、意大利、韩国的专家和特邀参会人员。这次会议对前期工作组专家针对WD3稿所提的意见进行了逐条讨论，统一了外观检查的试验条件，要求进一步完善心脏封堵器体外疲劳试验的试验条件，以尽量和体内临床实际情况相一致，对标准相关条款的措辞进行了进一步的完善。

许明哲随团赴瑞士日内瓦参加世界卫生组织第五十四届药品标准专家委员会会议

经国家药监局批准，应世界卫生组织（WHO）邀请，2019年10月13日至19日，中检院化学药品检定所许明哲主任药师以专家委员的身份，随国家药监局政策法规司孙京林同志为团长的团组，赴瑞士日内瓦参加了WHO第五十四届药品标准专家委员会会议。参加此次专委会的有来自美国、英国、德国、加拿大、中国、日本、巴西、瑞士、南非、坦桑尼亚、津巴布韦等国家的药品监管部门（NRAs）、国家药品质量控制实验室和科研院所的16位ECSPP专家委员、16位临时专家顾问以及来自国际组织、制药企业协会和国家药典等机构的近50位代表出席了会议。本次专委会主要内容共分为：药品质量保证工作进展、国际能力验证（比对）、国际药典标准制修订、国际化学标准物质研制、指导原则制修订和国际课题协作研究项目共六个大的方面。会议期间，WHO质量组的Valeria Gigante博士、西班牙瓦伦西亚大学的Marival Bermejo教授和美国俄亥俄大学的Giovanni Pauletti教授联合向专委会汇报了“WHO原料药平衡溶解度测定研究课题”第二期国际协作研究结果和进展。许明哲和以上三位对与会专家的提问和讨论集体进行了答辩。此外，许明哲还利用会议空隙时间，与质量组的Sabine Kopp博士、Herbert Schmidt博士和Valeria Gigante博士、PQ组的Rutendo Kuwana博士分别进行了四次“边会”，就今后中检院与WHO的合作方向、国际药典各论制修订、平衡溶解度合作研究、快检技术研究与实验室PQ四个方面进行了交流和沟通。

马霄、于传飞、张黎赴韩国参加第四届疫苗研究和质量控制研讨会

经国家药监局批准，应韩国国家食品药品安全评价研究所（NIFDS）邀请，中检院生物制品检定所马霄研究员、于传飞副研究员和张黎副研究员于2019年9月18日至20日赴韩国首尔参加第四届疫苗研究和质量控制研讨会。参加本次研讨会的专家除了来自中、日、韩三国疫苗监管机构的专家外，还有来自WHO西太区办公室的专家，以及来自菲律宾、越南及印度尼西亚等国家的药品监管机构的专家代表。此次会议的主要目标为：（一）交流疫苗质量控制研究的最新进展；（二）分享各国合作经验；（三）促进各国药品

监管实验室在西太区和其他地区的合作。会议主办方韩国 NIFDS 非常重视与中国的合作，提出与中检院签署 MOU 的建议，以加强两国在疫苗质控方面的交流合作。本次研讨会主要分为六个部分：中日韩批签发系统介绍；疫苗研究的最新进展；疫苗替代方法的研究现状；新发突发传染病的防治对策介绍；中日韩 WHO 合作中心的活动介绍；亚洲其他国家疫苗监管机构的现状。会上，生物制品检定所百白破疫苗室主任马霄对我国的批签发系统进行了介绍，包括疫苗检测部门的组织构架、职能、各国疫苗的批签发批次、进出口比例、批签发分类等，并就中国去年的疫苗事件以及我国疫苗法的修改情况进行了介绍。此外，于传飞副研究员介绍了用报告基因检测疫苗热原方法的建立及应用；张黎副研究员介绍了人乳头瘤病毒的抗体检测的标准化研究，包括假病毒中和抗体检测平台的建立、优化以及血清抗体标准品的研制和协作标定情况等。

张河战、耿兴超随团赴意大利参加 2019 年全球监管科学峰会

经国家药监局批准，中检院安全评价研究所张河战研究员和耿兴超研究员随国家局团毛振宾巡视员（团长）于 2019 年 9 月 24 日至 28 日赴意大利参加了 2019 年全球监管科学峰会（Global Summit on Regulatory Science，GSRS），共同参与讨论全球监管科学发展的问题。本届峰会为期两天，主题为“纳米技术和纳米塑料”。来自欧洲各国、美国、中国、日本、加拿大、新加坡、韩国、印度、智利、阿根廷等 30 多个国家和地区约 200 名专家和代表，围绕“纳米技术和纳米塑料的全球监管科学展望，纳米药物监管研究新需求，纳米材料安全性评价，纳米技术标准和标准物质，农业/食品/饲料中的纳米技术，纳米塑料面临的挑战”共六个模块进行了汇报和讨论交流。会议汇报了欧盟、美国、加拿大、日本、中国等在纳米产品方面的监管策略，研究和监管方面的新技术手段和方法，开展的国际性合作项目研究，未来监管的方向和关注点，纳米药物的研发经验和面临的挑战，纳米技术的临床转化，纳米技术相关技术指南和法规，非生物复杂药物、纳米药物及类似物的科学监管，纳米药物、纳米医疗器械和含纳米化妆品的安全性评价研究及策略，纳米产品的理化特性与毒性反应，工业、监管机构和其他利益相关者的纳米技术标准，纳米产品的标准物质和标准检测方法，微米和纳米塑料对人类和环境的危害，微米和纳米塑料与食品安全等。

在峰会上中国代表介绍了我国监管机构对纳米产品的监管要求，并就中检院开展的纳米材料安全性研究情况等与欧盟、美国、日本、加拿大等权威专家进行了交流，中国科学院纳米中心谢黎明研究员作了题为“中国纳米医疗器械标准与评价”的报告。与会代表对中国的纳米技术监管工作表现出浓厚的兴趣，希望中国能够将相关技术标准和监管要求英文化，以便更好地与国际标准对接，同时希望继续加强全球各个国家和部门的联合研究，共同参与全球相关纳米技术标准的讨论和交流。

于健东、王莹赴以色列参加第 30 届国际药物及生物药物分析大会

应第 30 届国际药物及生物药物分析大会邀请，经国家药监局批准，中检院中药所于健东、王莹于 2019 年 9 月 15 至 19 日赴以色列特拉维夫参加第 30 届国际药物及生物药物分析大会（30th International Symposium on Pharmaceutical and Biomedical Analysis），并在大会上进行学术交流。参加会议的有来自亚洲、欧洲、美洲和澳洲等世界各地的数百位从事药物分析、药物研发及植物化学等领域的专家学者。本届大会共历时 4 天，会议分大会报告、主题报告及墙报等多种交流方式进行。主要围绕药物质量控制、药物安全、药物分析新技术及天然药物产品开发等领域展开讨

论。大会邀请多位著名专家进行大会报告，报告分为三大会场共13个主题同时进行，主要包括：药品质量控制和药品安全、生物制品分析及代谢研究、天然药物、药物前处理技术、药品分析前沿技术展望、生物标记物等。其中重点针对药品质量控制和药品安全、药物分析新技术等主题报告进行了学习和交流，探讨了关于CAD、NMR及色谱质谱联用技术在中药分析中的应用。于健东主任药师、王莹助理研究员参加了大会报告、主题报告活动，并进行了壁报交流，题目分别为“枸杞中农药残留风险评估”“不同产地枸杞多糖质量评价”，主要介绍了我国近几年中药中农药残留风险评估、中药中多糖成分检测技术进展及标准研究情况，在壁报展览期间，与其他学者进行了讨论。

宁保明赴美国参加2019年CERSI溶出度技术研讨会

经国家药监局批准，应马里兰大学药品监管科学与创新卓越中心（M－CERSI）邀请，中检院化学药品室宁保明于2019年9月22日至26日，参加了由美国食品药品监督管理局（FDA）与马里兰大学在马里兰州College Park市召开的2019年CERSI溶出度技术研讨会。本次M－CERSI会议的主题是通过药品监管机构、学术机构及工业界专家的研讨，研究建立具有体内预测性的基于生物药剂学理论的溶出度方法及体内外相关性模型（PBBM），为药品安全性、有效性及质量研究提供科学基础。参加本次会议的有来自美国、加拿大、巴西及日本的药品监管机构；美国Purdue University，德国Goethe University、University of Greifswald等大学；Roche、Bayer、AstraZeneca、GSK、Merck、BMS等跨国企业及中国企业的120多名技术专家。会议议题主要包括：PBBM在支持药品质量研究领域的作用及未来；平衡/动态溶解度、表观pH的测定法及其对溶出度的影响；生物溶出介质在建立具有体内预测性溶出方法中的作用；人体渗透性的测定及预测：现状、区域差异及未来；具有体内预测性溶出方法与PBPK的结合：难溶性普通制剂的挑战；弱碱性药物的过饱和、沉淀及成药性；体液体积的动力学变化在具有体内预测性溶出方法建立中的应用；正确模型及模拟的关键因素；生物溶出介质在溶解度测定及生物溶出方法建立中的应用；处方和工艺变更对临床影响（系统暴露）模型的机遇与挑战；模型建立的最佳实践：溶解度、过饱和度、沉淀和渗透性；模型建立的最佳实践：参数优化、灵敏度分析及与临床数据的匹配度评价；普通与缓释制剂工艺变更的影响：从体外到临床；从溶出度到吸收模型：选择、假设及参数估计策略；模型的确认及验证；受试者自身/受试者间变异，以及模型验证的样本量及数据对虚拟BE应用的影响；采用体外咀嚼法和基于PBPK－生物药剂学的生理方法预测酒石酸羟考酮缓释片的体内人体药动学参数；案例分享：采用PBBM模型桥接基于人体生理条件的溶出方法与质控检测；案例分享：采用PBBM及生物标志物有助于理解体内溶出与吸收的机制；FDA/EMA对PBBM的期待：建立安全空间，实现监管灵活性；以事实为依据的PBBM标准的监管机构间协调之路。每天会议报告结束后还分4个小组进行讨论。在会前举行的预备会议中，宁保明研究员通过电话会议和邮件等形式为会议议题提出意见和建议，将中检院职能及PBPK模型在国内的应用情况以会议资料方式提供给组委会，受到会议主办方的高度评价。

马双成等4人赴香港参加香港中药材标准第54次科学委员会会议

经国家药监局批准，应香港卫生署邀请，中药所所长马双成一行4人于2019年6月10日至14日赴香港参加了香港中药材标准第54次科学委员会会议（The 54th Scientific Committee Meeting（SC54），Hong Kong Chinese Materia Medica

Standards）。中检院港标项目合作单位——深圳市药品检验研究院的中药室主任王淑红一行3人也应邀参加了上述会议。此次会议共有来自中国内地、中国香港等从事传统药物研究的专家和代表40余人参加。会议主要分三部分内容。第一部分是审议上次国际专家委员会后各中药材标准的研究和修订情况；第二部分是审议第11期（A）各品种的研究进展，包括样品和标本收集情况、性状和显微鉴别方法、化学指标成分选择三部分的报告；第三部分是审议饮片先导性研究的中英文标准报告。此外，会议期间，卫生署还就改进薄层色谱研究方法，以及增加水活性测定方法的相关建议做了汇报，听取了与会专家的意见和建议。马双成研究员作为香港中药材标准国际专家委员会委员，会议期间对全部的研究报告进行了审议。中检院项目负责人就承担的第11期（A）项目工作计划、样品和标本收集情况；没药的化学指标成分选择进展；苏合香在名称、基原等方面存在的问题及修改建议，以及化学指标成分选择进展进行了汇报。深圳市药品检验研究院汇报了明党参的样品和标本收集及化学指标成分选择进展。此外，还探讨了乳香的基原问题，确定了研究范围，为下一步的研究明确方向。

许明哲赴瑞士日内瓦参加世界卫生组织药品标准专家委员会讨论会

应世界卫生组织（WHO）邀请，经国家药监局批准，化学药品检定所副所长许明哲作为临时专家，于2019年5月1日至5日赴瑞士日内瓦参加了WHO药品标准专家委员会讨论会。本次会议在WHO总部召开，主要讨论内容包括国际药典各论和药品快速筛查技术和方法。会议的主要目的是对起草的国际药典各论、相关技术指导原则和合作项目进展情况进行初步交流和讨论，进一步征求与会专家意见，为将于2019年10月召开的WHO第54届药品标准专家会议做准备。参加会议的有WHO临时专家、来自英国药典、欧洲药典、巴西药典的代表，以及WHO药品监管相关部门的领导和药品标准专家委员会秘书处工作人员共21名。会议召集人为WHO药品质量保证工作组负责人Sabine Kopp博士，澳大利亚药品监督管理局首席化学家Adrian KRAUSS博士主持了本次会议的技术讨论。本次会议日程安排紧密，与会专家就25项议题进行了集中讨论并充分发表了意见。主要内容包括：世界药典大会、国际药典2018～2019工作计划、国际药典各论和附录起草指南、新起草的国际药典附录、良好色谱操作规范、新起草的国际药典各论、能力验证项目、药品快筛技术、国际化学对照品和对照光谱和实验室预认证等内容。会上，许明哲代表我国阐述了异常毒性检查法在《中国药典》收载的情况及在药品质量控制中所发挥的特殊作用，同时简要介绍了我国开展的硫酸卷曲霉素效价测定和HPLC法含量测定转换研究的进展。

马双成等4人赴香港参加香港中药材标准第11次国际专家委员会会议

经国家药监局批准，应香港卫生署邀请，中药所所长马双成一行4人于2019年2月17日至21日赴香港参加了香港中药材标准（以下简称“港标”）第11次国际专家委员会会议。中检院马双成、魏锋研究员，国家药典委员会石上梅作为港标国际专家委员会委员，会议期间对全部的研究报告及研究计划进行了审议。康帅助理研究员就中检院承担黄芩饮片标准研究工作进行了汇报，全程参与了会议的各项讨论。会议由香港卫生署署长陈汉仪医生主持，共有来自中国内地、中国香港、德国、奥地利、澳大利亚、日本、美国、英国、加拿大等地从事传统药物研究的专家和代表60余人参加。会议审议了由中检院、香港中文大学、香港大学、香港科技大学、香港理工大学、香港城市大学、香港浸会大学、中国医药大学所研究机构承担起草的31种中药材标准和8种饮片标准的先导性示范研究工作。其中，由中检院承担的黄芩饮片标准先导性示范研究顺利通过专家审议。会议还就香港中药材和饮片标准研究进展、中药水活性测定、二氧化硫残留风险、部分品种相关检测项目的风险评估等内容进行了报告，对12期准备研究的中药材品种进行了讨论。会议还就是否继续开展中药饮片标准研究，征求了与会代表的意见和建议。经过讨论，鉴于饮片工艺的复杂性和规格的多样性等问题，暂时不再开展饮片标准研究。

王钢力、裴新荣赴英国参加欧洲化妆品原料大会

应欧洲化妆品原料协会和英国商业、能源及产业战略部以及英国大使馆的邀请，化妆品安全技术评价中心王钢力和化妆品检定所裴新荣于2019年10月8日至12日随国家药监局出访团赴英国参加欧洲化妆品原料大会，与英国商业、能源及产业战略部交流了化妆品监管政策与经验，并听取了英国标准协会关于英国化妆品标准制定的程序和管理思路的介绍。通过这次出访交流，了解了目前欧洲化妆品原料的现状及面临的部分问题，同时向与会人员介绍了我国我国对于化妆品产品及原料的管理情况；了解了英国化妆品监管的组织架构和基本制度、实施化妆品监督执法的思路、关于化妆品GMP的管理规定以及对于化妆品标准的管理思路等，为下一步国内化妆品监管政策的改革和创新提供了参考。

张凤兰、罗飞亚赴南非参加OECD GLP检查实践研究及数据互认讨论会

为提高我国化妆品安全监管能力，促进国际交流，应世界经济合作及发展组织（Organisation for Economic Cooperation and Development，OECD）及南非认证认可委（South Africa National Accreditation System，SANAS）的邀请，化妆品安全技术评价中心张凤兰和化妆品检定所罗飞亚于2019年10月6日至12日随国家药监局出访团赴南非参加OECD GLP检查实践研究及数据互认讨论会。通过本次培训研讨，更加深入系统地了解OECD GLP准则的主要内容、OECD GLP检查工作开展情况，以及在实践GLP检查中需要关注的重点。通过与OECD和SANAS就我国加入GLP/MAD体系的专题研讨，有利于进一步了解数据互认体系的工作流程，推动我国在化妆品安全性评价方面尽快实现与国际接轨，促进我国汇总科学监管能力水平的提升。

世界卫生组织在华合作中心协调办公室来访中检院调研

2019年7月19日，国家卫生健康委员会国际合作司国际组织处处长汝丽霞、世界卫生组织（WHO）在华合作中心协调办公室、WHO驻华办技术官员一行来访中检院，对中检院WHO生物制品标准化与评价合作中心（WHO CC）进行调研。中检院WHO CC主任之一王佑春研究员主持调研座谈会。生物制品检定所副所长徐苗和相关人员参会。此次走访调研的目的包括：一是为了深入了解WHO在华合作中心为代表的全球卫生机构在卫生领域开展的多边、双边合作情况；二是调查分析WHO在华合作中心在合作领域、类型、内容、方式、参与机构、进展及产出等方面的情况，以及参与“一带一路”卫生领域合作方面的情况；三是探索促进WHO在华合作中心能力提升、履职的政策建议与措施。会上，双方就中检院作为WHO CC的现有情况及开展合作中存在的困难进行了详细交流和讨论，为进一步提高在国际合作中的互学、互建和共赢提供了思路。

美国药学科学家协会代表团来访中检院

2019年6月3日，美国药学科学家协会（AAPS）代表团Lu Xujin先生、Sandra Suarez Sharp女士、Nikoletta Fotaki女士、Zhou Liping女

士一行四人到访中检院，中检院院长李波主持接待，化学药品检定所所长张庆生、副所长许明哲等参加座谈交流。双方就仿制药评价、溶出度质量研究关键技术面临的共同挑战、豁免体内研究等方面进行了深入交流。Lu Xujin 博士感谢李波院长再次会见 AAPS 代表团，并邀请中检院参与 AAPS 会议，发出中国声音。会后，代表团一行参观了化学药品检定所，AAPS 专家对中检院先进的设施、设备和技术实力高度评价。与化药所负责人在药品标准制定中面临的挑战、药品体内外相关性评价、合作交流等内容进行了交流。双方一致同意，通过共同举办学术会议、与巴斯大学等院校开展人员互访以及加强与美国 FDA 的合作交流，共同推进药品质量研究的发展。

德国疫苗及血清研究所专家来访中检院交流流感疫苗批签发工作

2019 年 2 月 20 日，德国 PEI 研究所病毒性疫苗实验室 Evelyne Kretzchmar 博士访问中检院生物制品检定所，并就流感疫苗批签发作了专题报告。Kretzchmar 博士介绍了 PEI 的机构构成、各部门的工作分工、历史与职能，以及目前欧盟范围内疫苗批签发体系的运行概况。中检院呼吸道病毒疫苗室介绍了国内流感疫苗生产、批签发及质量概括，并介绍了 2018 年度流感疫苗批签发中针对参考品问题开展的相关研究，以及快速中和抗体检测方法的建立和应用。鉴于流感疫苗每年更换毒株，疫苗需要每年生产和接种，具有非常强的时效性，对国家质控试验室带来巨大的挑战。双方对于流感疫苗检测中涉及的毒种、参考品等问题进行了深入交流，互相介绍了工作经验。会后，Kretzchmar 博士参观了呼吸道病毒疫苗室并就流感疫苗检测技术进行了现场交流。

巴西卫生监督局代表团到访中检院交流

2019 年 1 月 29 日，由巴西卫生监督局特定药品管理部门经理约翰·保罗·西尔韦里奥·佩尔费托先生为团长的巴西代表团一行 10 人到访中检院。中检院副院长邹健接见了巴西卫生监督局代表团，中药民族药检定所所长马双成、中药所和安全评价研究所相关人员参加座谈交流。邹健首先向巴西卫生监督局代表团表示欢迎，传统药作为中巴人民用药的重要组成部分，在药品使用和质量监管方面都有着各自的特点和优势，希望通过此次交流，双方能加强了解相互学习。佩尔费托先生对中方的接待表示感谢，希望通过此次来访学习传统药质量监管经验，为巴西在传统药监管规章制度的制订和传统药立法方面提供借鉴。中药所和安全评价研究所人员分别向巴西代表团介绍了中检院和中药所的职责和基本概况、中药材、中成药质量监管情况、中药外源性污染物的残留检测和风险评估，以及我国良好实验室规范等。双方还就中成药质量标准的建立、中药新药审评过程、非标方法的建立和质量评价等进行了交流。会谈后，巴西卫生监督局代表团参观了中药标本馆。

国际合作

路勇、吴先富赴德国和比利时执行标准物质研制与管理合作项目

应英国政府化学家实验室（LGC）和欧盟健康消费和标准物质联合研究中心（JRC）的邀请，经国家药监局批准，中检院院路勇副院长、吴先富副研究员于 2019 年 10 月 23 日至 30 日访问德国和比利时，执行标准物质研制与管理合作项目任务。访问德国 LGC 期间，代表团访问了 LGC 位于德国卢肯瓦尔德的研发和物流分销中心以及韦塞尔的销售和客服中心。此外，还参观了 LGC 标准物质原料合成纯化实验室、分析标定实验室、分包装车间、物流分销中心和客服中心。双方在标准物质的管理模式、工作机制、研制和生产技术、仓储和分发供应等方面展开广泛、深

入地交流和讨论。同时，双方就前期已开展的标准物质联合研制、学术交流等方面的合作进展及成效交换了意见，并签署《关于标准物质技术和联合研制合作谅解备忘录》。在访问比利时JRC期间，代表团参观了JRC赫尔分部标准物质原料生产实验室、分析检测实验室和分包装车间。参观完实验室，在其后的交流讨论阶段，双方介绍了各自标准物质的研制情况和管理模式，并对有证标准物质与标准物质异同点、标准物质定值等技术问题进行了讨论。本次是双方在标准物质领域的首次交流，双方期望今后在该领域进一步加强交流与合作。最后，代表团介绍了未来将联合USP、EP、EDQM等机构定期举办全球药品标准物质会议的设想，JRC对此十分感兴趣并表示届时将派技术专家积极参会。

中检院接受越南国家药品检验所访问学习

2019年10月14日至18日，受世界卫生组织委托，中检院接受越南国家药品检验所来访团学习。10月14日上午，质量管理中心组织召开了中越双方人员碰头会，中检院副院长邹健出席并表示欢迎，质管中心负责人向越南来访团介绍我院质量体系基本情况及管理架构，双方进一步明确了来访团学习安排。越南来访团在我院期间，学习了质量管理体系的CAPA、内审及管理评审运行模式和管理办法。实地参观了化药所、器械所、生检所、动物所等实验室，重点学习了数据完整性、方法学转移、验证及确认、新版检定系统、样品流程管理等。

第八部分 信息化建设

信息系统建设与维护

新旧址间灾备机房项目（小型基建项目）

中检院新旧址间检验数据灾备项目是2018年申请财政部立项的小型基建项目。2017年批复可行性研究报告，2019年批复项目初步设计，共涉及财政经费1737万元。2018年下达109万元，2019年下达1628万元。2018至2019年完成了旧址灾备机房建设、旧址灾备中心的设备集成及系统建设、新址机房灾备区域划分及软硬件集成建设等工作。并于2019年12月通过了项目终验。该项工作已完成初验和终验，正在申请国家药监局的结项验收。

本项目完成后，将实现中检院业务数据的异地备份，进一步强化中检院信息网络系统的数据安全技术保障。

网站平台升级及改版工作

网站平台升级项目于1月份正式启动，10月通过项目终验。包括两部分：（1）硬件环境升级。从原先单点应用服务器和单点数据库服务器的架构升级为由五台服务器组成的集群式架构，采用前后台分离部署，前台任意一台服务器出现问题不影响另外一台前台服务器的运行，大大提高了网站的安全性。（2）软件环境升级。网站发布平台从HISIWEB3.0升级为HISIWEB4.0，升级后发布平台技术框架和中间件的升级，确保不会出现由于技术落后而出现的安全漏洞；增加防篡改软件；发布平台增加了实时监控软件，可以随时查看硬件使用情况，网络带宽情况，访问用户情况等。

中检院门户网站改版工作，经过广泛征求意见、多次研究修改，目前形成了最新的《中检院门户网站改版栏目设置方案》。该方案中整合了六个二级网站；一级栏目精简为6个，主要包括：机构、新闻动态、党建工作、信息公开、检定服务、专题专栏。11月份启动门户网站页面改版项目，目前已经设计了三版风格的网站，其中第二版通过院办及分管院长的认可，并进入开发设计阶段。

2019年中检院网站发文共计2147篇稿件，其中外网1200篇，内网947篇。

新址基础无线网络建设项目

该项目于2019年3月中旬启动，由于项目覆盖面较大，涉及新址东西两区，各楼宇情况复杂，于5月下旬完成项目的可行性研究工作，7月完成初步设计与概算环节，并对可行性研究报告和初步设计方案进行评审，听取第三方意见和建议，完善项目内容，充实项目方案，扎实项目基础。10月下旬通过招标方式选择监理单位和施工单位，并邀请专家对项目深化设计方案把关，在现场实施前做最后审核。目前项目已基本完成室内设备安装，进入调试和补充阶段，预计2020年春节后可进行试运行。

中检院信息中心供应商名录制定工作

为规范中检院信息化建设工作，加强对供应商的管理，依据《中国食品药品检定研究院政府采购管理办法》及《中国食品药品检定研究院供应商管理办法（试行）》相关规定，开展信息中心信息技术类、档案服务类、计算机及网络耗材类、图书期刊服务类供应商的名录制定工作。

2019年面向全社会公开征集供应商，已完成第一期名录的注册、评定、公示及上报备案工作。目前已有59个企业上报资质信息，其中有54家企业已通过资质审核。

2020年将对名录的规范使用及持续更新进行下一步的工作。

委托项目

市场监管总局的国家食品安全抽检系统建设

系统从2014年建设至今，已有机构5000多家，用户近8万余人。2019年收集四级食品抽检数据300多万批次，高峰期一天出具4万份食品抽检报告，相当于中检院每年检验报告的2倍，系统的建设和推广使用对于食品抽检工作的高效、规范开展起到了巨大的推动作用。以2019年开展的市县农产品抽检任务为例，下半年，通过食品抽检系统开展了全国3000个市县的农产品抽检任务，实施效果非常明显，不合格率较去年同期提高了0.57%，对应下半年110万批次任务，就是6000批次几万公斤的不合格农产品。目前开展的工作一是配合市场监管总局信息中心的系统迁移，该系统计划于12月30日从我院停止运行；二是对前几年的数据进行梳理，找出问题并提出改进措施，保证系统明年移交至市场总局信息中心后能够进一步完善优化。

特殊药品生产流通信息报告系统

完成特殊药品生产流通信息报告系统开发生产计划管理和追加计划管理功能工作，并按照信息系统等级保护三级建设要求进行安全加固。定期巡查和维护该系统，及时处理发现的故障和潜在风险，保证系统稳定高效运行。

化妆品行政许可及进口非特殊化妆品备案系统

完成化妆品行政许可系统由中保委迁移至中检院，并开展了化妆品行政许可系统升级的前期技术准备工作。

国家药品、化妆品、医疗器械抽验管理系统电子报告建设

中检院拟在国家药品、化妆品、医疗器械抽检系统中使用电子版检验报告，信息中心已开展了药品、化妆品、医疗器械抽检系统电子报告模块建设的前期技术准备和意见征集工作，已商综合业务处由其签报立项建设。该项目参考了食品抽检系统中电子版检验报告使用的成功经验，且化妆品、医疗器械抽检工作也由我院监督中心统一管理，因此监督中心提出了在药品、化妆品、医疗器械国抽工作中进行统一应用电子检验报告。该项工作已经完成了合同签订，计划在明年3月底完成该项任务的技术开发，然后在全国药品、化妆品、医疗器械抽检工作中推广使用。

向国家“互联网+监管”系统上报数据工作

工作内容是向国家“互联网+监管”系统报送行政监管行为数据，涉及中检院为药品、医疗器械、化妆品的抽验行为数据，即从国家药品抽验管理系统、国家医疗器械抽验管理系统、国家化妆品抽验管理系统中提取数据，经过清洗、整理后向国家“互联网+监管”系统报送。8月，通过文件方式完成了2019年1月至7月数据的报送。目前，正在整理2019年之前及2019年7月之后的所有抽验数据。

药品品种档案管理系统对接数据工作

该项工作是与国家药监局信息中心药品品种档案管理系统进行数据对接，向药品品种档案管理系统上传包括国抽药品报告书、批签发证明、药品注册检验报告书数据。根据局信息中心安排，已经完成了第一期2015年至2018年新批准

上市药品的相关数据上传工作。目前，正在进行所有疫苗相关数据的整理和上传工作。

配合国家药监局“单一窗口”进口药品和药材备案管理系统，建设“进口药品报告书共享平台”

2019年根据国家药监局综合规划财务司、药品注册司、国家口岸办等相关文件及会议的要求，中检院接受中国国际贸易“单一窗口”进口药品和药材备案管理系统中进口检验报告书扫描件上传和检索功能的系统建设，拟建立“全国进口药品报告书共享平台”。平台建设计划通过国家药监局数据共享平台（以下简称数据共享平台）获取进口药品注册证及批件数据信息，以及由“单一窗口”进口备案管理系统传给数据共享平台的相关数据；中检院在现有进口检验报告数据填报功能（统计分析系统）基础上，补充建立口岸药检所进口检验报告书扫描件上传和检索功能，实现检验结果的口岸局查询并通过国家药监局反馈“单一窗口”新备案系统。

进口药品检验数据的统计上报工作

完成国家药监局“药品监督管理2018年年报及2019年年统计报表制度”中：2018年进口药品检验情况汇总表（年报）、2018年第四季度、2019年第一、二、三季度进口药品检验情况的汇总统计（季报）共计17个报表，并在“国家药品监管应用整合与数据共享平台”（内网专网）中以“药品监督管理统计报告”发布。

信息安全

开展年度等级保护测评工作

完成2018年度和2019年度两次测评工作，分别对三级核心业务系统的3个模块和二级行政办公平台以及业务服务平台的28个功能模块进行测评，先后检查出重大漏洞数十个，中级风险点百余个，信息中心统一组织安全公司和系统开发方，基本将重大漏洞和高风险点整改完毕。

完成2019年度上、下半年两次网络信息安全培训。

完成年度网络安全应急演练，通过演练掌握运维实际情况，选择会议室预订模块和数据库做脱库测试，并随机选择某楼层交换机模拟微创破坏，在演练过程中查找不足，为运维部门后期整改提供方向。

网络安全运维工作

2019年对中检院网络结构进行了重新梳理，结合等保和国家有关要求，加强网络安全的管理和建设，配合等保定级评测工作，完成相关网络安全检查及安全漏洞扫描等计划工作，并形成报告，总体状况良好。

上半年升级了中检院上网行为管理系统，采购了态势感知系统，对中检院网络安全进行管理。下半年利用灾备项目，重新规划中心机房布局，对机房机柜进行重新编号，对机柜物理区域重新划分。

保障了全年院新旧址的网络及网站的安全。网站每周扫描漏洞一次。处理国家药监局发的院网站安全漏洞通知一次。完成春节、五一、十一等节假日网络安全值守工作。完成“一带一路”国际合作高峰论坛网络安全保障工作。

保证新旧址包括防火墙、入侵检测/防御，防病毒系统、上网行为审计、vpn、堡垒机、安全监控设备等70余台套网络安全设备的正常运转。

应用系统建设与升级维护

Waters和戴安色谱类检验仪器网络版升级项目

针对2018年底形成的升级方案，会同仪器设备管理中心与生检所、化药所相关科室对需求内容结合现场实际做出进一步的确认，并根据确认结果由仪器设备管理中心采购12台机架式服务器、34台图形工作站和24台塔式服务器。委托第三方招标机构通过公开招标的方式选取两家中标方执行Waters和戴安色谱类检验仪器的网络版升级项目，目前项目已经完成，所有设备投入使用中。

中药所色谱数据自动采集及检索系统建设（小型基建项目）

该项目是中检院为满足国家药监局以及WHO对仪器数据完整性的要求而申请的小型基建项目，同时也是中检院LIMS重要组成部分。除满足合规性要求之外还可以实现数据的备份与归档、数据在同一平台检索、与新版系统对接等功能，提升管理效率，减轻检验人员对于备份数据的工作量。

2019年SDMS二期项目在中药所、化药所推进，目前已经完成了全部开发、安装及配置工作，包括11台服务器的安装，197台仪器全部连入内部网络，197台客户端的连接与测试，增加用户200+，总计采集仪器数据1.6T，打印报告3000+；项目整体提升了中检院对于仪器数据的管理水平，所有相关仪器均已连入网络，为下一步大数据以及智能化实验室方向的应用提供了基础，对所有原始数据和报告数据追溯操作人和操作时间，极大地减少WHO审计涉及的仪器数据完整性的风险，满足合规性的要求。2019年12月通过项目终验。

药品检验数据中心的规划与初步构建

2019年完成了中检院重点业务系统数据重构项目的验收。该项目整合了中检院建设的和药品检验相关的六个信息系统的底层数据，以及从国家药监局信息中心获取的药品批准文号及生产企业等数据，实现了对中检院和中检院负责的涉及全国药品检验业务的检验结果数据的统一汇总、查询、统计及分析工作。通过项目的建设，也探索出了药品检验数据中心建设的一些初步思路，拟在明年开展涵盖更多信息系统的数据中心的建设工作。同时在项目建设过程中，也存在问题，譬如药品检验数据不规范、颗粒度粗、数据项缺失等，因此，明年拟启开展示范品种的药品检验数据档案的建设工作，以解决我们在重构项目中发现的相关问题。

逐步整合院内信息应用系统

为解决中检院信息化发展过程中出现的“烟囱系统”“数据孤岛”的问题，提高信息化系统建设和运管的标准化、规范化水平，实现统一集成、统一管理、统筹利用的“大平台”和“大系统”，促进信息化建设的可持续发展，院领导层提出逐步整合院内信息应用系统的发展目标。

通过对院内当前四十多个各类应用系统的调研、梳理，对各业务系统的功能、流程等进行了分析整理，提出了中检院基于面向服务架构的应用系统整合项目。该项目计划分两年实施，工作目标是完成核心数据标准、数据支撑平台、应用支撑平台、系统开发标准的建设，并在此基础上实现部分系统的整合，以进一步完善标准及平台。

2019年除完成项目前期的调研、梳理、规划工作外，还完成了项目的立项、审批、招标、签订合同等工作。在技术上做了组织机构、部门、岗位、人员类的数据标准制定，以及数据支撑平台设计工作；基本完成了资源目录、元数据查询与申请、模块管理、权限管理、元数据代码、政务工作台等功能模块的开发，以及应用支撑平台设计工作。现已进入测试修改阶段。

建设并整合谱图类数据和应用

中检院现有谱图类项目近30个，无论是数据层面还是功能层面均未有效整合，因此2018

年李波院长和路勇副院长提出了谱图类数据整合这项工作，并列入了今年重点工作。根据谱图类数据的特点将25个项目分成基因测序、近红外、色谱数据和图片4大分类，并与对应科室完成数据沟通工作，完成红外色谱类系统的整合技术方案和建设规划、四类网络版谱图类数据的整合意见与建设规划、基因测序类谱图类系统的整合思路与建设规划工作；对院图谱类数据仓库的搭建和使用方式达成共识；完成中检院食品危害物质筛查平台的建设，实现了食品所对于数百种未知农残物质的一次性筛查这一业务目标，摸索出质谱类数据及业务应用整合的技术手段和经验，这些经验在色谱、光谱、核磁等其他谱图类系统整合中也能借鉴使用。

图书档案管理

档案管理

截至2019年11月底，全年共接收、整理、装订档案9280册，不装订档案文件78795件。为484人次提供查借阅服务，共计查借阅档案3030卷。组织全院各部门档案资料销毁三次，共销毁文件资料13700公斤。

根据工作计划全年定期对进口药审批档案托管库房进行监督检查，并做检查记录。2019年进口药档案资料管理工作中，整理装订5000卷，托管6.3万卷。2019年进口药审批资料管理工作已完成年初计划，并于11月召开专家验收会，经检查、质询专家组一直认为项目符合合同验收标准。

继续推进库存档案的数字化扫描工作。档案管理信息系统经过两年上线测试完成验收。

2019年为中检院归档部门和计划搬迁部门整理装订检验档案资料10658卷。

图书馆

2019年继续减少纸制资源，加强数字资源建设，2019年停订了全部外文纸版期刊，2020年停订了大部分中文纸刊，续订中文期刊18种。期刊逐步以数字资源为主，2019年，9种数据库均维持正常运行，并定期做读者使用量调查。

根据中检院资源分布情况，拟加强中文电子图书资源建设，全年试用两个中文电子书数据库，4～6月开通方正（Apabi）中华数字书苑（中文电子图书数据库），包括中文图书的全部分类；10～12月开通超星读秀（中文电子图书）、期刊及学术视频。试用结束后，明年计划增订中文电子图书数据库，不受分类限制，开阔员工的视野，丰富员工的生活。

2019年6月初，图书馆积极开展了旧址图书馆图书期刊及办公家具清理工作，将图书馆北侧10间房屋100多件家具移到指定地点，将3万册中外文图书期刊搬出图书馆，转移到原档案室并上架。

杂志编辑工作

《药物分析杂志》编辑部

完成《药物分析杂志》编委会换届工作，成立第九届编辑委员会。

按计划完成“重组抗体药物质量分析”“方法验证”“动物源医疗器械的免疫学评价”“中成药质量评价创新模式研究”“药品微生物分子生物学分析”等多个专栏；现正在策划组织2020年“基因治疗产品质量控制”专栏。

2019年，经多项学术指标综合评定及同行专家评议推荐，《药物分析杂志》持续被收录为“中国科技核心期刊（中国科技论文统计源期刊）”；按照影响力指数（CI）排序，持续入围《中国学术期刊影响因子年报》的第一区—Q1区；仍为药学类中文核心期刊。

2019年，中检院期刊编辑部编辑出版的学术期刊《药物分析杂志》持续被评为中国科技核心期刊。证书编号为 2018 – G087 – 1694。

《中国药事》编辑部

2019 年《中国药事》召开第六届编委会会议，圆满完成换届工作。该届编委会汇集了涉及药品全生命周期管理中各个环节的著名科学家，特别是参与《药品管理法》《疫苗法》起草的专家，增加了从事药事管理研究与教育的专家作为副主编，直接参与杂志的发展，补充了药品生产领域的专家等；通过筹备工作密切了编辑与编委的关系；通过编委会章程；建立集体定稿用稿会议制度。对于 2019 年发行的 12 期杂志均进行了集体定稿用稿会议。

对于每期杂志所用每篇稿件都进行会议讨论，针对特殊稿件的选用集体决定。

举办“2019 年全国民族药学术论文征文”及评奖会。组织和邀约优秀稿件。

2019 年，中检院期刊编辑部编辑出版的学术期刊《中国药事》持续被评为中国科技核心期刊。证书编号为 2018 – G913 – 2137。

第九部分　党的工作

党的工作

“不忘初心、牢记使命”主题教育工作

为深入贯彻落实习近平总书记在“不忘初心、牢记使命”主题教育工作会议上的重要讲话精神，根据国家药监局党组关于开展“不忘初心、牢记使命”主题教育的方案要求。中检院党委办公室紧密结合工作实际，组织全体党员干部在2019年6、7、8月进行了集中教育活动。制定了集中教育的目标任务即：理论学习有收获、思想政治受洗礼、干事创业敢担当、为民服务解难题、清正廉洁作表率。

组织学习讨论

在集中教育期间成立了主题教育领导小组、召开专题会议及主题教育动员部署会、印发主题教育实施方案，传达学习习近平总书记在中央“不忘初心、牢记使命”主题教育工作会议上的重要讲话精神和会议精神，组织党委理论学习中心组学习10次，院领导班子成员讲主题教育专题党课6次。

开展专题培训

组织122人次处级以上干部参加“不忘初心、牢记使命”主题教育培训班；各党总支、直属党支部均以“三会一课”、主题党日等形式组织专题研讨学习2天以上；院党委主动认领局党组检视问题2个，制定了4项长期坚持的整改措施；院领导班子召开民主生活会，检视出5个方面20个问题，建立整改措施45项，已完成40项；落实国家药监局《关于对主题教育整改落实进行“回头看”的通知》的要求，对效果不理想、群众不满意的坚决“回炉”“补课”，做到问题不解决不放过、群众不满意不放过，从实践结果看，此次主题教育取得了丰硕的思想成果、实践成果和制度成果。

党务工作

加强思想政治建设

为深入贯彻党的十九大关于加强党的政治建设重要部署和习近平总书记对推进中央和国家机关党的政治建设做出的重要指示精神，落实国家药监局《关于进一步加强直属机关党的政治建设的实施意见》并全面推进中检院的政治建设，2019年4月29日，中检院党委起草并发布了《关于进一步加强党的政治建设的实施意见》并列出推进党的政治建设任务清单。

制定了《中共中国食品药品检定研究院委员会落实全面从严治党主题责任清单》并于2019年7月31日印发给各党支部贯彻执行。

持续落实巡视整改工作

落实好月报机制。中央巡视整改涉及中检院的整改措施共有17项，其中主责1项，配合16项。截至2019年底，主责的1项整改措施已完成销号，配合完成的整改措施共4项。其他12项配合整改的措施已在持续推进中。

加强党组织建设工作

为深入贯彻习近平总书记在中央和国家机关党的建设工作会议上的重要讲话精神，巩固和深化主题教育成果，落实工委关于《中央和国家机

关基层党组织建设质量提升三年行动计划(2019—2021年)》和《中央和国家机关党支部标准化规范化建设试点工作方案》。从2019年6月开始中检院党委办公室组织各支部开展评选推荐示范党支部工作。经过基层推选、集中评审、全局公示，10月11日经国家药监局党组研究决定确定了15个示范党支部，其中包括中检院推荐的化药第二党支部、计财处党支部、辅料包材所党支部为直属机关示范党支部。

以《中国共产党党和国家机关基层组织工作条例》《关于新形势下党内政治生活的若干准则》为依据，建立换届提醒督促机制，提醒各直属党组织增补委员和按时换届等，加强党支部书记、纪检委员的配备工作。截至2019年12月，院直属党组织已完成换届党支部13个。同时，组织3个党总支、36个党支部认真开展民主生活会、组织生活会，并推选出207名优秀党员进行通报表彰。同时，稳步推进发展党员工作，有6名预备党员，有19名申请入党积极分子。

开展“两优一先”评选活动

2019年6月，组织开展中检院“两优一先”评选工作，评出先进党组织8个，优秀共产党员73人，优秀党务工作者19人。

团委及青年工作

2019年，中检院团委通过组织开展纪念“五四”运动100周年系列学习、选派青年参加国家药监局“根在基层”实践调研、组织青年团员代表参观北大红楼、推动青年理论小组建设等工作，引导青年干部牢记新使命；加强敬业奉献，通过选派青年参加市场总局“我与祖国共奋进——国旗下的演讲”等活动，鼓励青年参加志愿活动，积极组织青年参加联谊活动，激励青年展现新作为。

工会工作

开展职工文体活动。成功举办了新春联欢会、职工运动会、庆祝新中国成立70周年文艺汇演等活动，积极参与了国家药监局及大兴生物医药管委会举办的长跑、篮球、乒乓球、羽毛球、网球等比赛并获优异成绩，倡导推广了广播操和八段锦，职工在丰富多彩的活动中陶冶了情操、锤炼了意志、弘扬了主旋律、激发了正能量。

积极开展帮扶工作，解决职工后顾之忧。积极开展“建帮扶档案，送组织温暖”活动，摸底新址职工子女入托需求，与大兴生物医药基地管委会协调沟通，使符合条件的职工子女按时入托。

统战工作

2019年10月22日，以统战服务和解决群众建议为切入点，召开了第三届党外干部智库论坛。论坛会议围绕“加强药品质量控制、服务公众安全”这个中心任务，抓住中检院业务建设这个根本任务，结合工作实际介绍了有关专业领域情况，提出了当前存在的问题，分析了问题的症结，提出了解决问题的具体对策。有8位同志作了主旨发言，邀请66名七个民主党派的成员及中共党员代表参加了智库论坛。

2019年11月7日至9日，中国侨联青年委员会第四次委员大会在北京市隆重召开。中国食品药品检定研究院范行良经中央和国家机关侨联推荐作为代表出席了大会，并当选为中央侨联青年委员会第四届委员会常委。

纪检监察

召开纪委全会4次

2019年共召开纪委全会4次。通过开展纪委纪检委员述职评议、组织纪委委员研究讨论工作计划、审议审查报告、研究处分决定等，帮助和督促各位委员在参与纪委事务中知责、尽责、负责，在开展具体工作中坚持原则、履行职责、敢于负责。

召开专题廉政建设形势分析会

2019 年 4 月，组织纪委委员、纪检委员召开专题廉政建设形势分析会，围绕院反腐倡廉形势和苗头性、倾向性问题，组织大家建言献策，提出针对性的防范措施办法。

开展廉政教育月活动

2019 年 10 月中旬至 11 月上旬，在全院开展了以“三个集中”为主要内容的廉政教育月活动。即：统一购买 15 部廉政警示电教片，集中组织观看；在新址报告厅连续两周放映以反腐败为题材的电影，集中组织观看；统一制作党纪政纪和有关政策规定的 100 道试题，组织干部职工集中答题，收到较好效果。

第十部分　综合保障

综合业务

《药品注册管理办法》修订工作

起草《药品注册管理办法》中“药品注册检验”章节，包含药品注册检验定义、启动原则、事权划分、前置和同步启动注册检验、标准物质及注册检验时限等方面。参加国家药监局组织的4次调研和研讨，完成2次征求意见回复工作。组织召开院领导专题会（11月1日），明确《药品注册管理办法》配套二级文件——“药品注册检验的程序和技术要求”的起草分工和要求。

扩大检验报告签发后取消校对试点情况

根据去年试点过程中发现的问题和反馈的意见及建议，中检院及时调整完善系统功能。统计数据显示，在两地运行情况下，该项工作节省了两地资料周转时间，对缩短报告发送周期起到了一定作用。10月10日，针对相关部门召开了扩大试点范围培训。自10月15日开始，化药所、生检所和动物所的检验检测报告取消授权签发后检验人员到综合业务校对的环节。

实施《检验业务考核管理办法》

开展“检验业务进展情况通报”，共完成4期季度通报（2018年第四季度通报、2019年第一季度通报、第二季度通报、第三季度通报）、1期年度通报（2018年年度通报）和1期国家药品医疗器械抽验专项通报。通报中检院检验时限和检验质量问题，分析原因，提出改进措施和建议，督促检验质量效率的提升和改进。

调研检验效率影响因素和改进措施

通过召开企业客户和业务所座谈会，深入部分科室开展调研，全面查找影响全院检验效率的内外部因素。共查找出流程设置、信息系统、资源配置3个方面、16个内部影响因素和申请人、时限规定和监管任务3个方面、7个外部影响因素，研究提出了优化流程、改进信息系统、统筹协调资源、加强客户培训、调整时限和业务督办共6个方面的改进措施。

落实《优先检验管理办法》

对外与药审中心建立信息交换机制，及时获取优先品种信息，内部采用在检验信息系统中采用对优先品种特殊标记和加急处理单方式，做到从受理到检验，再到报告制发全过程提醒，定期对检验进度进行督办。发布10期优先审评、快审品种清单更新及督办通知，向药审中心反馈10次优先审评品种检验情况。对中检院2019年承担的74个优先审评品种注册检验，按要求采用标记、加急处理单和短信提醒功能。

优化流程，规范操作

修改新版检定管理系统，新增“设置报告封面资质”选择功能，规范标识使用；将报告领取纸质手写登记改为电子签字登记，实现报告领取流转全程清晰可查；将出院报告退回修改“线下”审签为“线上”审签，实现修改报告的特殊标记。9月26日利用第九次质量管理模块培训会对全院从事检验检测工作的相关人员进行了培训宣贯。该三项工作自10月15日起正式运行。

完善客户服务

改进生物制品批签发证明客户打印功能。将

发给客户的批签发证明纸质原件扫描上传至批签发管理系统，供客户打印；召开客户座谈会，听取客户对检验检测工作的意见和建议，对征集到涉及信息系统、流程设置、资源配置、政策法规、国家药监局技术部门之间协调5个方面的31个问题进行了分类处理。对于涉及院内跨部门协调的8个问题，9月27日组织召开院领导专题会，明确了牵头部门和工作方向；运行客户评价器，及时记录客户受理、咨询和报告领取环节的评价。运行2个月以来，共收到296条评价记录，评价为满意和非常满意的293条，约占98%；通过“常用送检客户微信群”，将涉及客户端操作、业务流程和要求、信息公开3类的13个问题向客户进行了反馈，解答了客户关心的问题。

协调做好检测检验技术丛书出版工作

圆满完成承担的丛书秘书处工作，组织签订技术服务合同，协调出版社，督促做好各分册稿件提交，起草整套丛书前言，协调确定了丛书编委会名单和分册丛书编委会名单。至2019年8月，已经出版的分册有7个：《食品检验操作技术规范（理化检验＋微生物检验）》、《中国药品检验标准操作规范》（化药）、《药品检验仪器操作规程及使用指南》（中药）、《生物制品检验技术操作规范》（生物制品）、《医疗器械通用安全检验技术操作规范》（器械）、《体外诊断试剂检验技术》（体外诊断试剂）、《药用辅料和药品包装材料检验技术》（辅料包材）；待出版1个分册:《实验动物检验技术》分册，文稿正在修改完善中。

牵头药品审评审批制度改革月度协调会工作

组织做好协调会议题申报，参会报告起草和报送，议定事项落实情况跟进等工作。截至11月30日，共参加7次协调会，组织上报7项议题，内容涵盖“药品审评与检验衔接”“生物制品批签发”“HPV疫苗检验标准中异常毒性检验方法”“优先审评药品注册标准复核”“地方标准中标准物质标定和分发”“药品上市前标准物质备案”等涉及我院的重点、难点问题。

为进一步规范内部工作流程，起草并内网发布了中检院“关于落实国家药监局药品审评审批制度改革协调工作机制的工作程序”。

药品标准管理工作

持续做好国家药监局发布的药品标准文档（包括批件、标准和注册证）的接收、受控、标准管理系统录入工作，服务检验工作中标准查询。截至2019年11月30日，从国家药监局受理中心接收标准文档7211份，录入系统标准6169份，系统检索查询频率约5472次。采用电子水印和加盖印章的手段，做好企业自拟标准电子和纸质版的接收和变更受控管理工作。截至2019年11月30日，共受控管理企业自拟标准450余份，确保了送检系统中上传的标准与纸质标准的一致性。结合2次检验业务培训，开展了有关标准管理和相关SOP的内容的宣贯。

药品标准提高项目管理

2019年，中检院共承担药典委药品标准提高课题任务54项，其中标准起草23项，标准复核13项，方法学研究18项。加强课题经费管理，组织对相关药典委课题经费使用进行统一要求的专题讨论会，并经第16次院长办公会审议通过，药品标准提高课题统一按照“专项经费管理，独立核算、专款专用”。

落实WHO对化药所PQ检查后的整改，配合生检所的PQ现场检查

如期完成2018年8月WHO化学药品检验实验室PQ检查整改工作，完善留样管理电子系统，实现了留样检品编号与货架标识信息的关联，提高留样存取的效率和操作规范化。配合完成2019

年5月WHO疫苗检验实验室PQ检查组对疫苗样品受理和留样管理的现场检查，取得零缺陷的好成绩。

仪器设备

设备搬迁工作

2019年，中检院组织开展中药所和生检所单抗室仪器设备搬迁新址工作和食化所、辅料包材所仪器设备旧址移机工作。截至本年度，完成仪器设备搬迁和移机共计684台（套），搬迁计划计量设备全部完成。

全周期管理

2019年，中检院采购仪器设备1778台（套），合同金额19358万元，完成与仪器设备相关服务项目采购5个，合同金额1525万元；完成设备验收1832台（套），金额20001万元；维修1020台（套），金额2215.9万元；报废鉴定662台（套），金额2052.2万元；完成计划计量3262台（套），应急计量386台（套），期间核查计划共计完成130台（套）。

本年度新增仪器设备固定资产1773台（套），金额20474.8万元；报废仪器设备685台（套），金额2239.06万元。供应商首次评审入围14家，14家供应商通过了复评审，现仪器设备入围供应商共计28家。

制度建设

为落实质量管理和内部控制的要求，中检院开展归口管理的规章制度的制修订工作，此次为第五次改版，共完成5项院级和1项中心级SOP的修订工作，废止了《仪器设备招标采购管理规定》和《仪器设备服务商比选管理规定》2项院级规定，起草完成中心级《工作人员内部岗位交流管理规定（试行）》并开展了相应的培训工作。

人事教育

机构编制

根据《国家药监局关于印发国家药品监督管理局所属事业单位主要职责内设机构和人员编制规定的通知》（国药监人〔2018〕60号），中检院根据业务工作需要并报国家药监局备案后，可设置内设机构二级工作部门（即科室）。根据这一规定，开展科室设置调整工作，并起草相关文件。经中检院党委常委会审议，并报经国家药监局人事司备案同意，2019年12月13日，《中国食品药品检定研究院各部门主要职责和内设机构规定》正式发布实施。据此文件，中检院共在16个部门设置86个科室。

公开招聘

收集2019年公开招聘编内人员及编外人员需求，拟定2019年公开招聘编内及编外工作人员方案并汇报国家药监局。

编内需求共计68人，经院长办公会审批拟招聘35人，经国家药监局审批拟招聘35人，共计收集简历626份，经过资格审查、笔试、面试、体检、考察等环节，最终录用25人。

编外需求共计93人，其中技术岗62人，工勤岗31人，经院党委常委会审批拟招聘76人，其中技术岗42人，工勤岗34人，目前已发招聘公告，共收集简历605份，通过简历筛查497人，经过笔试、面试等环节，通过面试人员共计61人。

收集2020年公开招聘编内人员需求，拟定2020年公开招聘编内人员工作计划及方案并汇报国家药监局。

领导干部个人有关事项重点抽查工作

完成中检院2019年领导干部个人有关事项

集中报告工作，完成收集及录入52名领导干部个人重大事项工作。

根据国家药监局人事司要求，完成1名中层干部2次重点抽查工作：一次抽查结果为漏报，经院党委研究，给予批评教育，一次抽查结果为基本一致，经院党委研究，给予归档。

在纪检监察监督下，随机抽取6名领导干部进行个人重大事项核查，肖新月、许明哲、母瑞红3名同志查核结果与本人填报情况基本一致，予以归档。刘增顺、张庆生、杨正宁3名同志查询结果为漏报，给予批评教育。

技术职务评审

按照《关于组织开展2019年专业技术职务任职资格评审工作的通知》（药监人函〔2019〕138号）的有关要求，依据《国家药品监督管理局直属单位专业技术职务任职资格评审办法》（药监综人〔2018〕38号），配合局人事司开展了2019年度国家药监局直属单位专业技术职务任职资格评审工作。2019年业绩成果替代论文工作，中检院共计在参评人员中出现2人次合计3项成果代替论文，共收到专业技术职务任职资格申报材料67份，审核后符合申报要求的66份。

研究生管理

2019年，中检院完成2019年研究生招生工作，共录取18名硕士研究生，2名与北京协和医学院共同招收的博士研究生。组织完成2017级18名硕士研究生开题报告，分别进入相应实验室。同时，组织完成2016级18名硕士研究生毕业答辩，并举行毕业典礼暨学位授予仪式。

完成与中国药科大学联合培养2016级的7名研究生毕业，2018级的7名研究生分别进入相应实验室。

完成与烟台大学联合培养2018级的7名研究生分别进入相应实验室。

开展了第二批中检院研究生指导老师遴选工作，共遴选46名指导教师。

制定了《中国食品药品检定研究院硕士研究生招生考试自命题工作管理办法》（中检办培训〔2019〕25号）和《硕士研究生招生考试试题保密工作要求》（中检办培训〔2019〕23号）。

通过了北京市教委督导组的督导检查。

组织研究生到革命老区西柏坡开展爱国主义教育活动。

组织召开全院研究生教学管理工作大会。

博士后管理

按照《关于开展博士后日常经费和中国博士后科学基金资助经费使用情况调查工作的通知》，如实填报《博士后资助经费自查表》。按照《全国博士后管委会办公室关于做好＜中国博士后工作年报（2018）＞组稿工作的通知》撰写《中国食品药品检定研究院2018年博士后工作综述》和《中国食品药品检定研究院2018年博士后人才及科研成就》。

开展博士后中期考核、博士后中级职称认定、博士后出站等工作。

员工培训

汇总统计员工年度培训情况，2019年共计1275人填报培训学时，其中在编765人、编外人员479人，退休返聘人员31人。累计培训4100余人次，累计培训120857学时。

组织开展新员工入职培训，2019年11月5日，对2018年11月至2019年10月入职的所有员工及因故未参加2018年入职培训的员工，共计43人进行入职培训，由我院各业务及职能管理部门的负责人和业务骨干进行授课，并进行培训结业考试。本次培训按新发布的SOP《入职培训标准操作规范》的工作要求举办。

2019年，中检院职工申请在职学历教育，申请博士学位共2人，另外4人在职博士毕业，3人在职硕士毕业。

外来进修人员管理

2019 年，中检院共接待办理来院进修学习 100 余人次。对进修时间超过一个月为其办理意外伤害保险，考核合格者发放外来进修结业证书。

财务管理

年度收支情况

2019 年，收入实现 14.95 亿，比上年增加 6240 万元，其中：创收收入 8.37 亿元，与上年持平；科研收入 2.68 亿元，比上年增长 96.92%。支出 15.23 亿元，比上年增长 3.3 亿：财政拨款支出增加 2 亿元、创收支出增加 7858 万元、科研支出增加 8116 万元。

完善制度，规范管理

2019 年，中检院制定了《中国食品药品检定研究院院所两级财务管理办法（试行）》，重新修订了《中检院因公出国经费管理办法》和《中国食品药品检定研究院差旅费管理办法》。

建设预算绩效指标库，推进预算绩效管理工作

2019 年，中检院制定了《中检院预算绩效考评管理工作方案》，组织管理部门参加集中培训，强化绩效意识；逐个项目进行分解、归纳、总结，研讨预算绩效指标与考评内容，反复征求意见，初步形成中检院预算绩效指标库，为规范编制预算及预算绩效评价打下基础。

建立所级预算管理项目体系，引导所级预算管理工作

根据统分结合的原则，建立所级预算项目体系；用预算引导业务所合理、有计划地使用资金；与人事处一起先后到器械所、中药所、辅料包材所、诊断试剂所、生检所、化药所进行调研，针对问题提出建议，确保工作稳步开展。

推进政府会计制度改革进度，率先搭建信息交换共享平台

2019 年年初组织培训，提高认识；对系统进行升级，保证工作顺利开展；和信息中心、业务处、后勤中心研究系统对接方案，搭建中间库并完成环境部署，年内实现财务系统与收入合同系统的对接，为业财融合奠定基础。

安全保障

缜密部署安全工作，保障院区国庆 70 周年安全

完成五大安保（春节、两会、一带一路峰会、亚洲文明对话、新中国成立 70 周年）重大节点会议活动的安全保障服务工作。特别是举世瞩目的新中国成立 70 周年大庆期间，安保工作紧张有序，稳步推进。

发布安全管理通知，提升全员安全意识。发布《关于排查危险化学品安全隐患的通知》《关于切实加强国庆 70 周年庆祝活动期间安全管理的通知》《关于对危险物品超常规管控的通知》对国庆安保工作进行部署。

院领导带队检查安全，落实安全隐患整改。根据安保工作计划，2019 年 9 月 24 日、29 日，院领导带队对天坛、大兴等办公区进行节前安全检查，对发现的 45 个问题当场指出，要求有关部门立行立改，安保处监督整改落实。安保处及时下发安全问题告知单，要求有关责任部门限期整改，确保隐患始终处于管控范围。

国庆期间，对实验加班、重点人员、保安公司执勤加强管控，提升安防等级。

开展危化品整治，全院积极响应落实

为深刻吸取江苏响水“3·21”特别重大爆

炸事故教训，于2019年4月2日对加强危险化学品安全专项整治工作，提出要求：一是深刻汲取教训，提高政治站位；二是立即采取行动，开展隐患排查；三是遵守规定要求，责任落实到人；四是强化宣传教育，推动工作落实；五是要求各部门将本部门危险化学品安全专项整治工作情况报告（包括危险化学品存量、安全隐患清单、整改情况）报安保处。2019年7月19日组织召开危险化学品管理院领导专题会议，李波同志、邹健同志出席，鉴于我院危险化学品种类多、存量大、风险高，会议要求各有关部门要高度重视，要有红线意识，本着不违规、方便检验、降低风险的原则，切实加强危险化学品安全管理，确保全院危险化学品安全。

加强生物和辐射安全管理，落实监管职责

落实“五大”安保期间，国家卫健委对生物安全的各项要求，并报送有关情况；向国家药监局科技国合司报送生物安全涉密件10件；协助化药所药理室、器械所质量评价室、安评所，完成一二级生物安全实验室备案工作；协助动物所完成动物实验室CNAS认证；协助提交国家监管体系（NRA）评估准备材料。2019年12月20日，协助生检所圆满完成了非高致病性病原微生物25万余支搬迁工作。

妥善完成“五大安保任务”期间辐射安全自查、封库等工作，落实环保、公安主管部门各项要求；按照东城疾控要求，完成北京市放射卫生监测数据库填报工作；组织我院8名辐射工作人员参加辐射安全培训；组织2人参加放射职业健康体检，配备个人计量检测计2枚；组织19名辐射工作人员每季度进行个人剂量监测；组织21名辐射工作人员进行内部培训考核；组织放化药室进行放射源库防盗应急演练。

理顺管理体系，落实安全责任

2019年7月5日印发了《关于成立中国食品药品检定研究院安全委员会的通知》，将原院安全领导小组调整为安全委员会，下设消防（反恐防暴）、危险化学品、生物安全、辐射安全四个分类管理小组。

2019年4月1日印发《中国食品药品检定研究院安全检查管理办法》，对检查分类、职责职能及责任划分、安全问题处置、隐患整改等给予了明确。2019年5月17日，组织进行了该办法的宣贯培训，各所、处（室）、中心科室副主任（含）以上干部，各部门（科室）安全员，共208人参加培训。

加大安全培训力度，现场考核确保实效

2019年相继开展了全院生物安全、消防安全、危险化学品安全及辐射安全通用培训。2019年6月27日，组织开展了2019年度生物安全管理培训，共计177人参加。2019年7月12日，组织开展了2019年度消防安全培训，共计253人参加。2019年9月20日，组织开展了2019年度危险化学品安全管理培训，共计220人参加。2019年12月份，组织全院21名辐射工作人员进行内部培训考核，并组织放化药室进行了放射源库防盗应急演练。以上所开展的通用安全培训，均在培训结束后现场进行了考核，成绩合格的颁发培训证明。全年先后派员对生检所肠道病毒疫苗室、体外诊断试剂检定所、中国药学会、研究生进行了安全教育培训。

部门密切协同，迎接各类安全检查

迎接内保局对天坛办公区安全检查10次，对大兴办公区安全检查2次；迎接东城治安支队对危险化学品进行安全检查8次；迎接大兴分局治安支队安全检查8次；迎接东城消防支队安全检查2次；迎接大兴消防支队安全检查1次；迎接生物医药基地消防中队安全检查2次；迎接大兴区环保局杜林副局长带队对大兴办公区辐射管理工作安全检查1次；迎接大兴区卫健委安全检

查1次；迎接大兴区医药基地管委会例行安全检查16次；迎接药监局检查组对天坛办公区进行安全检查1次；迎接北京市应急管理局和医药基地管委会联合调研组交流学习1次。

紧贴安全形势特点，抓好节点工作落实

2019年4月26日，组织召开2019年全院安全工作会议，院领导班子、科室副主任（含）以上中层干部共120余人参会。2019年，参加有关安监机关安全工作部署会16次，发布安全管理有关通知16个，对全院重要节点安全管理工作进行及时部署，向国家药监局及公安、消防等监管部门报送我院有关安全方面书面材料40余份。

圆满完成2019年院科技周、陈吉宁市长到中检院调研、国务院副秘书长一行到中检院调研、国务委员王勇到中检院调研、WHO PQ认证等院内院外重大会议活动50余次的安全保障服务工作。

安全巡查中发现大兴新址漏水事件12次，天坛办公区8次；大兴办公区发现火情3起，均督促有关部门及时进行了处置；2019年下发《安全问题告知书》20份，并督促有关部门进行整改。

完善技防设施，提升防范水平

按照公安部门要求，结合安全管理实际，完成对天坛、大兴两办公区的灭火器年检工作；为后勤服务中心、器械所购置5KG二氧化碳灭火器23个，5KG干粉灭火器20个，24KG二氧化碳灭火器6个；为生检所、化药所实验区域增配5KG干粉灭火器60个，30个灭火器架；为我院复康里、马家堡、方庄三个家属区配备60个灭火器，30个灭火器架。

配合后勤服务中心完成天坛办公区门口、菌种库人脸识别系统和车辆出入识别系统安装及启用；配合后勤服务中心完成对大兴办公区部分消防设施设备维修；配合后勤服务中心完成对大兴办公区门口、地下车库有关安防设施设备维修；对化妆品安全技术评价中心、食化所、器械所、标物中心及中国药学会增加监控设施提出建议意见；完成2019～2021年度车辆出入证更换。

后勤保障

后勤保障平台建设工作

2019年中检院完成后勤保障平台建设工作，通过沟通完善设计方案，已经完成公务用车、公务用餐、公务接待、集体户户口页领用申请网上服务保障平台的试运行工作，并组织了全院范围内的培训，已正式运行。

政府采购平台建设

2019年，中检院成立了中国食品药品检定研究院政府采购办公室。政府采购办公室下设在后勤服务中心政府采购部，政府采购部修订了《中国食品药品检定研究院政府采购管理办法》，起草了《中国食品药品检定研究院供应商管理办法（试行）》《中国食品药品检定研究院政府采购管理办法实施细则（试行）》。规范了非招标采购的采购方式，统一了采购文件格式。

标准物质原料供应商管理工作

2019年，中检院修订了《中国食品药品检定研究院标准物质原料采购管理办法（试行）》和《标准物质原料供应商评价操作规范》。发布了第二批标准物质原料供应商名单，共有37家供应商纳入名录。

生物安全二级和洁净实验室管理

2019年，中检院保障107套实验室的正常运行，完成284个维修项目。完成对生物安全二级、洁净实验室和动物实验室维护管理工作的接收和消化吸收，调查清楚实验室数量、类型、区域级别、位置、使用单位和使用状况等基本情况。以实验室系统为单位，构建实验室质量管理的文件组成框架和文件格式。研究实验室常规环

境监测所依据的标准、检验项目、检验周期、检验方法等问题，委托院内部门对实验室进行检验。

迁建项目和改扩建造工程

开展一期工程项目财务决算的编制工作，工程尾款支付7笔共计334万元。二期工程取得阶段性成果，7月与基地签订土地预定协议；2019年6月市场监管总局批示“二期项目中不宜含食品检定相关内容”，据此后勤服务中心调研完善了《可研》报告，并于10月将《可研》（讨论稿）上报国家药监局。10月向北京市规划委员会递交“关于中国食品药品检定研究院二期工程纳入多规合一协同平台申请的函”。

中检院加层建设项目通过了区规委多规合一平台审查和国管局人防审查，取得了规划许可证。陆续进行深化设计、招标等工作，为2020年开春施工创造条件。

起草《中国食品药品检定研究院修缮工程项目管理办法》，建立改造工程项目供应商库，确认入围造价咨询单位2家，设计单位2家，监理单位4家，施工单位4家。接收改造申请60件，完成改造投资300万元。

第十一部分　部门建设

食品化妆品检定所

市场监管总局本级食品安全抽检工作

2019年5月，食品化妆品检定所分别申报市场监管总局本级食品安全抽检监测承检机构、保健食品安全抽检监测承检机构、特殊食品（婴幼儿配方食品、特殊膳食食品、特殊医学用途配方食品）安全抽检监测承检机构采购的3项招标，顺利中标。2019年，共完成市场总局本级食品安全抽检监测任务1000批次。

市场监管总局食品审评中心的特殊食品、保健食品注册抽样（复核）检验工作

2019年8月，食品化妆品检定所又获得了市场监管总局食品审评中心的特殊食品、保健食品注册抽样（复核）检验资格。特殊食品（婴幼儿配方食品、特殊医学用途配方食品）注册检验任务41批次。

化妆品风险监测工作

2019年食品化妆品检定所承担化妆品检验632批，共计16021个检验项目，主要有风险监测、主动监测、应急检验及合同检验。风险监测检验了育发染发类52批次（728项）、美白祛斑类102批（2856项）、祛痘类51批（102项）和植物性成分110批（110项）；主动监测：检验了防晒类55批（880项）、口红类50批（600项）、宣称湿疹类34批（2142项）、隔离霜60批（420项）和化妆品中防腐剂三氯卡班的测定34批次（34项）；应急检验检验了润峰婴幼儿化妆品28批（3304项）和爽身粉19批（19项）；合同检验：1批（2项），另有扩项样品36批（4824项）正在进行中。除正在进行中的检品和植物性成分110批化妆品不判定，问题样品有122批次（育发染发28批、美白祛斑69批、祛痘类3批、爽身粉类1批、防晒类5批、口红类5批、宣称湿疹类6批、润本婴幼儿化妆品4批、育发合同检验1批），样品购于天猫商城、京东商城、批发市场、专卖店、商场和小商店等场所，除不判定和正在进行中的样品外，总体问题发现率为29.46%。

化妆品标委会秘书处工作

2019年多次召开标委会部分专家会议，研究讨论化妆品标准相关工作，并审议通过了9个监管过程急需检验方法的立项申请；审评通过并发布了12个检验方法；组织国家药监局化妆品监管司、化妆品安全评价中心、部分省级药监局和标委会相关专业专家召开化妆品标准及审评相关事项多方联席会3次，就《化妆品安全技术规范》修订内容、祛斑美白类化妆品的使用安全问题等近150项化妆品相关议题进行研讨，为化妆品注册备案工作提供了技术支持。

中药民族药检定所

中药标准物质研制、标定和期间核查工作

按照中检院2019年国家药品标准物质研制计划要求完成中药化学对照品、中药对照药材、民族药对照药材及对照提取物研制，完成新增中药标准物质和换批标准物质的研制。完成标化对照药材100批，中药化学对照品121批，中药对

照提取物首批1个品种：芳活素，换批4个品种（檀香油、三七总皂苷、松节油、有机氯农药混合对照品），民族药对照药材（铃铃香、对叶豆叶、姜味草、柘树根、蔓荆叶、美登木、回心草、灯笼草）8批，合计：234批。

本年度共组织无锡所、兰州所等6家市级药检所对我院62种中药化学对照品进行了期间核查。完成中药对照提取物期间核查9个品种（其中月见草油停用）。

为进一步加快中药化学对照品标定进度，与河北省院和兰州市所签订协议进行对照品协作标定工作。大大提高了中药化学对照品标定进度。

标准起草、修订、提高工作

《中国药典》标准提高课题6项，分别是活血止痛胶囊、活血止痛散、丹参片、六味安消胶囊、宫血宁。

已完成《中国药典》项目乳香、冬虫夏草、白矾、西红花、阿胶、薄荷、半夏、霍山石斛、青黛、鹅不食草、菥蓂11项标准制修订工作；同时完成了延胡索、女贞子、血竭、全蝎、山柰、黄精、黄柏、重楼、人工牛黄及原料标准的技术复核。完成马钱子等三个品种黄曲霉毒素增项复核工作。目前还有鸡血藤饮片、紫草等10余项药典任务正在研究和复核中。另外已完成半夏、薄荷补充检验方法的技术复核。

承担国家标准化项目课题共6项，分别是“金水宝胶囊标准化建设”（ZYBZH－C－JX－39）、“妇科千金片标准化建设”（ZYBZH－C－HUN－21）、“护肝片标准化建设”（ZYBZH－C－HLJ－15）、“注射用血塞通（冻干）标准化建设”（ZYBZH－C－HLJ－18）、“生脉注射液标准化建设”（ZYBZH－C－JS－32）、“红花注射液标准化建设”（ZYBZH－C－JIN－44）。结题正在进行中。

完成了药典委综改课题中药中禁用农药多残留检测法研究及课题组内交叉复核，初步完成“符合中药使用特点的外源性有害物质残留风险评估体系的建立”。

完成了红花油及龙胆泻肝丸的补充检验方法的研究工作。

中药材及饮片专项抽验

2019年，中检院完成附子的专项抽验，本次抽到了除香港、澳门、台湾外的21个省份、5个自治区、3个直辖市共29个省级行政区的3种附子饮片共199批样品，检验结果合格199批，不合格0批，合格率为100%。

附子饮片的探索性研究主要针对目前附子饮片中可能存在的问题展开，主要包括：附子饮片资源调查及标本与样品收集；总灰分和酸不溶性灰分、胆巴残留量、双酯型和单酯型生物碱的含量测定。结果表明，抽验和自行收集的附子饮片样品全部符合要求。

2019年，中检院完成淡豆豉饮片的专项抽验，淡豆豉饮片共161批样品，抽样地域覆盖了全国28个省级行政区。本次抽验主要对淡豆豉饮片性状及薄层鉴别项进行检验。依据现行标准检验，161批次样品中110批次符合规定，合格率68.3%；51批次不符合规定，不合格率为31.7%，涉及105家企业，不合格项目为性状。不合格原因分析：性状不合格均为黑芸豆伪品。

针对标准和检验中的问题，探索性研究对淡豆豉质量标准的来源、性状、鉴别项进行了修订、并增加了含量测定项，来有效控制淡豆豉质量。按拟定检验不合格项目包括性状、薄层鉴别、含量测定3个项目。关于淡豆豉的标准草案已送国家药典委员会（以下简称“国家药典委”）。

中成药国家评价性抽验

对所研究品种雷公藤多苷片169批进行了标准检验、探索性研究方案设计及任务分工。169

批次的雷公藤多苷片标准检验均符合规定。探索性研究发现相应问题并完成总结报告。

2019 年共抽取银杏叶片和银杏叶胶囊 328 批次样品，涉及 48 家生产企业。按《中国药典》(2015 年版)（一部）银杏叶片及银杏叶胶囊项下银杏叶提取物和银杏叶片、银杏叶胶囊中游离槲皮素、山柰素、异鼠李素检查项补充检验方法检验，328 批样品总黄酮醇苷、萜类内酯、游离黄酮及槐角苷项均符合规定，合格率 100%。

对部分批次样品指纹图谱双黄酮银杏酸进行了探索性研究，结果部分批次差别较大。

中药数字化平台建设

数字标本系统进行升级，同步开发微信版，修订了加工系统（3 个软件著作权正在申报中）。制定了标本馆数字化长期规划，按照类别和品类开展标本收集、鉴定、数字化等工作，同时注重成果转化。2019 年联合部分省市药检所开展了种子类数字标本、三七数字标本、300 种常用中药数字标本的建设。

组织参与单位根据既有研究基础品种、已承接药典会研究任务品种或符合研究要求的品种，特别是国家评价抽验品种应用数字化标准物质平台进行质量控制研究，积累实验数据并不断完善提高平台运行情况。

能力验证

2019 年，中药民族药检定所组织完成人参中有机氯农残测定全国能力验证。共有 129 家实验室报名参加，其中 3 家实验室退出（实验室代码 552、810、983)，8 家实验室未按时提交结果。8 家未按时提交结果的，计为不满意。其余 118 家实验室在规定时限内提交了检测结果，按照拟定评价原则，对其结果进行了统计和评价。总体满意率 70%。

组织完成液质联用法检测鹿角胶中掺伪成分能力验证，参加本次能力验证的实验室涉及 24 个省（自治区）、直辖市，主要包括各级食品药品检验机构、药品生产企业及其他科研单位和实验室。最终 57 家实验室能力验证结果为满意的有 56 家，占 98.2%，不满意 1 家，占 1.8%。通过对不同类型参加实验室分别统计，18 家省级食品药品检验机构中，满意的为 18 家，满意率为 100%；19 家地市级食品药品检验机构中，满意的为 19 家，满意率为 100%；11 家药品生产企业及检验检测企业中，满意的为 11 家，满意率为 100%；其他科研单位及实验室有 5 家实验室参加，满意的为 4 家，满意率为 80%。

香港中药材标准项目

2019 年，中检院继续深入与香港卫生署合作，开展香港中药材标准研究合作。

完成黄芩饮片研究，并于 2019 年 2 月香港中药材标准第 11 次国际专家委员会通过审议。

开展第 11 (A) 项目研究，包括四个品种（明党参、乳香、没药和苏合香)。

第 11 (B) 项目研究中标，包括四个品种（藿香、白芷、菊花、凌霄花）已经组织开展相关研究。

组织召开全国中药材及饮片质量和检验工作研讨会

2019 年 1 月 4 日至 6 日，中药民族药检定所在广东省组织召开了全国中药材及饮片质量和检验工作研讨会。邹健副院长、马双成所长等出席会议，会议邀请相关领域的专家出席会议。来自全国各省食药检所（院)、地市药检所（口岸所）及中检院等 40 余家药品检验、检测机构的中药室（所）负责人，以及长期从事中药材及饮片检验的专业人员等 130 余人参加了会议。会议就 2018 年中药材及饮片检验和监管工作进行了介绍，各承担单位系统汇报了国抽、省抽的抽验工作情况，并就中药材及饮片的质量问题、标准执行、结果判断及抽样环节等抽验和检验问题进行了交流与讨论，全面、客观地总结了全国中药材及饮片的质量状况，为做好2019年中药材及饮片的全国专项抽验和省抽监督检验工作提供了思路，指明了方向。

2019年全国中药材及饮片专项抽验工作研讨会在甘肃省兰州市召开

2019年3月28日至29日，由中检院中药民族药检定所主办，甘肃省药品检验研究院承办的2019年全国中药材及饮片专项抽验工作研讨会在甘肃省兰州市召开。安徽省、山西省、四川省、甘肃省、青海省等5个省市级检验院（所）参加此次会议。

会议就2019年国家药监局中药饮片专项抽验工作有关问题进行了交流讨论。中检院中药所中药材室负责人介绍了2019年中药饮片专项检验原则，统一了检验思路和基本原则。中检院、安徽院、山西院、四川院、甘肃院、青海院的代表分别就2019年中药饮片专项抽验工作中各个品种存在问题，检验项目设定、探索性研究方向等问题进行了交流。

马双成所长在总结发言中，希望各检测机构在此次监管抽验工作中发现重大质量问题，要及时上报国家药监局。检验中发现的问题，要及时进行探索性研究并形成标准草案或补充检验方法，上报给国家药监局，为中药材及饮片质量把好技术关。

2019年中国药品质量安全年会暨药品质量技术培训会中药分会场

2019年6月4日至5日，2019年中国药品质量安全年会暨药品质量技术培训会在四川省成都市召开。中检院中药民族药检定所所长马双成作为中药分会场的总主持人进行了开场发言。会议邀请相关领域的专家出席会议并带来了精彩的报告。来自全国各省食药检所（院）、地市药检所（口岸所）及中检院等40余家药品检验、检测机构的中药室（所）负责人，以及长期从事中药材及饮片检验的专业人员、药品生产企业代表近400人参加了会议。

本届药品质量安全年会中药分会场的主题为“聚焦行业热点问题、加强中药质量与安全”。随着中药产业化和市场化的不断扩大和升级，我国中药产业呈现出持续发展的良好态势。但受各种因素影响，中药材及饮片质量仍然存在种植养殖环节标准化规范化落实不到位、品种基原变异、异地栽培变异、违法染色增重、掺杂使假、滥用农药化肥造成有害物质残留等问题，也直接影响中成药的质量状况。另外，由于对中药相关政策理解不深入，也影响了行业的发展。本次中药分会场主要从探讨新药研发政策、宏观分析中药行业发展和企业自身产品质量控制、落实主体责任的角度共同探讨中药质量监管存在的问题和解决措施。

本届年会中药分会场历时一天，共设立了3个主题报告和10个专题报告。从多角度探讨解读了行业热点关注的问题。

化学药品检定所

药品注册检验优先检验措施

积极配合药品审批审评机制的改革，推动检验机制的创新，改革理顺工作程序，不断提升检验质量保障水平与工作效率，保证检验的序时进度。为保证临床急需药品的审评审批，全面梳理标准复核研究工作，对进口化学药品标准复核研究申报的材料和样品提出明确要求，并与药品注册司、药品审评中心主动对接，优化临床急需标准复核研究工作的程序；创新体制机制，完善建立进口药品标准复核研究专家会审机制，通过完善建立专家会审机制，提高进口化学药品标准复核研究工作的质量和效率。由原有组织专家审核到专家会审解决目前进口药品标准方法获得性难的问题，通过会审会议形式解决专家与承担任务机构沟通时效性的问题。做到立审立改，提高审核效率，促进临床急需药品的尽快上市，截至2019年11月已召开八次专家会审会议；落实项目负责人，对进口药品注册检验任务全面梳理，落实承担单位的责任人，落实临床急需药品优先检验的督办机制。

2019年1～12月共受理化学药品进口注册检验280件，完成注册检验并将结果发送审评中心385件，完成国内新药注册53件，240批。克服标准复杂、技术难度大等问题，完成优先审评品种共计95件，其中国产药49件、进口46件，超过2018年全年完成优先审批品种数量（29件）3倍。对临床急需品种盐酸阿莱替尼胶囊溶出度检测结果与企业不一致的问题和治疗罕见病药品诺西那生钠注射液标准复核研究的问题与国家药监局和申请人积极沟通，起草了《进口药品标准复核检验用资料及样品要求》和《临床急需药品标准复核研究工作的程序》。促进了罕见病药诺西那生钠、阿尔兹海默症药GV971等一批优先审评和临床急需药品的加速上市。

国家药品评价抽检工作

2019年化学药品检定所共承担7个品种和一个专项的国家评价性抽检的任务。按照抽检工作安排，目前已全部完成并发出639批次样品的检验报告（其中4批不符合规定），全部检验报告均在规定的时限内完成，按要求上传国抽平台。根据法定检验及质量标准中现存问题，向企业发出了调研问卷，同步开展探索性研究工作。

2019年1～11月共受理审核19个企业复验申请，其中有3份申请已撤销，1个由于留样量不足未予受理，2个正在调样中，其余13个均已经完成复验工作。

药品口岸检验机构建设

为落实《国家药品监督管理局关于进口化学药品通关检验有关事项的公告》和《国家药品监督管理局 国家卫生健康委员会关于优化药品注册审评审批有关事宜的公告》的要求，落实国务院常务会议精神，一是梳理汇总口岸药品检验情况和进口药品通关备案的情况，形成口岸检验工作报告，报送国家药监局，对进口化学药品通关检验公告后续有关工作及进口化学药品注册检验调整提出有关建议。二是对口岸药品检验机构和首次进口口岸设置的情况进行调研，起草了首次进口口岸设置的标准和程序，已将国家药监局公开征求意见。三是继续开展新增药品口岸的评估工作，2018年12月25日至26日开展无锡口岸现场评估工作，2019年8月20日至21日对成都口岸变更相关机构开展现场工作，对吉林新增口岸申请材料进行审核并提出发补意见。按照国办的要求对沈阳、郑州、无锡的口岸评估工作发补。并将沈阳、郑州的反馈情况上报国家药监局。拟定了首次进口口岸设置标准，已在各口岸机构征求意见，已将征求意见稿上报国家药监局。三是对新增口岸药品检验机构加强培训，通过专家会审会议形式以会代训，苏州、山东、深圳、湖南、四川等5个新增口岸药品检验机构均已开始承担进口化学药品标准复核研究工作。

加强标准和方法的研究力度

一是持续开展化学药品遗传基因毒性杂质的研究工作。密切追踪药物基因毒性杂质最新情况，按照国家药监局工作部署，成立专项工作小组，截至2019年12月10日，已研究建立了雷尼替丁、尼扎替丁、枸橼酸铋雷尼替丁、奥美拉唑、盐酸二甲双胍等药物和中间体的高分辨液质及三重四级杆质谱的检测方法；指导各省级药品检验机构建立检测方法；对雷尼替丁的热稳定性进行了初步的研究；已完成252批样品的检测工作；向国家药监局发送阶段性进展报告六期，研究制定化学药品中遗传基因毒性杂质的风险排查方案。

二是2019年春节假日期间，对GSK公司的乙肝疫苗在生产过程中由于乙二醇偏差导致引入有机溶剂污染进行研究。相关科室人员放弃休假，在春节期间加班加点，协作生检所圆满完成42批次乙肝疫苗挥发性残留物质应急检验任务。

三是针对10%葡萄糖酸钙注射液过饱和溶液析出结晶的情况开展质量研究，进行国内产品现状的调研，并制定研究方案。目前已经确定国内生产厂家共有八种处方工艺，为获取有代表性的样品进行研究，已向相关企业发了调样函，并索取相关研究资料，相关检验工作正在有序开展。结果已上报国家药监局。

保证化学药品标准物质的供应

为保证化学药品标准物质的供应，一是全面梳理化学药品标准物质研制中的问题，针对国抽、进口药、仿制药中可能需要的标准物质提前进行筹划，与后勤服务中心、标物中心协调沟通，提出采购原料和首批研制申请。二是实行项目负责制，督促规范标准物质标定工作，重点解决断货品种，截至2019年12月12日，共研制标准物质314个，其中首批完成56个，换批完成258个。较2018年同比增长43%。

推进能力验证工作

按工作计划安排，组织胡萝卜素含量测定、HPLC有关物质检查、板蓝根微生物计数的能力验证工作。

根据2018年WHO－PQ认证工作后续整改措施，配合相关部门的要求，对部分色谱工作站升级网络版计划及完善工作站信息采集。现正在进行戴安液相色谱仪的网络版升级改造，以及检验仪器工作站的数据备份工作。进行数据完整性相关培训工作。

生物制品检定所

疫苗批签发

2019年，生物制品检定所对疫苗批签发工作中的问题进行反思与梳理，堵塞监管漏洞，不断完善批签发监管工作。一是结合《疫苗管理法》《药品管理法》的颁布实施，完善批签发相关二级文件等配套文件的制修订，完善相关法规体系。二是完善疫苗批签发检验策略，在专家论证的基础上，科学研究制定疫苗批签发检验项目和抽检频次。三是加强批签发资料审核，加强对偏差等情形的核实、评估。四是制定《批签发现场核实标准操作规范》，加强批签发现场核实工作。五是成立批签发专家委员会，并制定《批签发专家委员会工作规范》，增强决策的科学性、权威性。六是制定《疫苗批签发不予受理标准操作规范》，完善批签发受理程序。七是积极推进国家疫苗批签发机构体系建设。

此外，牵头7个省级批签发机构联合投标工信部“国家疫苗检验检测平台建设”项目，结果中标。项目资助金额5000万，建设周期3年，该项目的实施，将加速我国各省级药品检验机构疫苗检验检测能力建设。

提升疫苗实验室质量体系建设

2019年5月27日至31日，WHO专家对中检院进行了疫苗预认证（PQ）合约实验室评审。本次评审没有发现关键缺陷项和主要缺陷项，WHO专家组对中检院的实验室组织管理、样品管理和实验动物管理等方面给予高度评价，总体评价认为我院有充分能力对预认证疫苗开展实验室检测工作。

在新一轮世界卫生组织（WHO）对我国疫苗监管体系（NRA）评估任务中，依照监管职能，我院承担疫苗批签发（LR）和实验室检测（LT）两个板块的准备工作。2019年初，我院成立了疫苗监管体系工作领导小组，召开WHO－NRA疫苗监管体系评估部署会，确定了各部门职责分工。在国家药监局的组织下，多次与WHO评估专家进行沟通和交流，掌握了此次评估全新工具——全球基准工具（GBT）。在WHO专家的指导下，逐条梳理各项指标，完成自评估工作。与 WHO 评估专家明确了不适用指标，提出了机构改进计划，制定了下一步工作路线图。院内组织召开了“国家疫苗 NRA 评估培训会”，结合 NRA 评估各项指标，不断提升疫苗实验室质量体系建设。

加强疫苗国际标准化研究

为促进全球手足口病疫苗研发，中检院进一步与英国国家生物制品检定所合作，继续共同主导完成 EV71 国际抗原标准品研制，于 2019 年 10 月 25 日通过 WHO 审议，这是继 2015 年中检院主导首个疫苗国际标准品——EV71 抗体标准品获批之后，我院主导的第二个疫苗国际标准品，进一步提升了我国在疫苗国际标准领域的话语权。

鉴于中检院关于 EV71 疫苗质量标准研究受到 WHO 重视，WHO 于 2019 年正式启动了 WHO EV71 疫苗质量、安全性及有效性指南文件的制订。中检院于 2019 年 9 月在上海市承办该指南起草专家首次会议，会议审核了由中检院草拟的指南初稿方案，最终确定了 WHO EV71 疫苗指南的起草原则和方案，达到了预期效果。WHO EV71 疫苗指南制订和国际标准品研制，将对我国独创的 EV71 疫苗申请 WHO 预认证、走向国际市场奠定坚实的基础。

举办创新生物技术产品论坛

2019 年，中检院充分发挥技术优势和行业影响力，举办了“干细胞研发进展与质量评价学术论坛”“基因治疗制品质量控制研究学术论坛”“组分百白破及联合疫苗的研发进展与质量评价”“肠道病毒疫苗研发及质控国际研讨会”“第四届中国药品监管科学大会生物制品监管论坛”“药品质量安全年会生物制品分会场”“2019 中国基因治疗产业发展及产品质量控制论坛”“生物制品年会分论坛”等学术活动和论坛，为企业创新和规范发展提供了指导，为生物医药科学监管提供了技术支撑。

医疗器械检定所

医疗器械国家监督抽验

2019 年，医疗器械检定所在局本级国家医疗器械质量监督检验任务中承担壳聚糖可吸收外科敷料、粘接剂（口腔充填修复）、移动式 X 射线机的抽验任务。按照国家监督抽验的各项方案，保质按时限完成了国家医疗器械抽验任务。

拓宽检验技术研究领域

在有源医疗器械方面继续开展人工智能领域检验方法的研究，以及重离子、质子（放疗设备）质量评价检测平台相关技术研究。在无源医疗器械方面进一步完善生物源医疗器械病毒去除灭活工艺验证技术服务平台建设及动物源医疗器械免疫学评价平台建设。加强平台技术的深入研究和验证工作，开发医疗器械质量评价新技术新方法研究，拓展新的技术服务项目，完善质量评价体系。

开展实验室间比对试验和能力验证工作

医疗器械检定所连续第 14 年组织开展全国医疗器械检验机构比对试验工作。共组织无源金属洛氏硬度试验（C 标尺）测定试验及有源辐射发射测定试验 2 个项目。2019 年按计划完成 6 个阶段的工作：包括筹办全国医疗器械检验机构会议、牵头策划比对试验技术方案、制定样品均匀性和稳定性评价方案、试验数据汇总、结果统计工作、完成比对试验总结报告。

强化医疗器械标准化能力建设

一是完成组织工程产品和人类辅助生殖 3 项医疗器械行业标准制修订工作。二是标准化筹建工作取得新突破新进展，经过前期精心准备和各方努力，2019 年医疗器械检定所申请筹建的技委会和技术归口单位相继获批：一个是纳米医疗器械生物学评价标准化分技术委员会筹建及成立工作得到了国标委批复。另外医用增材制造标准化技术归口单位和人工智能医疗器械标准化技术归口单位的组建方案于2019年10月12日同时获批（国家药监局2019年第82号公告）。在组建的同时，器械所积极开展标准预研工作，成功申报新获批的技术归口单位医用增材制造和人工智能领域的3项标准制修订工作（已获批2020年立项）。与此同时，医用机器人技术归口单位的筹建工作取得新进展，获得国家药监局正式批复筹建，截至2019年底已完成专家征集和筹建的相关工作。

体外诊断试剂检定所

行业标准的制定进展顺利

体外诊断试剂检定所负责《氨基酸和肉碱检测试剂盒（串联质谱法）（项目编号I2019012－ZJY）》、《乙型肝炎病毒e抗体检测试剂盒（化学发光免疫分析法）（项目编号I2019011－ZJY）》和《耳聋基因突变检测试剂盒（项目编号I2019013－ZJY）》等行业标准的制定。目前进展顺利，已上报国家药监局。主持制定《中国药典》（2020年版）体外诊断试剂标准2项，分别为人类免疫缺陷病毒抗原抗体诊断试剂盒（酶联免疫法）、乙型肝炎病毒/丙型肝炎病毒/人类免疫缺陷病毒核酸检测试剂盒。目前已经提交国家药典委员会并公示。

举办体外诊断试剂培训班

2019年9月在江苏省泰州市举办了体外诊断试剂标准物质研制培训班，诊断试剂所派专家讲解了标准物质研制技术指南解读、非传染病诊断试剂标准物质研制策略、传染病诊断试剂标准物质性能评价、标准物质不确定度评定、诊断试剂标准物质的原料血浆调用技术规范、操作注意事项等内容。

2019年10月在江苏省南京市组织召开了基于高通量测序产品质量控制技术标准化培训班。本次培训内容丰富，信息量大、实用性强，帮助学员对高通量测序产品的研发生产、质量控制、临床应用及生产体系核查等方面有了系统认识和深入的理解，为我院打造开放的高通量测序技术质量控制交流平台奠定了良好基础。

“三品一械”检验技术丛书体外诊断试剂分册完成了定稿工作

“三品一械”检验技术丛书的编纂是我院2018年和2019年的重点工作之一，该系列丛书将成为检验检测技术的指导书籍和技术人员的实用教材。我所负责组织丛书中《体外诊断试剂检验技术》分册的编写工作。2019年3月26日在广东省广州市召开了丛书定稿会，并根据丛书特点编制了分册丛书前言内容。目前已正式出版。2019年9月19日至20日在江苏省泰州市举办了体外诊断试剂标准物质研制培训班，会上对分册丛书做了宣传介绍。

2019年度血源筛查试剂批签发概况

根据《药品管理法》和《药品管理法实施条例》，血源筛查用体外诊断试剂按照生物制品管理，并且实施批签发，每批制品在上市前均需经过中检院的批批检。经过多年对生产企业的严格规范和监管，近年来生产企业整体稳定，血源筛查用体外诊断试剂质量较好，2012年以来，每年批签发的批次合格率基本保持在100%（仅2018年有1批制品不合格）。

2019年，申请签发的血源筛查用体外诊断试剂有9个品种，共911批，合格率100%。约计9.19亿人份。其中，进口制品有59批（占总签发批数的6.48%）、约计0.27亿人份（占总签发人份数的2.94%），涉及6个品种、4家境外企业。9种血源筛查用体外诊断试剂的批签发量相对稳定。

药用辅料和包装材料检定所

药用辅料和药包材监督抽验

2019年，药用辅料全国评价性抽验品种为：海藻糖（全项），药包材品种为：双向拉伸聚丙烯/真空镀铝流延聚丙烯复合膜、袋（全项）和低密度聚乙烯药用膜、袋的正己烷不挥发物（专项）。药用辅料和包装材料检定所已全部完成抽验工作。其中药包材品种低密度聚乙烯膜、袋的正己烷不挥发物项目还参与了2019年度国家药品抽验品种评议会的现场交流。

海藻糖共抽取了8批样品，法定检验合格率100%；双向拉伸聚丙烯/真空镀铝流延聚丙烯药用复合膜共抽取了25批样品，发出23批合格报告，2批不合格报告，不合格率为8%；86批药用低密度聚乙烯膜、袋正己烷共抽取了86批样品，发出66批合格报告，20批不合格报告，不合格率为23.3%；在随后开展的探索性研究中，发现海藻糖的残留酶存在质量安全风险；发现双向拉伸聚丙烯真空镀铝流延聚丙烯药用复合膜存在标准名称不统一、溶剂残留量标准示例的溶剂成分覆盖面不够，一些毒性较大或常用溶剂缺乏控制、部分药物在加速条件下引湿增重较大，包材与药物相容性存在隐患以及标准检验项目设置不够全面，胶黏剂、油墨等原辅料中的毒性物质缺乏控制指标等风险。

检验和对照品工作

2019年，药用辅料和包装材料检定所登记检品211批次，出具报告190批次。全年完成6批复验工作。截至2019年12月底，共签订技术服务合同90份，发放合同报告48份，已完成年度创收额度2509万元。

2019年，药用辅料和包装材料检定所共研制46个标准物质品种（药用辅料标准物质28个，物理类包材标准物质3个，化学类包材标准物质15个），换批研制17个药用辅料标准物质品种，保障了《中国药典》（2020年版）必供品种的供应；此外，还开展了洁净环境检测用辅助材料预制平板培养基配方研制、验证、微生物鉴定等工作，并进行了抛射剂辅料134a质量标准用标准物质HFC－134a、HFC－134、CFC－115、CFC－125的研制工作。同时完成了13个药用辅料国家标准物质的年度期间核查工作，及时停用了1个品种，保证了在售标准物质的质量。截至2019年12月31日，标准物质销售共计59765支，标准物质销售额共计1350万元。

进口注册检验工作

2019年，药用辅料和包装材料检定所共完成14个品种、21批进口药用辅料注册检验工作。收到并审核省所注册检验报告书及标准共涉及9个品种；审核提交进口注册标准共14份。

开展仿制药质量一致性评价中国产辅料质量评估工作

2019年，药用辅料和包装材料检定所着力推进了国家重大新药创制“药物一致性关键技术与标准研究”子课题六《药用辅料关键质量属性的评价技术与功能性指标数据库的建立》的相关工作，5月在湖北省武汉市组织召开课题研讨会，对处方用功能性辅料功能性指标与相应制剂质量相关性的研究已有突破，数据库逻辑架构已搭建完成，硬件设施建设初现雏形，探寻到解决仿制药一致性评价中辅料品种内在质量差别的关键点。

召开第四届全国药用辅料与药包材检验检测技术研讨会

2019年11月6日至7日，由中检院药用辅料和包装材料检定所主办，四川省食品药品检验检测院承办的第四届全国药用辅料与药包材检验检测技术研讨会在四川省成都市召开，会议邀请国家药监局科技和国合司周乃元处长和四川大学张志荣教授分别作了题为“监管科学的机遇和挑战”和“药物纳米制剂及其辅料发展与前景”的大会报告，全国各省市药包材与药用辅料检测机构代表近140人参会。

会议期间，参会代表就未来行业发展方向、在原辅包关联审评审批新制度下，如何加强抽验监测和高风险产品质量隐患排查，防控行业潜在风险、以国家药监局重点实验室为发展契机，如何提高检验监测能力，更好地发挥技术支撑作用等议题分药用辅料和包材洁净两个组进行了经验交流讨论。

开展药用辅料及包装材料质量研究工作

药用辅料和包装材料检定所开展了特殊营养注射剂关键大分子辅料精确质量控制方法研究。建立了合相色谱法精确控制特殊营养注射剂中关键大分子辅料结构三酰甘油的质量，将结构三酰甘油的52种组分的分离定量，为特殊营养注射剂关键大分子辅料的质量控制建立了指导方法，并研制了用于日常生产质量控制的结构三酰甘油企业对照品。对于特殊营养注射剂常用的大分子辅料氢化大豆磷脂酰胆碱和注射级胆固醇，起草了精确质量控制方法和国家药典标准上报药典委员会。通过以上大分子辅料精确质量控制方法的建立，为特殊营养注射剂的质量控制奠定基础，为国家注射剂一致性评价的顺利开展提供了有力支撑。

包材方面，以玻璃注射剂包装材料为突破口，全面开展了药包材质量与安全性评估及选择性研究。完成50余页，1.5万余字的《注射剂用玻璃药包材质量与安全性评估及选择性研究（快速预评价）》报告。

结合原辅包与制剂关联审评生产环境检查要点开展了研究工作，完成两家企业的洁净环境数据采集工作及三家企业的现场调研工作，利用风险评估管理工具对其数据进行了风险识别、分析评价，在研究报告中针对找到的风险点提出了无菌制剂用原辅包材料的生产检查关键点及控制措施。

开展水溶性大分子药用辅料分子量对照品研制

为保障《中国药典》（2020年版）的顺利实施，同时为更好地控制辅料一致性与批间稳定性，进一步提升我国仿制药质量，辅料包材所于2019年申报了十个规格的水溶性大分子聚乙二醇药用辅料标准物质的研制（聚乙二醇20000、聚乙二醇13000、聚乙二醇10000、聚乙二醇7000、聚乙二醇4000、聚乙二醇1000、聚乙二醇600、聚乙二醇400、聚乙二醇200、聚乙二醇194），目前已全部完成研制工作。该品种的发放，可有效控制聚乙二醇分子量分布范围，推进其质量提升，使得其在应用中能更好地发挥助溶、修饰、靶向递送主药等作用，提升我国药物水平。

编写“三品一械”检验技术丛书辅料包材分册

2019年2月，药用辅料和包装材料检定所在北京市召开了“三品一械”检验技术丛书辅料包材分册定稿会，同来自高等院校、科研院所、检验检测单位、辅料行业协会的近40位编委和编写人员就“三品一械”检验技术丛书辅料包材分册编写内容、修订原则、体例模版、撰写格式、规范用语等方面达成共识。会后各编写人员又根据此次会议的意见和要求，逐项逐条进行了认真梳理修订，按照工作时限要求，已完成了“三品一械”检验技术丛书辅料包材分册30个章节的核校和定稿工作，文稿已交付中国医药科技出版社。

能力验证工作

2019年，药用辅料和包装材料检定所组织的

“玻璃棒线热膨胀系数测定（NIFDC－PT－186）”被列入国家药监局级能力验证项目，34 家实验室报名参加，并均按要求提交了结果报告，反馈结果中结果为“不满意”（|z|≥3）的实验室为 2 家，不满意率为 5.9%，其他 32 家实验室的检测结果均为“满意”（|z|≤2），满意率为 94.1%。药用辅料和包装材料检定所还同时组织了院级能力验证项目“药用辅料旋光度”，89 家实验室参与此项目的能力验证并按要求提交了数据结果，78 个单位检测结果满意，满意率为 87.5%。通过能力验证，发现部分企业和地市级药检单位对新版药典检测方法还不够熟悉，检测能力有待进一步提高。

完成《中国药典》（2020 年版）药用辅料和药包材标准制修订和综合改革课题研究工作

2019 年，药用辅料和包装材料检定所积极承担并保质保量完成了国家药典委员会药用辅料标准提高项目，以及药典委员会 2017 年综改课题《药用橡胶材料通则》和《药品包装用塑料材料和容器通则》工作，同时完成了《中国药典》（2020 年版）聚乙二醇系列、聚山梨酯系列、聚氧乙烯酯系列、橄榄油等 28 个药用辅料药典标准和《三氧化二硼测定法》《121°颗粒耐水性测定法》《内表面耐蚀性测定法》《内应力测定法》等四个玻璃类药包材标准的制修订工作，对丙二醇单月桂酸酯、单油酸甘油酯、没食子酸丙酯等 13 个药用辅料标准，以及《热合强度测定法》《剥离强度测定法》《拉伸性能测定法》《注射剂用胶塞、垫片穿刺力测定法》《注射剂用胶塞、垫片穿刺落屑测定法》等药包材标准进行了复核工作，还新申请了《中国药典》（2020 年版）单双硬脂酸甘油酯、氢化大豆油、聚丙烯酸树脂、大豆磷脂、吸入用空心胶囊、滑石粉等 16 个药用辅料标准起草工作和醋酸羟丙甲纤维素琥珀酸酯等 5 个标准的复核工作，以及表面张力测定法等 4 个通用方法的研制工作；全年就药用辅料药典标准事项给国家药典委员会复函 40 份，有力地保障了《中国药典》（2020 年版）（四部）的起草复核任务。

建立药用吸入气雾剂用 HFA－134a 质量标准

2019 年，药用辅料和包装材料检定所积极推进《HFC－134a 吸入气雾剂质量标准的建立》项目，已完成了标准的方法和限度比对、完成了国内外四个厂家 24 批样品的质量分析和研究报告，按照拟定的主要杂质毒理学实验方案，对国内主要生产厂家的产品及其主要杂质进行了毒理学研究，根据质量分析和毒理学研究结果起草了标准草案，经陕西省食品药品监督检验研究院和国家食品药品监督管理局药品包装材料科研检验中心复核后，汇总复核意见形成了结题报告和标准报批稿，2019 年底前召开了课题结题会，提交了项目总结报告。

召开《药用辅料和药包材检验工作规范》专家审核会

根据国家药监局科技和国际合作司开展《药品化妆品检验机构资质认定和检验工作规范》等系列文件制定方案有关要求，中检院辅料包材所承担了《药用辅料和药包材检验工作规范》的制定工作，并于 2019 年 12 月 19 日和院质量管理中心在广东省广州市联合召开《药用辅料和药包材检验工作规范》专家审核会，国家药监局科技和国际合作司毛振宾巡视员莅临会议并作重要指示，中检院邹健副院长参加会议并表示将按期完成规范制定工作。来自我院质量管理中心、辅料包材所、高等院校、科研院所、检验检测单位的近 20 位专家和编写人员参加审稿会议。各位与会专家根据自己的工作经验，对《药用辅料和药包材检验工作规范》讨论稿提出了修改意见和建议，推动了《药品化妆品检验机构资质认定和检验工作规范》整体工作的进展。

实验动物资源研究所

CNAS 实验动物机构认可申请工作

2019 年 6 月 14 日，正式向中国合格评定认可委员会（CNAS）提交实验动物机构认可申请书；11 月 12 日至 14 日，CNAS 对中检院进行了为期三天的实验动物机构认可现场评审，从组织管理、设施环境、动物饲养、动物使用、动物医护、兽医职责、实验动物管理与使用委员会（IACUC）运行、职业健康安全等五大类共 571 项管理指标进行了现场审查。评审共开具 13 项不符合项和 4 项观察项，均于要求期限内完成了整改和纠正措施的验证。

实验动物管理和动物福利管理

按照《实验动物福利伦理审查程序》的规定对我院动物实验进行审查，完成了 140 项一类项目的年审，16 项二类项目的福利伦理审查。

2019 年 4 月 18 日至 19 日组织对实验动物生产体系和动物实验管理体系的全部实验动物福利伦理要素进行监督检查。

结合本院动物实验实际和国内外最新研究成果，组织编制实验动物福利伦理操作指南，在疼痛评估、麻醉药使用、安死术方式、仁慈终点等福利伦理关注重点方面对操作者给予指导。

国家中心工作

2019 年，国家实验动物质量（微生物、遗传）检测中心向国内 21 个省市 35 个单位检测实验室提供实验动物质量诊断试剂盒 894 个。其中小鼠 596，大鼠 218，豚鼠 35，地鼠 17，兔 20，猴 8。对 1 名进修人员进行了实验动物检测技术学习培训。

2019 年，国家啮齿类实验动物资源库为 20 个省市 42 个单位提供 13 个品种 5143 只实验动物种子；向生产群供应（KM、ICR、DDY、NIH、B6、SD、BALB/c - Nu、IL2/RAG2）3198 只种子。冷冻小鼠精子新增品系 4 个，新增冷冻精子 48 根，总数达到 7800 根；冷冻小鼠胚胎新增 10 个品系胚胎 2445 枚，总数达到 3.01 万枚；完成体外受精（IVF）17 个批次。目前共保存 4 个种类（家兔、豚鼠、大鼠、小鼠），230 个品系的实验动物，其中包括大鼠 7 个品系，小鼠 220 个品系，豚鼠 1 个品系，家兔 2 个品系。同时向各科研院所提供资源冻存、动物快繁、代养、资源挽救、种群生物净化等服务。为 2 个单位提供冻存配子的复苏和体外受精（IVF）工作。

实验动物生产供应服务

2019 年共生产动物 45 万只，销售动物 27.4 万只，对外销售 16.8 万只，内部供应 10.6 万只。保证了科研检定和应急检验对动物的需要。与 2018 年同期相比生产与销售水平都稳步提升。从动物供应品种和数量上看，基本满足了中检院食品药品检定工作的需求。

动物实验服务能力

2019 年动物实验期饲养量共计 132613 只，其中小鼠 121088 只，大鼠 3830 只，地鼠 4 只，豚鼠 3695 只，家兔 3996 只。与 2018 年同期相比，饲养动物数量增加 9805 只（增加比例 8%）。

实验动物质量检测

2019 年对国内 99 个单位送检的 1427 只/份动物及动物血清进行检测，主要检出有嗜肺巴斯德杆菌、铜绿假单胞菌、金黄色葡萄球菌、沙门菌、猕猴疱疹病毒 1 型（B 病毒）抗体、小鼠细小病毒、小鼠肝炎病毒、仙台病毒、腺病毒、巨细胞病毒、小鼠肝炎病毒阳性；狂犬病病毒传染性犬肝炎病毒、兔出血症病毒、免疫抗体不合格；检出有体内寄生虫（蠕虫、鞭毛虫）、弓形虫抗体阳性。

对中检院生产和实验用的小鼠、大鼠、豚鼠和家兔 1109 只进行了质量检测，个别种群检出细小病毒、嗜肺巴斯德杆菌、金黄色葡萄球菌、铜绿假单胞菌等阳性。

实验动物质量抽检

2019 年完成两次北京地区实验动物抽检，共完成 62 家生产单位 1241 只实验动物质量的监督检测，包括清洁级及 SPF 级大、小鼠，清洁级和普通级豚鼠、兔、清洁级地鼠、犬、猴和小型猪等 17 个品种品系。其中，2 个 SPF 级小鼠种群（NIH、B6）和豚鼠种群检出嗜肺巴斯德杆菌阳性；1 个单位普通级猴检出志贺菌阳性；一家小型猪和一家比格犬免疫不达标；1 个 SPF 级小鼠种群（NIH）检出嗜肺巴斯德杆菌阳性；1 个 SPF 大鼠检出铜绿假单胞菌阳性；2 个单位哨兵动物检出细小；1 家金黄色葡萄球菌阳性；6 家小型猪免疫不达标；近交系小鼠遗传质量符合标准要求。通过此项工作，为北京科委发布质量公告提供技术支持，锻炼了队伍，提高了中检院实验动物工作在北京市的地位和影响。

实验动物遗传质量检测

2019 年对外 3 个单位 2 个品系进行检测；对内 16 个品系 80 只动物进行检测，其中有两个品系不合格。

动物源性生物制品检测

2019 年接收 31 个单位 219 批次单抗、重组制品、生化药及医疗器械病毒灭活/去除工艺验证工作，完成 265 份报告。接收 9 个单位 17 批次流感毒种、1 批次麻疹毒种、1 批次黄热毒种、3 批次免疫马血浆及马血浆制品的外源性病毒检测，已完成 19 份报告。完成 37 批次单抗及神经生长因子鼠源性病毒检测。完成 1 个单位 1 批次溶瘤病毒的外源病毒检测。

实验动物洁净环境检测

2019 年，根据相关标准，配合院仪器设备中心、后勤服务中心先后对全院 224 台生物安全柜、80 台超净工作台、74 套区洁净（室）进行了检测；对外检测涵盖京津冀地区 11 家单位，共计发放 207 份报告。

实验室能力验证活动

开展实验动物 2019 年全国能力验证计划，完成了 NIFDC－PT－201－实验动物血清中大鼠仙台病毒抗体和小鼠肝炎病毒抗体检测，NIFDC－PT－202－实验小鼠血清中酯酶－1 和转铁蛋白检测，NIFDC－PT－203－实验动物粪便中金黄色葡萄球菌和沙门菌检测等 3 个计划 6 个项目的样本均匀性检验和稳定性检验工作，共有 30 家报名单位参加 60 项次，共计发放 350 份能力验证样品，结果满意率如下，201 项目：92%（23/25），202 项目：77.78%（7/9），203 项目：73.08%（19/26）。整体满意率 85%，发放证书 51 份。并于 2019 年 9 月 6 日，召开“2019 全国实验动物质量检测能力验证学术研讨会”，全国共计 27 家单位 47 人参会，取得预期效果。

检验检测能力建设

2019 年完成 CMA 共计 65 个参数的扩项，新增猪、羊、洁净室（区）等检测项目；完成 CNAS 共计 27 个参数的扩项。

2019 年 8 月 6 日，完成国家认监委猪瘟检测 PTP 项目。同时完成 2018 年 10 份样品的国际比对，目前正在申请 2019 年项目。

实验动物从业人员上岗培训

2019 年，全院共有 43 人参加了实验动物从业人员上岗培训，20 人参加换证考试。培训内容涉及实验动物学基本概念、学科研究范围及应用领域、学科发展趋势、质量控制、生物安全等方面，并根据以往培训的反馈意见增加了实验动物福利、伦理和从业人员职业道德等方面的内容，对从业人员能力提高有较大帮助。培训结束时，学员参加了北京实验动物行业协会组织的考试，成绩合格，获得“全国实验动物从业人员岗位证书”。

国家啮齿类实验动物资源库发展规划专家论证会

2019 年 8 月 16 日，国家药监局组织专家组在中检院召开“国家啮齿类实验动物资源库发展规划专家论证会”。会议邀请了 8 位国内实验动物知名专家组成论证专家组，科技部基础研究司条件平台处、科技部平台中心领导，国家药监局科技和国际合作司领导，中检院领导及科研处、人事处、动物所科室负责人共计 23 人参加论证会。

第五届全国药检系统实验动物学术交流会在山东省济南市召开

2019 年 10 月 21 日至 23 日，由中检院主办，山东省食品药品检验研究院承办的“第五届全国药检系统实验动物学术交流会”在山东省济南市召开。来自全国 39 个省市，66 个药品、医疗器械、药用包材及辅料检验所（院）及安全评价研究机构共计 148 位代表参加会议。

全国实验动物质量检测能力验证学术研讨会在北京市召开

2019 年 9 月 6 日，由中检院主办的“全国实验动物质量检测能力验证学术研讨会”在北京市召开。来自全国 27 家单位的 47 名代表参与交流。会议对实验动物领域全国范围的能力验证工作进行了全面总结，交流了检测技术，分享了工作经验，为实验动物质量检测体系协调发展及完善夯实基础。

实验动物种源保存技术和模型动物技术培训班

2019 年 5 月 15 日至 17 日，由北京市实验动物管理办公室、中检院和北京实验动物行业协会主办的“实验动物种源保存技术和模型动物技术培训班”在北京市举办。国内 9 个省市 27 家单位的 50 余名实验动物生产管理与模型动物技术相关工作人员参加了培训。培训内容涉及：啮齿类实验动物保种技术研究；啮齿类种质资源库建设及冷冻保种技术；模式动物研究及其用途；用于临床前致癌性安全性评价的模式动物建立及其应用；EV71 动物模型及其在疫苗评价研究中的应用；KDR 模型的建立及其在抗血管治疗药物评价中应用；模式动物制作过程中显微注射技术；小鼠常用实验操作及福利伦理；实验动物设施监测与质量控制。

安全评价研究所

2019 年（第九届）药物毒理学年会

由安全评价研究所和湖北天勤生物科技有限公司共同承办的 2019 年（第九届）药物毒理学年会于 2019 年 6 月 22 日至 25 日在湖北省武汉市召开。本次会议由中国药理学会安全药理学专业委员会（CSPS）等九个专业委员会联合主办，会议邀请中国药理学会副理事长杜冠华教授、国家药审和器审中心相关部门领导及中国、美国、日本、韩国等国内外知名专家教授进行了大会特邀报告，汇集了来自国内外药物安评机构、研发机构、生产企业、监管机构等 700 余位专家学者，共同展示当今毒理学及相关领域的新技术、新政策和科技新成果。

本次会议以“新时代 新技术 新策略 新健

康”为主题，为我国药物毒理学及其相关领域工作者展示自己最新研究成果，了解和掌握国内外药物毒理学研究进展、政策法规和技术指南、前沿技术方法、发展动向，加强业内的协作与沟通，提高我国药物毒理学研究和应用水平搭建了高水平的学术交流平台。

为鼓励青年优秀人才脱颖而出，本次年会开展了青年优秀论文、优秀壁报、安全药理优秀论文评选。安全评价研究所的淡墨博士、潘东升博士分别获得了青年优秀论文和优秀壁报奖。

本次会议的成功举办，极大地推进了我国毒理学研究的广度和深度，进一步增加了药物毒理学年会的品牌效应，为我国毒理学研究整体水平的提高起到很好的促进作用。

通过国际实验动物评估和认可委员会 AAALAC 认证

安全评价研究所于 2019 年 10 月 17 日至 20 日接受 AAALAC 的检查，包括实验动物中心和研究实验室两部分，涉及实验动物项目的方方面面，从硬件到软件，从人员培训到管理、监督体制，都是现场检查。经过近一年的问题答复和文件往来，最终安全评价研究所顺利通过了 AAALAC 认证，收到了国际实验动物评估和认可委员会 AAALAC 的认证确认函，展示了安全评价研究所在生物科学、医药领域人道、科学地对待动物的承诺。美国食品药品监督管理局（FDA）和欧盟强力推荐在有 AAALAC 认证的实验室开展的动物实验，评估将推动科学研究的有效性、持续性，表明对人道护理动物的真正承诺，并且已经成为参与国际交流和竞争的重要基础条件。

召开第九届北京地区药物代谢与药代动力学学术论坛

药代动力学研究对于新药研发具有重要意义，在药物的早期发现、制剂学研究、非临床药效学、毒理学研究及临床研究中都发挥着非常重要的作用。近年来我国创新药物研发产业快速发展，许多新型药物品种不断涌现，给药代动力学研究、生物分析等提出了新的挑战。

为给北京地区从事药物代谢研究的人员提供一个学术交流的平台，了解药物药代动力学研究的最新进展和新技术、新方法，以及相关规范性要求，提升药物药代动力学研究水平和质量，由北京药理学会药物代谢专业委员会主办、中国食品药品检定研究院国家药物安全评价监测中心承办的“第九届北京地区药物代谢与药代动力学学术论坛”于 2019 年 11 月 8 日在中国食品药品检定研究院大兴新址召开。本次会议中，多位药代动力学研究方面的专家进行了精彩的大会报告，报告内容包括：难吸收天然药物的药代动力学研究与思考、生物大分子药物生物分析能力验证、生物标志物在生物药临床研究中的应用和生物分析策略、药代和毒代动力学研究数据质量保证和数据合规性管理、基于 LC－MS 技术的大分子药物生物分析方案、药代动力学的 3D 及免疫学解决方案、质谱成像（MSI）技术在药物研发和药代动力学研究中的应用前景、新型生物技术药物生物分析的挑战及解决方案、抗药抗体分析及其对药代动力学影响的评估、药代和毒代动力学研究对新药毒性研究的支持等。北京地区从事药物研发、药物非临床药代动力学和毒代动力学研究以及从事临床药代动力学研究的研究人员和研究生共计 200 余人参加了本次会议。报告后进行了提问和交流，达到了很好的学习效果。本次论坛内容新颖，反映药代动力学研究前沿进展，并有中检院监管职能及质量和规范性要求的特色，实用性强，得到了参会人员的广泛好评。

论坛结束后，召开了北京药理学会药物代谢专业委员会第二次全体会议。药物代谢专业委员会秘书长李晓蓉老师总结回顾了去年一年专委会开展的主要工作，主任委员庄笑梅老师宣读了北京药理学会药物代谢专业委员会工作条例（征求意见稿），提出了专委会明年的主要工作计划。参会委员们对此进行了积极讨论，发表了意见和工作建议。会议确定明年由中日友好医院承办下一届北京地区药物代谢与药代动力学学术论坛。

接受国家药监局 GLP 资质复查

2019 年 6 月 11 日至 14 日，国家药监局药品审核查验中心派出 5 人专家组对安全评价研究所进行 GLP 资质复查。

6 月 11 日首次会议上，邹健副院长介绍对安全评价研究所的现状、未来建设规划等情况，安全评价研究所负责人汇报了上次检查后的三年来人员、设施、设备、实验情况。在 4 天的检查中，专家组进行了现场检查及档案资料的检查。经过检查，专家组认为安全评价研究所具有较完善的 GLP 管理体系和组织机构，各部门、各级和各类人员职责明确，配备独立的质量保证部门及相关人员；具有与申报项目相关的实验设施、功能实验室及其相应区域，各区域布局较合理，运行正常；配置的仪器设备基本满足开展其申报试验项目的需要，并有专人管理；供试品、对照品及实验材料的管理设施和程序较规范；SOP 管理满足机构运行的需要；项目实施的试验方案、原始记录、总结报告书内容基本一致；档案和标本保存方法适当。现场考核操作人员，技术较娴熟，考核合格。机构的整体管理和项目实施符合 GLP 规范的要求。同时专家们也指出了目前 GLP 工作中存在的一些不足，并提出了很好的建设性意见和建议。

目前，通过认证试验项目 10 项，包括：单次和多次给药毒性试验（啮齿类）、单次和多次给药毒性试验（非啮齿类）、生殖毒性试验（Ⅰ段、Ⅱ段、Ⅲ段）、遗传毒性试验（Ames、微核、染色体畸变、小鼠淋巴瘤）、致癌试验、局部毒性试验、局部毒性试验、免疫原性试验、安全性药理试验、依赖性试验、毒代动力学试验，也是我国通过项目最多、服务内容最全的 GLP 机构。

第五届药物非临床安全性评价专题负责人高级培训班在上海市召开

2019 年 8 月 18 日至 19 日，由中检院国家药物安全评价监测中心、中国药学会药物安全评价研究专业委员会主办，上海美迪西生物医药股份有限公司承办的第五届药物非临床安全性评价专题负责人高级培训班在上海市召开。中检院安全评价研究所张河战所长，中国药学会药物安全评价研究专业委员会主任委员耿兴超研究员和上海美迪西生物医药股份有限公司彭双清教授出席了会议并致辞，会议还特别邀请了我国著名毒理学家袁伯俊教授、国家药监局药品审评中心王海学部长等资深专家到会指导。来自全国省、市、自治区药检院所及高校、企业的药物非临床安全评价机构等 200 余名代表参加了本次培训班。

本次培训班以“新型药物品种的非临床安全性评价”为主题，围绕新型生物制品的审评审批策略，细胞治疗产品、新型单抗产品、溶瘤病毒产品、小分子化学药物等安全性评价案例分析，以及 GLP 试验规范性关注点等热点话题，邀请了国内药物非临床安全性评价领域的权威专家、药审中心专家和国内一线资深专题负责人等 13 名专家学者进行报告。为增加安评研究人员对新型药品设计特点的了解，提高临床前安全性评价试验设计的合理性，会议还特别邀请了中检院相关专家进行大会报告，收到了良好效果。本次培训班通过结合大量实际案例进行了深入浅出的讲解与分析，参会代表针对药物安全性评价研究中具体的问题进行了充分的讨论和交流。

本次培训班为我国药物安全性评价研究专题负责人搭建了一个高水平的学术交流平台，为推进我国药物毒理学后备人才的成长发挥了重要的作用。

医疗器械标准管理研究所

医疗器械标准体系制度建设

2019年，医疗器械标准管理研究所针对医疗器械标准制修订关键环节和薄弱环节，制定印发了《医疗器械标准化工作档案管理要求》《医疗器械标准审核要点》《医疗器械标准化技术委员会考核评估细则》，修订了《医疗器械标准验证工作细则》《医疗器械标准报批材料审核工作流程》，进一步切实拓展医疗器械标准管理的广度和深度。

医疗器械标准制修订工作

配合国家药监局批准下达2019年医疗器械行业标准立项93项，医疗器械标准管理研究所组织完成了2020年行业标准立项征求意见及审核。2019年10月15日至16日在江西省景德镇市召开2020年医疗器械行业标准制修订项目立项工作会，会议组织专家就标准的必要性和可行性进行研讨，拟报送立项项目建议86项。2019年，审核报送医疗器械标准133项，配合发布医疗器械国家标准4项，行业标准72项、标准修改单3项。医疗器械标准总数1671项（国标220项，行标1451项），强制性标准占比由2010年的48%持续下降至23.6%。

标准组织体系建设

组织对全国医用输液器具标准化技术委员会（SAC/TC 106）等4个技委会开展考核评价试点工作，结合考评工作中发现的问题，进一步量化考评指标，细化考评要求，强化技委会宣贯培训组织管理和档案管理。同时，在国家发展战略部署和监管亟须领域，积极推进医疗器械标准组织体系建设布局。有源植入物和纳米医疗器械生物学评价2个分技委会获国标委会批准正式成立，医用电声设备、医用增材制造技术和人工智能医疗器械3个标准化技术归口单位获国家药监局批准正式成立；医用机器人标准化技术归口单位获国家药监局同意筹建，正在组建中。医疗器械标准化技术委员会和技术归口单位的数量由27个增长到32个。

医疗器械命名术语指南编制

医疗器械标准管理研究所组织起草并报送《医疗器械命名术语指南编制原则》，报送了第一批“医用成像器械”等3个领域医疗器械通用名称命名指导原则；组织开展第二批“无源手术器械”等11个领域医疗器械通用名称命名指导原则起草、技术审查工作。

医疗器械编码技术研究工作

医疗器械标准管理研究所完成YY/T 1681－2019《医疗器械唯一标识系统基础术语》医疗器械行业标准制定工作，并举办医疗器械唯一标识相关标准培训班，受训人员普遍表示培训内容详实，时机及时，为今后开展医疗器械唯一标识工作奠定基础。

药械组合产品属性界定信息系统

顺利完成了新“三定”职能调整交接，构建了“药械组合产品属性界定信息系统”，并于2019年6月1日正式开通，截至2019年12月31日，共通过信息系统受理44个药械组合产品属性界定申请。

信息公开

2019年对外公开第一批636项非采标推荐性医疗器械行业标准文本，实现医疗器械行业标准目录和强制性医疗器械行业标准文本100%对外公开，非采标推荐性行业标准文本对外公开率达 87%。

2019 年，医疗器械标准管理研究所共对 157 项医疗器械标准立项项目和 136 项标准征求意见稿对外公开征求意见。

2019 年，医疗器械标准管理研究所分 3 批在国家药监局医疗器械标准管理中心网站公开了经国家药监局审定的 1073 个产品分类界定结果，以指导医疗器械分类界定工作，降低重复申报，更好地服务监管部门和企业。

化妆品安全技术评价中心

化妆品安全技术评价中心成立

2019 年 3 月 4 日，化妆品安全技术评价中心正式成立。2019 年 6 月 30 日起承担了化妆品延续产品承诺制的审批工作。经过长达 5 个月坚持不懈地努力顺利完成了和原中保委的化妆品审评业务交接工作。2019 年 8 月 1 日起全面承接化妆品受理和技术审评工作，化妆品行政许可系统中接受待完成任务近 5000 件。

截至 2019 年 12 月 31 日，完成进口非特殊用途化妆品用户名申请资料审查 2000 余个，进口非特殊用途化妆品备案产品申报资料审查 1400 余件（其中取得备案凭证开展技术审查 300 余件），延续（承诺制）产品申报资料审查近 700 份，组织召开化妆品审评会议 14 次，审评各类化妆品行政许可申报资料 5048 件（其中建议批准 3478 件，建议不批准 232 件，补延 1322 件），化妆品行政许可系统中待完成任务下降至 1500 件。

化妆品流程导向的科学管理体系建设

按照流程导向科学管理体系试点“一图一表一规程”工作的要求，中检院和国家药监局化妆品监管司对化妆品受理、审评和审批流程进行梳理和重构，将化妆品审评审批工作优化、调整和细化为 8 个环节，即：资料受理→制定审评计划→召开审评会议→风险沟通和质量控制→审评意见报批→行政审批→档案汇总整理→制证及审批结果告知。

中检院按照工作流程有关的审评环节，拟制订 45 个文件，其中包括程序文件 11 个，34 个操作规范。考虑到新的《化妆品监督管理条例》和相关配套法规规章仍在制修订过程中，2019 年我们初步选取了可能受新法规影响较小并且相对较为完善的化妆品行政许可受理环节，按照流程导向科学管理体系整体要求，构建了流程导向科学管理子系统，对 17 项行政许可受理事项编制了流程图、科学管理与风险防控一览表和操作规程。

第十二部分　大事记

中国食品药品检定研究院 2019 年大事记

1 月 1 日

国家药品标准物质供应模式由委托二级单位分发调整为全部施行一级直供。

1 月 9 日

经国家药监局工会批准，在中检院工作的465 名派遣员工和 1 名合同制员工加入了工会组织。

1 月 11 日

“检测样品中是否存在五加科植物成分及是否掺伪的方法”获得发明专利证书。发明人：王菲菲、张聿梅、戴忠、马双成。专利号：ZL 2016 1 0034379.7。证书号：第 3213075 号。

1 月 15 日

印发《中国共产党中国食品药品检定研究院委员会工作规则》。

1 月 16 日

澳大利亚墨尔本大学生物医学系副主任 Peter Lee 教授一行来访。所长杨昭鹏及相关工作人员参加座谈交流。澳方专家参观器械所实验室。

1 月 17 日

学术委员会组织召开院级科技评优活动，通过报告、答辩，评选出一等奖 2 项，二等奖 7 项，三等奖 9 项。

“中药民族药数字标本平台”正式上线。用户可点击中国食品药品检定研究院官网“数据查询”栏目中“中药民族药数字标本平台”图标打开链接访问，或直接访问 http：//223.71.250.73/zhybiaoben/index.do。

1 月 18 日

“一种制备 GGTA1 和 iGb3S 双基因敲除的非人哺乳动物的方法及应用”，获得发明专利证书。发明人：徐丽明、邵安良、范昌发。专利号：ZL 201510122581.0，授权公告号：CN 104894163B。

1 月 29 日

由巴西卫生监督局特定药品管理部门经理约翰·保罗·西尔韦里奥·佩尔费托先生为团长的巴西代表团一行 10 人到访。副院长邹健接见巴西卫生监督局代表团，所长马双成、中药所和安全评价研究所相关人员参加座谈交流。会谈后，巴西卫生监督局代表团参观中药标本馆。

2 月 17 日

所长马双成、副主任魏锋、助理研究员康帅应中国香港特别行政区政府卫生署邀请赴中国香港参加中国香港中药材标准第 11 次国际专家委员会会议。所长马双成、副主任魏锋作为港标国际专家委员会委员，会议期间对全部的研究报告及研究计划进行审议。助理研究员康帅就中检院承担黄芩饮片标准研究工作进行汇报。由中检院承担的黄芩饮片标准先导性示范研究顺利通过专家审议。为期 5 天。

2 月 20 日

德国国家疫苗及血清研究所病毒性疫苗实验室 Evelyne Kretzchmar 博士访问生物制品检定所，并就流感疫苗批签发进行专题报告。Kretzchmar 博士参观呼吸道病毒疫苗室并就流感疫苗检测技术进行现场交流。

国家药品抽检工作会议在广西壮族自治区南宁市召开。中检院副院长邹健、国家药监局药品监督管理司药物警戒处副处长高燕出席会议并讲话，部分省、自治区、直辖市药品监督管理局相关负责人，承担国家药品抽检任务的各药品检验机构负责人等 180 余人参加。为期 3 天。

2 月 21 日

中检院承办的 CNAS 实验室专门委员会标准物质/标准样品专业委员会第四届第一次全体委员会议在北京市召开。来自中国合格评定国家认可中心、中国标准化协会、中国计量研究院等全国 21 家标准物质相关权威机构 30 余人参加。

2 月 25 日

召开 2018 年度总结大会。党委书记、院长李波作工作报告。中检院领导班子出席会议。中检院全体中层干部及部分职工代表近 500 人参加会议。

2 月 26 日

研究员王兰应亚太经合组织生命科学创新论坛监管协调指导委员会邀请，随中国药学会团组赴智利参加亚太经合组织生命科学创新论坛监管协调指导委员会会议。为期 6 天。

3 月 5 日

2019 年国家医疗器械抽检工作座谈会在广东省广州市召开。中检院副院长邹健、国家药监局医疗器械监管司司长王者雄参加会议并讲话，承担 2019 年国家医疗器械抽检检验工作的 31 个省、自治区、直辖市药品监督管理部门及 33 家医疗器械检验机构共 80 余名代表参加。为期 3 天。

3 月 7 日

2019 年度人类辅助生殖技术用医疗器械标准宣贯及医疗器械标准化相关知识培训班在北京市举办。来自国家药监局医疗器械技术审评中心、相关企业及医疗器械检验机构等 60 余人参加。

3 月 14 日

IEEE 人工智能医疗器械工作组第一次全体委员会会议在北京市召开，本次会议由 IEEE 标准协会主办，中检院承办。副院长路勇出席会议并致辞。来自上海交通大学、重庆大学、西门子医疗、腾讯、依图医疗的成员专家及来自海内外科研单位的观察员近 30 人到场或通过远程视频参加会议。

根据《中检院 2018 年编外人员岗位设置与薪酬调整工作方案》为 101 名编外人员工资定级调整工资标准月增支出 4 万余元，同时为所有编外人员 544 人新增下发了工资绩效。

3 月 18 日

副研究员郑佳应俄罗斯联邦卫生监督局邀请随国家药监局团组赴俄罗斯参加国际医疗器械监管机构论坛第 15 次管理委员会会议。为期 5 天。

3 月 20 日

“中药残留物数据分析与风险评估系统 V1. 0”获得国家版权局计算机软件著作权登记证书。证书号：软著登字第 4542526 号。

3 月 25 日

发布《中国食品药品检定研究院安全检查管理办法》。

3 月 27 日

中药标本数字化平台专家顾问、香港中文大学毕培曦教授应邀开展学术交流和访问。毕教授参观中药所标本馆、大兴院址中药所正在迁入的 3 号楼及化药室。为期 2 天。

所长沈琦、助理研究员王文波随国家药监局团组赴古巴参加中古生物技术合作联合工作组第十次会议。为期 5 天。

4 月 2 日

中共国家药品监督管理局党组研究决定，任命：杨昭鹏同志为国家药典委员会副秘书长（国药监党任〔2019〕8 号）。

4 月 5 日

“一种利用相关系数进行药品库数据处理的方法”获得发明专利，发明人：胡昌勤、戚淑叶、邹文博、冯艳春、尹利辉、赵瑜。专利号：ZL 2017 1 0389822. 7，公告号：CN 106979934 B. 。

“一种自动喷淋清洗装置”，获得发明专利证书。发明人：徐丽明、邵安良、吴勇。专利号：ZL 201820707900. 3，公告号：CN208695831 U。

4 月 7 日

副院长路勇应韩国食品医药品安全部和日本厚生劳动省邀请随国家药监局团组赴韩国、日本参加第二届亚洲网络会议并开展双边监管合作交流。为期 8 天。

4 月 9 日

全国化妆品抽检工作会议在河北省石家庄市召开。中检院副院长邹健、国家药监局化妆品监管司监管二处处长李云峰、河北省药品监督管理局副局长王庆新等领导出席会议并讲话，承担国家化妆品抽检任务的各检验机构负责人 120 余人参加。

4 月 11 日

《人类辅助生殖技术用医疗器械 人工授精导管》（草案）及验证方案研讨会在北京市召开。来自国家药监局医疗器械标准管理中心、国家药监局医疗器械技术审评中心、医疗器械检验机构、临床机构、研究机构的相关专家和工作人员以及部分生产企业的代表等近 30 人参加会议。

4 月 18 日

2019 年医疗器械检验机构比对试验工作会议在陕西省西安市召开。医疗器械检定所和标准管理研究所主要负责人参加会议并讲话，陕西省药品监督管理局副巡视员王志宏出席会议并致辞。陕西省医疗器械质量监督检验院主要负责人、医疗器械检定所和标准管理研究所相关人员、全国各医疗器械检验机构负责人和医疗器械比对试验专家共 70 余人参加会议。

4 月

药用辅料和包装材料检定所荣获中国医药包装协会《中国医药包装风雨同舟四十年——医药包装创新金奖》，孙会敏、杨会英荣获《中国医药包装风雨同舟四十年——科技贡献奖》。

5 月 1 日

副所长许明哲作为临时专家应世界卫生组织邀请赴瑞士参加世界卫生组织药品标准专家委员会会议。副所长许明哲代表中国阐述异常毒性检查法在《中国药典》收载的情况，以及在药品质量控制中所发挥的特殊作用，同时简要介绍中国开展的硫酸卷曲霉素效价测定和 HPLC 法含量测定转换研究的进展，并在国际药典各论制修订部分与 Schmidt 博士对中国承担的 12 个品种的起草和修订情况进行了说明并回答与会专家的提问。为期 5 天。

5 月 5 日

院长李波随国家药监局团组赴中国香港特别行政区、中国澳门特别行政区执行监管交流合作任务。为期 5 天。

5 月 6 日

由中检院与美国体外科学研究院联合主办的 2019 年化妆品替代毒理学试验技能培训班在北京市举行，来自全国 18 家单位共 23 名学员参加。为期 4 天。

“理化分析方法验证统计分析软件（PCMV V1.0）”获得中华人民共和国国家版权局计算机软件著作权登记证书。证书号：软著登字第 3849405 号；登记号：2019SR0428648。

5 月 12 日

副所长徐苗随中国食品药品国际交流中心团组应会议主办方国际分离科学协会和欧洲药品管理局生物技术工作组邀请赴西班牙参加 2019 年欧洲化学、生产和质量控制策略论坛。为期 5 天。

5 月 13 日

副研究员郑佳应国际医疗器械监管者论坛邀请赴比利时参加国际医疗器械监管者论坛标准工作组会议。副研究员郑佳就各成员国认可国际标准的汇总分析成果进行主题发言，并组织工作组针对“认可标准的方式”“标准在监管中的作用”“强制性标准实施”等中国关注的重点问题开展讨论。为期 5 天。

5 月 16 日

北京市实验动物管理办公室主办，中国食品药品检定研究院承办的“实验动物种源保存技术与模型动物技术培训班”在北京市举办。为期2天。

5月17日

举办“干细胞研发进展与质量评价学术论坛”。国内干细胞国家科技项目管理、干细胞研究及监管领域的专家，以及中检院相关研究人员进行报告。论坛由研究员王佑春主持，院长李波致辞，副院长张志军、首席专家王军志、中国生物技术发展中心副主任沈建忠，国家药监局、国家药典委、国家药品审评中心的领导和专家，干细胞重点专项承担单位以及干细胞临床研究备案单位人员，中国食品药品检定研究院生物制品检定所负责人及相关科室人员共计130余人参加。

5月20日

举办以“创新食品药品安全科技，支撑监管科学不断发展”为主题的科技周活动。来自北京市药品检验所、北京市医疗器械检验所、中国人民解放军联勤保障部队药品仪器检验所、军事医学科学院、北京理工大学等检验机构、高校、科研机构与企业人员参加了交流，中检院学术委员会委员、各部门负责人、有关业务所科技人员300余人次参加。为期4天。

后勤保障平台上线运行。

5月24日

刘博获得国家药监局药品安全科普讲解大赛第二名。

5月27日

生物制品检定所接受世界卫生组织（WHO）疫苗预认证合约实验室评审。评审专家组成员有来自WHO RSS工作组的Ute Rosskopf博士、WHO PQ工作组的Mustapha Chafai先生、刘长暖女士以及WHO驻华办公室的唐轶博士。检查组宣布：本次检查未发现关键缺陷和主要缺陷，总体评价认为中检院有充分能力对预认证疫苗开展实验室检测工作。为期5天。

5月28日

医疗器械标准实施评价试点工作总结会暨技委会考核评估试点工作研讨会在深圳市召开。国家药监局医疗器械注册管理司专员江德元、处长李军，中检院副院长张志军，中检院医疗器械检定所、体外诊断试剂检定所主要负责人出席本次会议。全国医疗器械标准化（分）技术委员会秘书长和秘书处承担单位或标准技术归口单位领导，深圳市药品检验研究院和标管中心相关人员共67人参加。为期2天。

5月31日

与美国药学科学家协会、《中国新药杂志》、山东省食品药品检验研究院联合主办的2019年溶出度与药品质量研究学术研讨会在山东省烟台市召开。全国药检系统及企业、科研院所，以及高校的相关人员共400余人参加。为期2天。

“一种基于hSCARB2基因敲入的肠道病毒71型感染模型的构建方法及所述感染模型的用途”获得发明专利证书。发明人：范昌发，周舒雅，刘强，吴星，陈盼，吴曦等。专利号：ZL 2015 1 0622357.8，授权公告号：CN106554972B。

5月

精麻药室完成世界卫生组织组织的磷酸伯喹和拉替拉韦钾的平衡溶解度研究项目实验。

6月3日

美国药学科学家协会代表团Lu Xujin先生、Sandra Suarez Sharp女士、NikolettaFotaki女士、Zhou Liping女士一行四人到访，院长李波主持接待，所长张庆生、副所长许明哲等参加座谈交流。

6月4日

“一种色谱柱云管理系统V1.0”获得中华人民共和国国家版权局计算机软件著作权登记证书。证书号：软著登字第3993099号；登记号：2019SR0572342。

6月10日

所长马双成、副研究员康帅、主管药师许玮仪、实习研究员郭晓晗应中国香港特别行政区政府卫生署邀请赴中国香港参加中国香港中药材标准第54次科学委员会会议。所长马双成作为中国香港中药材标准国际专家委员会委员，会议期间对全部研究报告进行审议。为期5天。

科技部、财政部发布《科技部、财政部关于发布国家科技资源共享服务平台优化调整名单的通知》（国科发基〔2019〕194号），中国食品药品检定研究院为依托单位的“国家啮齿类实验动物资源库”成为50个国家平台之一。

召开“不忘初心、牢记使命”主题教育动员会。

6月11日

通过国家药监局组织的GLP检查。检查专家组认为机构的整体管理和项目实施符合GLP规范的要求。为期5天。

6月17日

组织开展各党总支、支部换届改选。

向各党总支、直属党支部印发《关于印发中共中国食品药品检定研究院委员会“不忘初心、牢记使命”主题教育实施方案的通知》。

6月19日

副研究员陶磊随国家药监局团组赴古巴参加中古联合专家组（JET）第三次会议。为期5天。

由北京大兴生物医药基地管委会、同济大学附属东方医院、中关村医疗器械园和北京阿迈特医疗器械有限公司协办的“全降解植入性医疗器械和组织工程产品评价与临床转化论坛”在北京市召开，近400名专家学者参加。

6月21日

刘博代表国家药监局参加由科技部举办的全国科普讲解大赛，以仿制药一致性评价技术为主题进行科普讲解，获得全国优秀奖。

6月22日

与中国药理学会安全药理学专业委员会共同主办的“2019年（第九届）药物毒理学年会”在湖北省武汉市召开。来自相关监管机构，全国各省、自治区、直辖市药检院所及高校、企业的药物非临床安全评价机构等800余位专家学者参会。为期4天。

6月26日

发布《中国食品药品检定研究院政府采购管理办法》。

6月28日

“医用胶原蛋白及其相关产品表征与质量控制学术论坛”在北京市召开。国家药监局医疗器械技术审评中心、中科院及相关研究机构、大专院校、检测机构、监管机构、生产企业的代表和中国食品药品检定研究院相关科室人员共计180余人参加。

6月30日

化妆品安全技术评价中心开始承担延续申请的受理和形式审查工作，并负责对准予延续产品的申请资料开展事后技术审查。

6月

裴宇盛参加Charles river组织的LAL Proficiency Testing Program（细菌内毒素能力检测计划），通过此次外部能力验证工作。

7月1日

承办并参加国家药监局党组理论中心组举办的“不忘初心、牢记使命”集中学习研讨会议。

主任施亚琴、副研究员贾娟娟应丹麦药品管理局邀请赴丹麦执行放射性药品国家实验室技术交流任务。为期5天。

7月11日

国家药监局认定并发布《药用辅料质量研究与评价重点实验室》，中检院中药质量研究与评价重点实验室、化学药品质量研究与评价重点实验室、生物制品质量研究与评价重点实验室、药用辅料质量研究与评价重点实验室、药品安全评价重点实验室、医疗器械质量研究与评价重点实验室分别被认定（国药监科外函〔2019〕82号）。

7月15日

副处长项新华随市场监管总局团组赴日本执行现场评审任务，参加CNAS对中国检验认证集团上海有限公司横滨实验室认可检查。为期

5 天。

7 月 19 日

国家卫生健康委员会国际合作司国际组织处处长汝丽霞、世界卫生组织（WHO）在华合作中心协调办公室、WHO 驻华办技术官员一行来访，对中国食品药品检定研究院 WHO 生物制品标准化与评价合作中心进行调研。

“一种两法联合标定氧气透过量标准膜及其制备方法”获得发明专利证书。发明人：孙会敏、谢兰桂、赵霞、窦思红、贺瑞玲。专利号：ZL 2017 1 0452697. X。

7 月 20 日

医疗器械所及实验动物质量检测室通过 CMA、CMA 二合一扩项评审的现场评审。为期 2 天。

8 月 1 日

化妆品安全技术评价中心开始承接化妆品受理和技术审评工作。

8 月 15 日

“生物检定统计分析培训班”在辽宁省大连市召开。相关企业 、高等院校及科研单位等共计 202 人参加。为期 2 天。

8 月 18 日

与中国药学会药物安全评价研究专业委员会共同主办的“第五届药物非临床安全性评价专题负责人高级培训班”在上海市召开。来自全国省、自治区、直辖市药检院所及高校、企业的药物非临床安全评价机构等 200 余名代表参加培训。为期 2 天。

8 月 27 日

中共国家药品监督管理局党组研究决定，任命肖学文同志为中国食品药品检定研究院（国家药品监督管理局医疗器械标准管理中心，中国药品检验总所）党委书记（国药监党任〔2019〕17 号）。

8 月 28 日

召开“不忘初心、牢记使命”主题教育专题民主生活会。

8 月

“动物药真伪鉴定关键技术突破和中药掺杂使假检测技术平台的建立及其应用”获得中国药学会科学技术二等奖。主要完成人：马双成、魏锋、程显隆、张毅、周娟、林永强等。

马双成荣获第四届中国药学会——以岭生物医药创新奖。

张志军、王佑春主编的《中国仪器药品检验检测技术系列丛书》——《体外诊断试剂检验技术》分册，由中国医药科技出版社出版发行。

中药民族药数字标本平台新增移动版，可同步在中国食品药品检定研究院微信公众号“中国药检”的专题信息栏目访问，现登记标本 500 余份，标本图像 3800 余张。

9 月 1 日

副主任金红宇、副主任郑健应国际植物药及天然产物学会邀请赴奥地利参加第 67 届国际植物药及天然产物大会。为期 5 天。

9 月 2 日

中检院学术委员会秘书处组织召开 2019 年度中检院中青年发展研究基金课题申报答辩评审会，19 位课题申请人进行了现场答辩。给予 15 项课题以立项支持，专项经费 114. 36 万元。

9 月 4 日

全国药品医疗器械检验工作座谈会在内蒙古自治区呼和浩特市召开。院长李波、副院长张志军、邹健、路勇出席会议。各省、自治区、直辖市、计划单列市药品、医疗器械、药用包材及辅料检验所（院），以及中国人民解放军联勤保障部队药品仪器监督检验总站的主要负责人和中检院部分中层干部参加会议。国家药监局政策法规司司长刘沛、国家药典委副秘书长杨昭鹏等受邀参会。内蒙古自治区药品监督管理局局长杨凤屹出席会议并致辞。院长李波作开幕讲话。为期 2 天。

9 月 6 日

全国实验动物质量检测能力验证学术研讨会在北京市召开，来自全国 27 家单位的 47 名代表参会。

9 月 10 日

“生物检定统计分析软件（Biostat V1.0）”获得中华人民共和国国家版权局计算机软件著作权登记证书。证书号：软著登字第 4362461 号；登记号：2019SR0941704。

9 月 11 日

经国家药监局批准，由世界卫生组织（WHO）主办、中检院承办的 WHO 肠道病毒 71 型疫苗的质量、安全性及有效性规程工作会议在上海市召开。本次会议由英国生物制品检定所资深专家 Philip Minor 博士主持，WHO 规程起草专家组成员，以及来自英国、德国、瑞士、泰国、韩国、菲律宾、埃及和中国八个国家的药品监管机构、国家质控实验室、学术研究机构和 EV71 疫苗企业代表共 30 余人参加。中检院王军志研究员作为 WHO 规程起草专家组成员参会，王佑春、徐苗、毛群颖三位专家受 WHO 邀请在会上进行报告或参与讨论。国家药监局科技和国际合作司处长王翔宇代表国家药监局致辞。为期 2 天。

医疗器械唯一标识系统相关标准公益培训在湖北省武汉市举办。国家药监局医疗器械注册管理司黄伦亮、湖北省药品监督管理局副局长朱与杰出席会议并讲话。来自全国 20 多个省医疗器械监管、审评、检验检测机构、医院、企业和发码机构 250 余名代表参加。

9 月 15 日

副主任于健东、助理研究员王莹应邀赴以色列参加第 30 届国际药物和生物药物分析大会。副主任于健东、助理研究员王莹分别以题为“枸杞中农药残留风险评估（Analysis of Pesticide Residues in Wolfberry and Dietary Exposure Risk Assessment)”和“不同产地枸杞多糖质量评价（Quality Evaluation of Lycium Barbarum From Different Regions in China)”参加大会报告、主题报告活动，并进行墙报交流。为期 5 天。

9 月 16 日

副研究员郑佳应俄罗斯联邦卫生监督局邀请随国家药监局团组赴俄罗斯参加国际医疗器械监管机构论坛第 16 次管理委员会会议。为期 5 天。

参照北京市人力资源和社会保障局（京人社劳发〔2019〕71 号）调整最低工资标准为派遣人员每人月增 80 元，返聘人员每人日增 40 元，并自 7 月 1 日予以补发，共计 503 人（不含专项人员）。

中检院学术委员会秘书处组织召开 2019 年度学科带头人培养基金课题申报答辩评审会，15 个课题申报人进行了报告答辩。给予 5 项课题立项支持，专项经费 148.76 万元。

9 月 18 日

研究员马霄、副研究员张黎、副研究员于传飞应韩国国家食品药品安全评价所邀请赴韩国参加第四届疫苗研究和质量控制研讨会。研究员马霄对我国的批签发系统进行介绍，并就中国 2018 年疫苗事件及《中国疫苗法》的修改情况进行介绍。副研究员张黎介绍人乳头瘤病毒的抗体检测的标准化研究。副研究员于传飞介绍用报告基因检测疫苗热原方法的建立及应用。为期 3 天。

9 月 19 日

江苏省医疗器械检验所和江苏省药监局泰州医药高新区直属分局协办的体外诊断试剂标准物质研制培训班在江苏省泰州市召开。来自全国各地的 110 余名代表参加。为期 2 天。

9 月 22 日

副主任宁保明应马里兰大学药品监管科学与创新卓越中心邀请赴美国参加 2019 年 CERSI 溶出度技术研讨会。为期 5 天。

9 月 24 日

国家药监局科技和国际合作司巡视员毛振

宾、中检院所长张河战、主任耿兴超应欧盟联合研究中心邀请赴意大利参加 2019 年全球监管科学峰会。主任耿兴超在峰会上介绍中国监管机构对纳米产品的监管要求，并就中检院开展的纳米材料安全性研究情况等与欧盟、美国、日本、加拿大等权威专家进行交流。为期 5 天。

9 月 25 日

世界卫生组织致函中国国家卫生健康委员会，任命许明哲同志为世界卫生组织药品标准专家委员会委员。

9 月 30 日

“裸花紫珠胶囊、颗粒创制及质量创新关键技术与应用”获江西省科学技术进步二等奖，获奖者：马双成。

9 月

马双成被聘为国家药监局中药质量研究与评价重点实验室主任，聘期 2019 年 9 月至 2024 年 9 月。

10 月 7 日

研究员张凤兰、助理研究员罗飞亚应世界经济合作及发展组织（OECD）邀请随国家药监局团组赴南非参加 OECD GLP 检查实践研究及数据互认讨论会。为期 6 天。

10 月 8 日

副院长张志军、副所长余新华应英国标准化协会邀请赴英国参加国际标准化组织医疗器械质量管理和通用要求技术委员会第 22 届年会及工作组会议。为期 5 天。

副主任王钢力、副研究员裴新荣应欧洲化妆品原料协会和英国商业、能源及产业战略部产品安全及标准办公室邀请随国家药监局团组赴英国参加化妆品原料大会及化妆品监管政策交流会。为期 5 天。

10 月 9 日

“基于云技术的试剂管理系统 V1.0”获得中华人民共和国国家版权局计算机软件著作权登记证书。证书号：软著登字第 4441966 号；登记号：2019SR1021209。

10 月 11 日

2019 年全国药品微生物检验工作研讨会议在北京市召开。来自全国药检系统的 43 家检测机构和国家药典委、国家药监局核查中心、中国医药质量管理协会的 90 余名代表参加。为期 2 天。

10 月 12 日

国家药监局批复成立人工智能医疗器械标准化技术归口单位、医用增材制造技术医疗器械标准化技术归口单位（国家药品监督管理局 2019 年第 82 号公告），秘书处承担单位为中国食品药品检定研究院。

10 月 13 日

副主任徐丽明、副主任汤京龙应瑞典标准学会邀请随国家药监局团组赴瑞典参加 ISO TC150 会议。为期 5 天。

副所长许明哲作为专家委员应世界卫生组织邀请随国家药监局团组赴瑞士参加世界卫生组织第 54 届药品标准专家委员会会议。为期 7 天。

10 月 14 日

受世界卫生组织委托，中检院接受越南国家药品检验所来访学习。副院长邹健出席中越双方人员碰头会。为期 5 天。

10 月 16 日

发布《中国食品药品检定研究院印刷服务定点采购管理办法》（中检办后勤〔2019〕18 号）。

发布《中国食品药品检定研究院工作人员就餐管理办法》（中检办后勤〔2019〕19 号）。

10 月 17 日

药用辅料和包装材料检定所代表国家药监局参加市场监管总局举办的“健身你我他，奋进新时代”第一届机关职工运动会广播操决赛，荣获二等奖。

10 月 18 日

与中关村科技园区大兴生物医药产业基地管委会及中关村药谷生物产业研究院联合举办

“2019中国基因治疗产业发展及产品质量控制论坛”，院长李波、大兴区常务副区长贺锐、大兴生物医药基地管委会主任田德祥，以及大兴区经信委、科委、知识产权服务中心等相关委办局领导出席会议。来自基因治疗产品的科研学术、产品研发、生产制造和质量控制等领域的专家代表以及罕见病组织成员等共500余人参加交流研讨。为期2天。

10月20日

研究员王军志、研究员王佑春作为世界卫生组织生物制品标准化专家委员会委员应世界卫生组织邀请赴瑞士参加世界卫生组织生物制品标准化专家委员会会议。为期7天。

10月21日

由山东省食品药品检验研究院承办的“第五届全国药检系统实验动物学术交流会”在山东省济南市召开。来自全国39个省市，66个药品、医疗器械、药用包材及辅料检验所（院）及安全评价研究机构共计148位代表参加会议。为期3天。

10月22日

2019年医疗器械分类综合知识培训在浙江省杭州市举办。国家药监局相关司派人参加，浙江省药品监督管理局药品安全总监董耿出席培训并致辞，来自国家药监局医疗器械技术审评中心和全国30个省、自治区、直辖市的医疗器械监管、审评、检验检测机构共计140余名代表参加。为期2天。

10月23日

副院长路勇、副研究员吴先富应英国政府化学家实验室（LGC）德国分部和欧盟健康消费和标准物质联合研究中心邀请赴德国和比利时执行标准物质研制与管理合作项目任务。与德国LGC签署《关于标准物质技术和联合研制合作谅解备忘录》。为期8天。

所长孙会敏作为美国药典委员会药用辅料专家委员会委员应美国药典委员会邀请赴美国参加美国药典委员会辅料专家委员会2019年度全体会议，所长孙会敏汇报了《中国药典》（2020年版）、《美国药典》（Second Draft）和《日本药典》（2019年8月）拟定的聚山梨酯65辅料标准草案的具体内容异同及制定依据。为期5天。

“中国药理学会药检药理专业委员会第十六届（2019年）学术年会”在广东省深圳市召开。来自41个单位的82名代表参加。为期3天。

10月29日

基于高通量测序产品质量控制技术标准化培训班在江苏省南京市召开。本次培训邀请来自市场监管、技术研发、产品生产、临床使用、检验检测等领域的13名专家进行授课，来自全国各地150余名代表参加。为期2天。

张志军、孙会敏等主编的《中国仪器药品检验检测技术系列丛书》——《药用辅料和药品包装材料检验技术》分册，由中国医药科技出版社出版发行。

10月30日

陈为当选国家药监局直属机关工会委员。

10月31日

依据《信息安全等级保护管理办法》的有关规定，中检院办公系统、中检院业务信息化平台系统获北京市公安局2级备案证书，证书编号分别为：11019445023-00003、11019445023-00004。中检院核心业务系统获北京市公安局3级备案证书，证书编号为：11019445023-00001。

10月

化学药品检定所完成世界卫生组织平衡溶解度研究课题第二期共14个原料的平衡溶解度测定和研究工作。

“基于云技术的试剂管理系统”获得中华人民共和国国家版权局计算机软件著作权登记证书。软著登字第：4441966号。

11月4日

副主任叶强应世界卫生组织邀请赴南非参加世界卫生组织第三届生物制品国家检定实验室联

盟专题研讨会。为期5天。

11月6日

四川省食品药品检验检测院承办的第四届全国药用辅料与药包材检验检测技术研讨会在四川省成都市召开，会议邀请国家药监局科技和国合司处长周乃元和四川大学张志荣教授作大会报告，全国各省市药包材与药用辅料检测机构代表近140人参加。为期2天。

北京国医械华光认证有限公司协办的医疗器械通用质量管理标准研讨会暨全国医疗器械质量管理和通用要求标准化技术委员会2019年年会在广西壮族自治区召开。国家药监局医疗器械监督管理司、国家药监局医疗器械标准管理中心、国家药监局医疗器械技术审评中心、国家药监局药品评价中心有关领导，TC 221技术委员会委员、观察员及秘书处承担单位相关人员共66人参加会议。为期2天。

11月7日

2019年国家药品抽检品种质量分析报告现场交流评议会在湖南省长沙市召开。国家药监局药品监管司副调研员胡增峣回顾总结2019年国家药品抽检工作，国家药监局药品监管司、中检院、各省级药品监督管理部门及45家国家药品抽检承检机构的代表共计480余人参加。为期3天。

发布《关于调整研究生科研课题劳务费标准的通知》（中检科研函〔2019〕749号）。

“基于云技术的试验过程追溯系统V1.0”获得中华人民共和国国家版权局计算机软件著作权登记证书。著作权人：王晨、许明哲、王欣、冯艳春、蓝晔；证书号：软著登字第4546484号；登记号：2019SR1125727。

承办国家药监局2019年“安全用药月”公众开放日活动。国家药监局、中检院相关单位部门负责人及工作人员，人民网、央广网等数十家新闻媒体记者、数十名社会公众约60余人参加。

11月8日

国务委员王勇来到中检院实地调研药品监督管理工作。

人类辅助生殖技术用医疗器械标准技术归口专家工作组年会暨行业标准审定会在北京市召开。来自国家药监局医疗器械技术审评中心、医疗器械检验机构、相关生产企业、临床机构、高等院校及科研院所等专家及代表，国家药监局医疗器械标准管理中心相关工作人员，以及标准起草组成员等近50人参加会议。

11月9日

范行良当选为中央侨联青年委员会第四届委员会常委。

承办的“第九届北京地区药物代谢与药代动力学学术论坛”在北京市召开。为期2天。

11月11日

主任高华、副研究员贺庆作为演讲专家应欧洲法规管理学会邀请赴德国参加药学实验室学术会议，介绍中检院在所建立的转基因细胞生物活性测定技术平台上，率先在国际研究报道的一种新型报告基因热原检测法。为期5天。

助理研究员易力应亚洲医疗器械法规协调会（AHWP）邀请随国家药监局团组赴阿曼参加AHWP第24届年会。为期5天。

11月12日

实验动物资源研究所通过中国合格评定国家认可委员会（CNAS）实验动物饲养和使用机构认可现场评审。为期3天。

2019年国家医疗器械抽检产品质量分析报告评议会在山东省济南市召开。中检院副院长邹健、国家药监局医疗器械监督管理司副司长张琪、山东省药监局副局长任绍彦、国家药监局医疗器械监督管理司监测抽验处、山东省药监局医疗器械监督管理处有关负责同志、中检院有关人员，以及承担2019年国家医疗器械抽验检验工作的33家医疗器械检验机构的130余名代表参加。为期2天。

11月13日

副主任魏锋、研究员程显隆应西太区草药协作论坛邀请随国家药监局团组赴韩国参加2019年第17届西太区草药协作论坛执委会会议。副主任魏锋分享我国对照药材的技术要求和供应情况。程显隆博士报告中药补充检验方法在我国中药监管中的应用。为期4天。

11月15日

全国药检系统实验室质量管理研讨会在北京市召开，部分省级药检机构的负责人、CNAS药品领域主任评审员、中检院仪器设备服务中心负责人等共计23人参加。

11月19日

《药物分析杂志》《中国药事》经过多项学术指标综合评定及同行专家评议推荐，继续被收录为“中国科技核心期刊”（中国科技论文统计源期刊），证书编号分别为2018 - G087 - 1694、2018 - G913 - 2137。

11月21日

院长李波会见来访的美国药典委员会（USP）副总裁兼中华区总经理岑国山博士和对外事务部总监凌霄博士一行。化学药品检定所副所长、中检院USP联系人许明哲参加会见。

11月22日

中检院学术委员会主任委员、生物制品检定首席专家王军志研究员当选中国工程院院士（中工发〔2019〕126号）。

11月26日

组织建立中检院青年理论学习小组。

印发《中国食品药品检定研究院硕士研究生招生考试自命题工作管理办法》（中检办培训〔2019〕25号）。

印发《硕士研究生招生考试试题保密工作要求》（中检办培训〔2019〕23号）。

11月28日

举办“医疗器械唯一标识系统关键技术和应用学术论坛”，副院长张志军出席论坛并讲话，来自全国医疗器械相关监管机构、生产流通企业、科研机构的代表近300人参加。

11月

“基于云技术的实验过程追溯系统”获得软件著作权，软著登字第：4546484号。

12月2日

副所长母瑞红、副主任技师杜晓丹应墨尔本大学邀请随中国食品药品国际交流中心团组赴澳大利亚参加3D打印医疗器械检验和评价技术研究课题的研究进展和未来应用交流会，并分别就新一代生物材料质量控制关键技术研究和3D打印医疗器械质量评价技术和标准化研究等作英文演讲。为期5天。

12月4日

副院长邹健、副研究员聂黎行应世界卫生组织（WHO）邀请随国家药监局团组赴匈牙利参加WHO国际植物药监管合作组织第11届年会。国际植物药监管合作组织第二工作组“Quality Control of Herbal Material and Product”主席国为中国，聂黎行代表中国汇报国际植物药监管合作组织第二工作组的工作进展。为期5天。

12月7日

人工智能医疗器械标准化技术归口单位成立大会暨首届年会在北京市召开。院长李波、浙江大学校长吴朝晖院士出席开幕式。来自国家药监局医疗器械标准管理中心、医疗器械技术审评中心、医疗器械检验机构、生产企业、临床机构、高等院校及科研院所等单位的专家、观察员和中检院医疗器械检定所主要负责人、中检院医疗器械标准研究所主要负责人等近100人参加。

12月9日

印发《中检院党支部标准化规范化建设标准》。

12月10日

国家标准化管理委员会批复成立全国医疗器械生物学评价标准化技术委员会纳米医疗器械生物学评价分技术委员会（国家标准化管理委员会2019年第9号公告），编号为SAC/TC248/

SC1，秘书处承担单位为中国食品药品检定研究院。

全国医疗器械生物学评价标准化技术委员会纳米医疗器械生物学评价分技术委员会成立大会在北京市召开。来自国家药监局医疗器械注册司、国家药监局医疗器械标准管理中心、全国医疗器械生物学评价标准化技术委员会等领导和专家共计20余人出席。

12月11日

2019年医疗器械标准综合知识培训班在广东省汕头市举办。中检院副院长（副主任）张志军、国家药监局医疗器械注册管理司有关领导出席会议并讲话。全国医疗器械标准化（分）技术委员会和技术归口单位秘书处承担单位有关领导及标准相关人员74人参加。为期2天。

12月13日

全国化妆品抽检工作总结会议在北京市召开。国家药监局化妆品监督管理司监管二处处长李云峰出席会议并讲话，各省、自治区、直辖市药监局相关负责人、承担国家化妆品抽检任务的各检验机构负责人90余人参加。

《中国食品药品检定研究院各部门主要职责和内设机构规定》正式发布实施。据此文件，中检院共在16个部门设置86个科室。

12月17日

医用增材制造技术医疗器械标准化技术归口单位成立大会暨工作会议在湖南省长沙市召开。中检院副院长张志军、湖南省药品监督管理局党组书记梁毅恒出席会议并讲话。有来自国家药监局医疗器械标准管理中心、医疗器械技术审评中心、医疗器械检验机构、生产企业、临床机构、高等院校及科研院所等单位的专家和中检院医疗器械检定所主要负责人、医疗器械标准研究所主要负责人，以及湖南省医疗器械检验检测所相关工作人员60余人参加。

12月27日

召开2019年度述职会议。中检院副院长张志军主持会议，中检院院领导、28个内设机构的科室副主任以上领导干部及职工代表和院属企业负责人参加会议，并进行了民主测评。

12月

“阿胶质量规范”获中国中药协会批准为团体标准（标准号：T/CATCM 008 - 2019）。

实验动物资源研究所获得北京市实验动物行业协会颁发的先进集体奖。

全年

共办理71人次赴美国、瑞士、英国、法国、德国、意大利、奥地利、瑞典、希腊、丹麦、西班牙、比利时、匈牙利、以色列、南非、古巴、智利、澳大利亚、俄罗斯、阿曼、韩国、日本、中国香港特区、中国澳门特区共24个国家及地区参加世界卫生组织/国际会议、合作项目、学术交流、境外检查及研修，在世界卫生组织/国际/学术会议上中检院专家应邀作了20个大会报告。共接待来自美国、英国、德国、瑞士、埃及、澳大利亚、巴西、韩国、日本、泰国、菲律宾、越南、中国香港特区、世界卫生组织等十余个国家/地区及国际组织的技术官员、专家学者60人次来院访问、学术交流、技术培训、授课讲座、现场检查及参加中国食品药品检定研究院主/承办的各类国际/学术会议，作专题报告20余个；组织举办及承办4次世界卫生组织/国际学术研讨会及双边会议培训班，累计培训500余名全国技术骨干。

受理检品19110批，包括监督检验3450批，注册/许可检验2375批，进口检验822批，国产批签发5230批，委托检验1520批，合同检验5392批，复验/复检216批，认证认可及能力考核检验105批。完成报告签发16737份，包括监督检验报告3151份，注册/许可检验2342份，进口检验792份，国产批签发5203份，委托检验1337份，合同检验3658份，复验/复检213份，认证认可及能力考核检验41份。

化学药品检定所组织全国药检系统，完成世

界卫生组织国际药典 15 个各论标准的研究和起草工作。

标准物质分装 635 个品种共 328 万支；包装 590 个品种共 290 万支；2012 年新版基本药物目录中所需的 1022 个品种的供应率为 100%；全院 3506 个必供品种的全年平均保障供应率 96.42%。处理用户订单 63159 个，分发供应 164 万支。

第十三部分　地方食品药品检验检测

北京市医疗器械检验所

概　况

北京市医疗器械检验所始建于1983年，前身为北京市医疗器械检验站，挂靠原北京医疗器械研究所，隶属北京市医药总公司。2000年划归原北京市药品监督管理局，定名为北京市医疗器械检测中心，2003年更名为北京市医疗器械检验所（以下简称“北京市器检所”），为公益二类差额拨款独立法人事业单位，现有办公及实验室面积1.6万余平方米。

北京市器检所是中国国家认证认可监督管理委员会（CNCA）、中国合格评定国家认可委员会（CNAS）、原国家食品药品监督管理总局等部门认可授权的一所综合性医疗器械产品检验检测机构。截至目前，共获得授权检测项目1280项。检验检测范围涵盖医用电子、医用射线、核医学、电声学、体外诊断系统、一次性医疗产品、医用防护用品、医用橡胶制品、口腔材料、生物防护设备等专业领域，检测能力涵盖医疗器械电气安全、电磁安全、生物安全、材料安全等安全性指标。

此外，北京市器检所加强与境外机构开展检验业务技术合作，获得德国TüV PS实验室认可资格，并与美国UL、加拿大CSA等国际权威认证机构开展国际认证检测业务合作，为国内医疗器械产品走向国际市场提供便捷的检测技术服务。

党风廉政建设

2019年，北京市器检所积极推进党风廉政建设。一是在学习上下功夫，夯实党建基础。以开展“两学一做”学习教育活动为总抓手，结合“不忘初心、牢记使命”主题教育活动安排，充分利用党委理论学习中心组、党支部“三会一课”等载体，利用“学习强国”“北京长城网”等教育平台，坚持集中学习和个人自学相结合，理论学习与警示教育相结合，学习和实践相结合，深入推动广大党员干部学深悟透十九大精神和习近平新时代中国特色社会主义思想。二是在载体上下功夫，丰富活动形式。外请专家为全体党员作专题辅导报告；组织观看《我和我的祖国》等爱国题材电影、开展“参观香山革命纪念地”等教育活动、发放《习近平新时代中国特色社会主义思想学习纲要》等书籍；三是在纪律上下功夫，打牢反腐倡廉思想根基。以2019年作风建设年活动为契机，组织党政领导干部层层签订《党风廉政建设责任书》《意识形态工作责任书》，组织观看《特别追踪》《正风肃纪》等警示教育片；赴北京市廉政教育基地（李大钊故居）开展教育学习；发放《中华人民共和国宪法》等书籍，使广大党员干部更加注重品行、德行的修养，筑牢廉洁从业意识。

检验检测

北京市器检所作为医疗器械质量监管技术支撑机构，始终牢记自己肩负的职责与重任，严把医疗器械产品检验检测质量关，充分发挥技术支撑作用，为适应监管需求，不断加大监督抽验力度。2019年，完成监督抽验共计674批次。其中承担了体外诊断试剂、血糖仪、医用口罩等18个品种的国家监督抽验任务，共接收和完成检验245批次。北京市监督抽验生产环节计划抽取200批次，实际到样和完成检验160批次。在区级监督抽验方面，完成各区针对辖区内经营、使用环节抽取样品 269 批次。

科　研

北京市器检所积极争取国家及省部级科研项目，并积极申请多项专利。按照国家药监局关于推进甘肃重离子治疗装置检验任务的要求，投入大量人力、物力和财力，在标准、技术、整改等方面提供了强有力的技术支持。此外，作为牵头单位承担国家“十三五”重点研发计划中“放射治疗装备可靠性与工程化技术研究”项目，从人、财、物等方面全力支持该项目的启动与推进，在项目组的共同努力下，完成了放射治疗装备可靠性分析技术研究与软件开发、放射治疗装备核心部件加速试验装置研发与平台搭建、放射治疗装备可靠性验证技术研究与管理体系推广应用等工作。

标准化工作

北京市器检所是 3 个全国医疗器械标准化（分）技术委员会秘书处所在单位。

北京市器检所作为标委会挂靠单位积极参与医疗器械标准制修订工作，挂靠标委会秘书处起草发布国行标累计达 350 余项。2019 年共组织完成 1 项国家标准、14 项行业标准制修订任务。此外，作为标委会挂靠单位代表我国积极参与国际标准化工作，增强国际标准技术服务能力，提升参与国际标准化工作水平。

北京大学口腔医学院口腔医疗器械检验中心

概　况

2019 年，北京大学口腔医学院口腔医疗器械检验中心（以下简称“北大中心”）深入贯彻党的十九大精神，较好地完成了国家药监局和中检院布置的各项工作任务。北大中心的检验范围为 60 类医疗器械产品，涉及检测项目 741 项。医疗器械生物学通用方法 103 项，医疗器械化学通用方法 55 项。能力范围总项目数为 899 项。北大中心作为全国口腔材料和器械设备标准化技术委员会 SAC/TC99 秘书处所在单位，承担着国家和行业标准的制修订工作，并积极参与国际标准化组织 ISO 的标准制修订工作。2019 年，完成了 2 项行业标准的制修订工作和 3 项国家标准的起草和会审工作。不断提升的标准制修订质量为严格控制产品质量，维护公众用械安全提供保证，并为医疗器械监管部门提供强有力的技术支撑和技术保障。

检验检测

2019 年北大中心共接收送检样品 1408 份（境外 540 份，境内 751 份，监督抽验样品 117 份）。发出检测报告 2179 份（境外 946 份，境内 1196 份，监督抽验样品 37 份）。相比 2018 年，接收送检样品数量增长 2%，发出报告数量增长 13%。

医疗器械抽检工作

根据《2019 年国家医疗器械抽检（国家级预算项目）产品检验方案 10080 定制式固定义齿》中的要求，北大中心牵头并承检“定制式固定义齿”的国家抽检工作，共抽取定制式固定义齿 36 批次，本次抽验定制式固定义齿产品共 36 批次，其中 30 批次检验结果为合格，合格率为 83%；6 批次检验结果不合格，不合格率为 17%。不合格产品中的不合格项目为孔隙度项目。3 批次由广东局抽自义齿加工厂，其余三个批次分别为山东局、湖南局和四川局抽得的产品。

从抽样方案和检验方案制定、评价指标确定、抽样培训教材的编写、视频光盘脚本制作和录制，以及产品质量评价检验，全部由北大中心完成。对该产品进行全国市场监督抽验工作，主要是北大中心具备了相关的专业背景和设备及人员，为国内医疗器械上市后监管做出了贡献。

2019 年北大中心完成深圳市委托的市场监督抽验任务，负责“定制式义齿”产品的市场监督抽验工作，共检测样品 81 批。检验发现 24 批样品不合格，不合格检出率 29.6%。此次抽检发现的不合格项目包括：孔隙度、金属内部质量和耐急冷急热性能。

技术支撑体系建设

北大中心一贯重视检验质量和水平的提升，2019 年组织内部专业培训 22 次，累计 369 人次，参加国家级外部培训 2 次，涉及 5 人次，使检验人员的技术能力和素质不断提高，提高了中心的检验质量和水平。另外，中心参加 7 次实验室间比对，其中 4 项内部人员比对，2 项国际比对，1 项能力验证。6 项结果为满意，其他 1 项能力验证结果等待中。

天津市药品检验研究院

概　况

2019 年，天津市药品检验研究院（以下简称“天津药检院”）领导班子，以习近平新时代中国特色社会主义思想为指导，带头贯彻落实党的十九大和十九届二中、三中、四中全会精神，面对经营性收费、7 个分支机构并入等带来的新情况新问题，带领全院干部职工不忘药品安全初心，牢记为民检验使命，统一思想、攻坚克难，工作取得明显成效。一是圆满完成各项检验检测工作任务，服务监管大局，积极发挥技术支撑作用；二是成立疫苗专项工作领导小组，积极开展疫苗能力建设调研；三是开展双万双服，优化天津营商环境；四是牵头起草《京津冀地区洁净检测技术联盟章程》，建立联盟互查机制和技术共享平台，持续推进京津冀协同发展；五是主动担当作为，2019 年 4 月取得了经营性收费许可，为机构发展注入了新的活力；六是强化政治引领，扎实开展主题教育，以党建带群建，树牢责任意识。2019 年 8 月，因标准提高工作突出，天津药检院收到了国家药典委的表扬信；12 月中药室被人力资源和社会保障部及市场监管总局评选为全国市场监管系统先进集体。

检验检测

2019 年 1 月 1 日至 12 月 31 日，承担各类检验 5430 批，其中进口检验 2128 批次。共检出 84 批次不合格药品，不合格率为 3.9%。承担 4 个品种国家评价性抽验工作，获评检验管理工作表现突出单位和质量分析工作表现突出单位。完成药包材监督抽验 51 批。完成国家化妆品监督抽检的婴幼儿护肤类等 10 类产品 500 批和地方监督抽检 89 批、风险监测爽身粉类 80 批。完成 617 批“4 + 7”检验任务，建立近红外模型 18 个，保证了国家药品集中招标采购政策落地。

能力建设

天津药检院成立了疫苗专项工作领导小组，院领导亲自挂帅，带领生化室、药理室、抗生素室技术骨干先后多次深入天津辖区 2 家疫苗生产企业，多学科联合开展疫苗调研，形成了《天津市药品检验研究院疫苗批签发实验室的建设调研报告》，梳理现存短板，加强疫苗检验人才培养，积极储备能力，筹措资金增添检验设备，为下一步疫苗检验权限下移做好充分准备。

科　研

制修订《促进科技成果转化的工作制度（试行）》等制度机制，完成 15 项市场监管委科技计划项目，承担中检院课题 4 项，国家药典会课题 8 项。完成天津市科委课题“药品质量标准和评价性检验”成果申报和登记工作。在全国各类期刊发表论文 35 篇，其中 1 篇论文在中国药学会《中国药学杂志》岛津杯全国药物分析优秀论文评选中获二等奖。唐素芳同志获得“天津市优秀科技工作者”荣誉称号。

重要会议活动

2019 年 8 月 8 日至 10 日，由中国药学会主办，天津市药学会、天津市药品检验研究院承办的第六届中国药学会药物检测质量管理学术研讨会在天津市召开。中国工程院院士、天津市药学会理事长刘昌孝，市场监管总局认可与检验检测监管司副司长乔东，国家药监局政策法规司孙京林，中国药学会副理事长兼秘书长、药物检测质量管理专业委员会主任委员丁丽霞，天津市药品监督管理局副局长张胜昔，天津药检院副院长白海娇出席会议，天津药检院 11 名青年技术骨干，与来自全国食品药品检验检测机构、科研院所、高等院校、医药企业领域的 280 余名代表参加了会议。会议征集论文 132 篇，25 篇优秀论文进行了大会交流，其中天津药检院 3 篇论文入围，并荣获 1 个一等奖、2 个二等奖。

天津市医疗器械质量监督检验中心

概　况

2019 年，天津市医疗器械质量监督检验中心深入开展“不忘初心、牢记使命”主题教育，紧紧围绕“守初心、担使命，找差距、抓落实”的总要求，按照“以人为本、规范管理、稳定发展”的工作思路，扎实推进各项工作，在强化制度建设的同时，不断创新工作理念、提高医疗器械检测技术水平，在工作中取得了一些收获。

为了适应改革发展和监管需求，以“部门整合”为题，从组织机构上由原来的 10 个内设机构整合为 5 个部门，将一批工作能力强，文化素质高的年轻干部充实到检验和业务一线，加强了统一管理工作力度。天津中心抓住健康领域新一轮科技革命的契机，坚持“抓管理、强队伍、严检测、优服务”的宗旨，从立足工作新起点、新思路、新方式为切入点，开展检验检测工作。组织参加了由中检院、广州威凯、中实国金、中国计量院和中国家用电器研究院举办的能力验证、测量审核和实验室比对试验共计 12 项。结论均为满意。通过比对，培养和锻炼了一批业务骨干，实验室技术能力得到了提升。

检验检测

2019 年天津市医疗器械质量监督检验中心累计受理 3760 批日常检验任务，国家监督抽验任务 212 批，天津市医疗器械监督抽验项目 139 批；负责牵头 9 大类国家监督抽验产品质量分析报告的编写工作；完成了 2020 年 10 个品种的国家医疗器械质量监督抽验品种遴选上报工作。

标准制修订

2019 年，天津市医疗器械质量监督检验中心归口的全国外科植入物和矫形器械标准化技术委员会组织架构体系进一步完善，下述分委会获批成立：第三届骨科植入物分委会委员会和第三届心血管植入物分委会委员会，第二届组织工程医疗器械产品分委会（中国食品药品检定研究院归口）和第一届有源植入物分委会（上海市医疗器械检测所归口）。

2019 年 6 月，全国外科植入物和矫形器械标准化技术委员会运动医学标准工作组成立。运动医学领域目前尚无相关国家标准或行业标准，国际标准也处于空白状态，工作组的成立将为推动我国运动医学领域迈上新台阶贡献力量。

2019 年度，天津医疗器械质量监督检验中心挂靠的 4 个标准化技术委员会共完成医疗器械标准制修订项目 22 项，其中国家标准 4 项，行业标准 18 项。

2019 年，外科植入物标委会申报承办 2020

年度 ISO/TC150 国际年会事宜获国家标准化管理委员会批准。

科 研

完成骨科手术器械、无源植入物器械、中医器械、康复器械 4 个专业医疗器械通用名称命名指导原则编制工作。

医疗器械监管科学－骨科大数据及产品可用性分析平台项目被列入国家药监局“十四五”重点项目：该项目将以骨科产品为切入点，利用骨科产品真实世界数据，建立数据库，为产品研发、技术审评及上市后监管提供技术支持。大数据建设将准确把握产品风险点，真正做到风险精准控制，减少产品源头性风险、系统性风险，为科学合理设置临床试验要求，改进临床试验设计提供技术依据。目前已建立外科植入物大数据系统，开发了数据库软件。

河北省医疗器械与药品包装材料检验研究院

概 况

河北省医疗器械与药品包装材料检验研究院是河北省药品监督管理局直属公益性事业单位，加挂河北省医疗器械技术审评中心牌子，2019 年获批河北省医疗器械检验与安全性评价重点实验室、中国 CSTM 团体标准管理委员会医疗器械与药品包装材料试验技术标准化委员会；主要职责为医疗器械、药品包装材料的监督检验、委托检验，医疗器械、药品包装材料的注册检验和标准评价；医疗器械、药品包装材料生产企业和医院洁净环境检验；对申报注册的医疗器械产品进行技术审评；医疗器械、药品包装材料相关标准和检验方法研究、起草、复核、验证、宣传、培训，相关产品技术咨询服务；医疗器械、药品包装材料生产企业检验人员培训。

检验检测

2019 年共完成检验任务 1535 批次。其中完成监督检验任务 687 批次（国家医疗器械监督检验 34 批次，省医疗器械监督检验 452 批次，省药包材监督检验 201 批次）；完成注册、委托检验任务 848 批次（医疗器械 425 批次，药包材 423 批次）。开通了网上受理，出台了《检验时限管理办法》，规范了前台受理程序，增加了专家咨询和绿色通道等，不断提高客户受理的便捷性。实施了技术要求预评价集中上会制度，全面分析、一次性告知、专家解读、限期修改等，缩短了注册检验的受理时限、减少了企业跑路和返工。

技术审评

全年受理 185 家企业医疗器械注册、延续注册和注册事项变更申请 651 件，完成技术审评报告 629 件，其中首次注册 240 件，延续注册 251 件，注册事项变更 138 件。建立了技术审评信息化系统，实现了从资料接收、分配主审、资料审查、专家咨询，以及审评报告的撰写、复核、签发的全过程信息化、无纸化。同时进一步规范了审评程序和审评标准、提高了审评效率和质量。

科 研

2019 年获批各类项目 14 项，总经费 155 万。其中省部级项目 8 项、省市场局重点项目 5 项、省科学院项目 1 项。获批“全国商业联合会”省部级科技进步一等奖 2 项（主持 1 项、参与 1 项）、申请国家专利 6 项。完成行业标准 1 项、中检院标准物质复核 1 项、地方标准 15 项、论文 11 篇。获批省人社厅“博士后创新实践基地”。出台了《科研管理办法》《重点实验室年度考核计划》《科研评价指导原则》等文件，与美国北卡中央大学建立合作关系，联合攻关肝脑疾病体外诊断，牵头申报河北省国外引智项目；

与中检院医疗器械所建立合作关系，联合攻关可穿戴运动装置检验技术，牵头申报河北省科技冬奥项目；与沈阳药科大学医疗器械学院建立合作关系，联合开展体外诊断新产品研发，开展了全省全部体外诊断试剂企业和相关监管人员的培训；与北京化工大学环渤海分院建立合作关系，联合开展省发改委重点实验室申报工作。先后参加了全国科技周、全国科普日河北主场活动等，构建了“精准医疗器械科普展区”，编制发送各类资料400多份，现场受众2万人以上；制作的“电子血压计你真的会用吗?”视频获得科技部2018年全国优秀科普微视频奖励（全省市场监管系统唯一一项）、河北省优秀科普微视频；2人分别获得河北省科普讲解大赛三等奖和优秀奖，团体获得优秀组织奖。全年共推荐并获批了“河北省科普事业贡献奖”1人、省三三三人才1人、各类技术委员会专家3人。

能力建设

先后参加了国家药监局组织的“接地阻抗测定”“输注器具铅镉含量”和“玻璃棒线热膨胀系数能力验证”等能力验证实验，3次全部为“满意结果”；自行组织了各种内部比对考核26次、检验监督检查18次；组织了CNAS评审工作，申报并通过了28大项的检验资质，组织了包装材料的CMA扩项工作，新增检验项目31项。入选国家药监局遴选的10家国家中心和7家省级院所，联合申报国家发改委医疗器械检验机构能力建设重点支持项目，国家药监局明确了河北院在“体外诊断试剂”“医用康复器械”“患者承载器械”“可穿戴装备”等四个重点发展领域。

山西省食品药品检验所

概　况

2019年，山西省食品药品检验所深入贯彻省市场局及省局工作会议精神，在践行“四个最严”上下功夫，在狠抓落实上下功夫，在防范安全风险上下功夫，在提升食品药品监管技术能力上下功夫，紧紧围绕年初确立的工作目标，各项工作稳步推进、有效落实，检验检测和能力建设双双呈现良好势头。获得“山西省模范单位”称号，持续获得山西省省直精神文明标兵单位。

检验检测

2019年圆满完成各类检验检测工作，收检9806批次，发出报告9631批次，创历史新高。一是国家药品抽检。2019年承担147个品种的抽样任务，抽到样品652批，居全国第6位，抽样任务按时圆满完成。承检评价抽验4个品种及专项1个品种，共收到样品503批，检出不合格样品7批；设计探索性研究项目38个，按时提交质量分析报告；上报重大质量风险报告3个，涉及2个品种，主要为涉嫌违规生产。二是全省药品监督抽验。承担基本药物疑难项目检验、中药材中药饮片专项、跟踪专项等监督抽检工作2000批次，检出不合格样品52批次，主要问题为中药饮片不符合标准规定。三是全省中药饮片专项整治工作。配合省局部署，先后三次派出技术专家和抽样人员，覆盖全省11个地市，共抽回样品754批，检出不合格样品154批，汇总分析全部数据，撰写了中药饮片专项质量分析报告。四是国家及省级化妆品监督抽检。全年承担650批次监督抽检任务，其中国家任务500批次，检出不合格及问题产品16批，主要为成分与标签标识不一致。五是国家食品安全监督抽检。按照省市场局工作安排，承担2019年食品安全监督抽检任务4578批，涉及食用农产品、餐饮食品、保健食品等37个品种，其中国家监督抽检任务589批、省级监督抽检2568批、食品安全评价性抽检1140批次，非洲猪瘟抽检141批次、汾阳市监督抽检140批次，抽检同时完成餐饮具卫生状况市场调研工作。目前检出不合格样品59批，主要为农药残留、食品添加剂以及微生物超标，上报餐饮具风险预警、非洲猪瘟阳性警示2项。六是案件检品检验。收到本系统和公安系统案件检品323批次，其中公安系统送检样品205批次，均在第一时间完成检验并发出报告。检出不合格及问题产品155批次，问题率53.6%，主要问题为宣称具某种疗效的食品或保健食品中检出非法添加化学药品。七是注册检验及委托检验。共收到注册检验260批，发出报告214批；委托检验1271批，发出报告1204批。承担河北药检院因搬迁委托我所的药品注册及委托检验工作36批，完成28批。八是标准提高。承担国家药典委2018年标准药品提高3个品种起草、3个品种的复核任务，目前研究工作正在按计划推进。2019年有4个品种起草和8个品种复核获得国家药典委员会标准提高立项。九是仿制药一致性评价。对辖区内药品生产企业开展技术咨询和服务，圆满完成亚宝药业的苯磺酸氨氯地平片的复核任务，实现我省仿制药评价获批“零的突破”；2019年还承接10家企业12个品规的评价复核工作，已完成10个品规，另2个品规复核工作正在积极推进中。

能力建设

按照省局的总体部署，充分研究分析食品药品安全风险的新形势及其对监管技术的新要求，一是完成了新一轮检验技术能力扩项工作。顺利通过省资质认定地址变更及2次扩项评审、国家实验室认可地址变更及复评审。新增保健食品、食品、化妆品等4类16个产品217个参数，本所两个场所的技术能力总计达到9类104个产品1380个参数。二是检验人员能力显著提升。通过案件检验，技术人员发现异常现象的敏感度显著增强，综合分析能力全面提升，如在非法添加物质检测时，敏锐发现异常峰形，检测出与宣称功能无关的药品成分；结合原料、工艺、中间产物发现质量标准的缺陷，在公安提供的未知物鉴定中，综合各种分析手段和现象，实现对未知成分准确定性。对食品、保健食品等转岗及新上岗人员18人完成上岗考核并授权上岗，对全所115名检验及关键岗位支撑人员技术能力进行了再次确认。三是数据准确率持续稳定。全年未发生报告结论性差错，参加20项能力验证，已反馈的11项全部为满意结果。四是科研工作取得新进展。新申报科技攻关项目5项、专利6项、科技进步奖1项及省市场局标准创新贡献奖3项，“一种用于急慢性咽炎动物模型的造模及给药装置”专利获批，新获科研立项3项。

业务指导

积极参与省局各项工作顶层设计，起草了“2019年药品监督抽检计划”“山西省药品监督考评管理办法”及考评细则等；参与全省药品检验机构能力建设标准制定，参与食品、化妆品抽检计划制定；组织太原、晋中、阳泉承检中药饮片专项整治工作，有力支撑了药品监管；积极主动与省市场局对接，理顺接检机制，确保各类案件检验的及时进行，为打击假冒伪劣提供强有力的技术支撑；非洲猪瘟阳性结果处置及时到位，为本省及时控制疫情奠定基础；为省市场局、省公安厅进行食品抽样、行刑衔接技术授课，为各市药品检验机构提供技术指导，受到好评。

整体搬迁工作

2019年1月初正式启动新址搬迁，4月13日至14日接受现场评审，5月9日取得新址检验资质，短短3个月的时间内，一是迁址整体搬迁仪器设备525台套，全部完成安装确认；二是全面组织对新所实验室检测环境、留样环境、设施设备性能、制水系统、通风系统、报告信息系统等性能及适用性进行确认，确保新所实验环境和条件满足检验检测要求；三是调取各类样品11件进行了26项参数的留样复测，均取得满意结果，表明新址环境、仪器满足工作需求。四是对地址变更后各项技术和管理要素进行内部审核。搬迁工作质量受到专家的一致好评。

山西省医疗器械检测中心

概　况

山西省医疗器械检测中心于2002年12月成立，隶属于山西省药品监督管理局，正处级建制，全额拨款一类公益事业单位。是山西省唯一一家具有医疗器械检验检测资质的检验检测机构。承担全省医疗器械质量监督检验，注册检验、委托检验，以及生产和检验条件的检测工作，承担全省医疗器械生产企业、经营企业、使用单位、检验机构业务咨询、培训和技术服务、提供医疗器械质量公告所需的技术数据、质量分析等。中心设办公室、资源保障科、业务室、生化室、物理室、医电室、质控室7个科室。中心现有人员37人，编制22人，实有在编人员19人，劳务派遣人员18人。中心设专业技术岗位17个，管理岗位5个。现有高级职称5人，中级职称6人，硕士以上学历17人。山西省医疗器械检测中心连续10年被省精神文明委评为先进单位。

党风廉政建设

2019年，把开展“不忘初心、牢记使命”主题教育作为当前和今后一个时期重要的政治任务，精心谋划，周密实施。认真落实党风廉政建设责任制，推进廉政文化建设工作，传达学习全国药品监管系统党风廉政建设会议精神，组织中心全体党员观看了专题片《党章电视辅导教材》，组织全体员工收看山西电视台卫视频道现场直播全省《三晋英才》支持计划启动大会、中心组织全体干部职工观看了全省“改革创新、奋发有为”大讨论首场先进典型报告会。大力开展党性党纪党风教育，认真落实好“三会一课”制度，领导带头上党课，支部成员都积极参与并认真备课，教育引导党员干部讲党性、重品行、作表率，形成为民、务实、清廉的作风。

检验检测

2019年，山西省医疗器械检测中心共受理医疗器械注册检验607批次，出具报告607批次。其中受理委托检验43批次，受理注册检验30批次，省级监督抽验515批次（任务量比2018年400批次增加25%），共检出12批次不合格，合格率97.7%。国家医疗器械监督检验14批次，共检出3批次不合格，合格率78.6%。协助省局发布2019年医疗器械监督抽质量公告和质量分析报告。出具医疗器械预评价意见16份，为省药品监督管理局监督医疗器械提供强有力的技术支撑，为全省人民用械安全，省内医疗器械产业发展做出了应有的贡献。

能力建设

2019年6月7日至17日山西省医疗器械检测中心顺利搬迁至太原市迎泽区桃园南路12号，实验室硬件条件得到极大的改善。实验室地址变更后，10月26日至27日，山西省医疗器械检测中心顺利通过了省市场监督管理局地址变更资质认定现场评审，取得7大类150个产品1487个项目参数的检验资质，检测范围涉及一次性使用无菌产品、卫材敷料、医电产品、常规器械、洁净区检测、医用材料、体外诊断试剂。

内蒙古自治区药品检验研究院

检验检测

全年共受理药品596批次，截至目前发出检验报告书557批次。其中注册检验77批次。委托检验167批次，稽查监督抽检22批次。国家任务236批次，自治区任务92批次。截至目前电子化药品标准共计 324 个。共受理化妆品 588 批次。其中委托检验 16 批次。国家任务 500 批次，自治区任务 70 批次，均发出检验报告书。截至目前电子化化妆品标准共计 14 个。共受理医疗器械、药包材和洁净检测 336 批次。其中注册检验 46 批次。委托检验 174 批次。国家任务 65 批次，自治区任务 51 批次。

科 研

2019 年度，内蒙古自治区药品检验研究院共开展科研项目 12 个，全部按计划进行或已完成。包括国家药监局注册司特色民族药材示范性研究第二期蓝盆花课题；药典委阿魏八味丸国家药品标准提高课题任务；药典委清瘟止痛十一味丸国家药品标准提高课题任务；内蒙古蒙中医药管理局蒙药材草阿魏的标准示范性研究工作；科研协作课题甘露养心丸药效与毒理学研究课题任务；自治区局内蒙古中药材标准研究课题；中检院沙苑子等 6 种中药标本的收集、鉴定与数字化；中检院《实用中药材传统鉴别手册》第一、二册的编写，第一册参与内容已经上报出版，第二册尚在编写当中；中检院课题对照药材协作标定；完成药典委标准提高任务蒙药“三子散”的标准起草，并上报药典委；完成了自治区评价任务“肉苁蓉”的探索性研究和分析报告的撰写；完成了药典委蒙药标准提高“小儿清肺八味丸”质量标准起草工作。

吉林省药品检验所

概 况

吉林省药品检验所始建于 1953 年，依法承担药品、药用辅料、药品包装材料、化妆品的国家评价、省局监督检验，以及注册检验、委托检验等工作。是全国七个生物制品批签发所之一，承担东北三省和山东省的生物制品批签发检验工作。现有人员 156 人，其中专业技术人员占 80% 以上。内设机构 17 个，建筑面积 13535 平方米，大型仪器设备 1013 台（套），仪器设备总值 10500 万元。通过实验室认证认可药品、生物制品、药品包装材料、化妆品 4 个领域 595 个参数。

检验检测

2019 年，吉林省药品检验所共完成各类检品 4432 批，其中国家药品评价性检验 276 批；省级药品监督检验 1029 批；化妆品检验 490 批；生物制品批签发 1529 批；委托检验 291 批；注册检验 429 批；行动计划复核 127 批；内部检验 151 批；复验 7 批；其他 103 批。在 2019 年国评工作中，完成抽样 628 批，严格检验流程，开展 20 多项探索性研究，双黄消炎片和盐酸洛哌丁胺胶囊分别取得中药组第 7 名、化药组第 15 名的成绩。国评工作受到国家药监局通报表彰，获得“抽样工作表现突出的单位”“检验管理工作表现突出的单位”和“质量分析工作表现突出的单位”三项殊荣。

能力建设

全年参加能力验证 13 项，所有反馈结果均为满意，其中药品包装材料的线热膨胀系数能力验证取得中位值的好成绩。举办两期药品检验检测培训班，各市（州）食品药品检验机构 200 余人参加了培训。外出学习培训 192 人次，其中 2020 年版药典培训班派出 55 人参加；派出中层干部 11 人赴江西省院、江苏省院及改革前沿的深圳所进行交流学习；4 名技术骨干去上海所学习真菌毒素和农药残留检测，为人参农残专项检验打基础。梳理全所各项管理流程和规章制度，做到人手一本。起草《关于进一步加强药品检验机构能力建设的实施意见》，就提高全省药品检验科学化、规范化、标准化管理提出明确意见。

上海市医疗器械检测所

概　况

2019年上海市医疗器械检测所积极贯彻落实国家药监局，上海市委、市政府，上海市场监管局的总体部署，坚持稳中求进的工作总基调，在服务先进制造、医疗器械创新上积极作为，重点在实验室能力建设、人才培养、检验检测、技术服务、业务开拓、科研创新等方面为核心抓手，健全和完善高效的检验检测综合管理体系，增强核心竞争力，为国家及上海市政府监管、百姓用械安全及医疗器械产业创新发展提供强有力的技术支撑。

检验检测

2019年上海市医疗器械检测所共完成检验任务7201批次。

承担了电子血压计、医用制氧机、监护仪等9个品种的国家监督抽验任务，共计285批次。合格率为85.6%。

完成上海市监督抽验有效样品573批次，合格率99.0%。

完成进口医疗器械商检623批次，涉及病人监护仪、呼吸机、麻醉系统、手术显微镜等，合格率90.5%；完成商检起搏器共计615批次，合格率99.2%。

结合《深化本市医疗器械审评审批制度改革的方案》，有序开展创新产品、注册人制度产品的绿色通道注册检测，对纳入绿色通道的产品在检验中遇到问题及时响应，为客户提供全方位一站式服务。涉及7家公司10例创新产品及22家公司31个注册人制度产品，共计65个检验任务经绿色通道开展检验，目前已完成54个检验任务。

能力建设

全面完成管理体系文件的改版工作，并顺利通过了中国国家认证认可监督管理委员会（CNCA）与中国合格评定国家认可委员会（CNAS）联合开展的现场评审。年度接受国家市场监督管理总局面向国家级资质认定检验检测机构开展的“双随机”现场监督检查，成绩优异。

圆满完成年度“质量月”活动。通过在全所范围开展质量自查自纠、检测技能竞赛、报告质量评比及知识竞赛等多种形式的系列活动，进一步强化全员的质量意识，营造出人人追求优质高效的良好工作氛围。

全面建成6S管理体系。2019年全面推行6S管理模式，经历宣贯培训、诊断指导、达标验收三个阶段，全面完成“物品整齐、环境整洁、工作规范、素质提高、促进发展、确保安全”各项既定目标。切实规范和改善实验室以及行政科室的工作环境，提高工作效率。

根据国家医疗器械监管及产业发展需求，进一步拓展检验检测能力。通过中国国家认证认可监督管理委员会（CNCA）与中国合格评定国家认可委员会（CNAS）评审，获得检测能力授权869项；资质认定授权736项。

获批国家药监局重点实验室

2019年7月，国家药监局正式公布首批认定的国家重点实验室名单，2个国家重点实验室“医用电气安全设备、呼吸麻醉设备”获批。9月6日，国家药监局授牌。12月17日，市政府完成揭牌仪式。目前，对照《国家重点实验室管理办法》，着手落实国家药监局重点实验室建设。期间，多次组织联合单位召开研讨专题会，对2个国家药监局重点实验室进一步规划，涉及组织架构、建章立制、研究方向及仪器设备配置等。

江苏省食品药品监督检验研究院

概　况

2019 年，江苏省食品药品监督检验研究院深入改革、创新发展，进一步明确发展目标与职能定位，完善工作制度，高质量推进食品药品检验检测工作稳步向前发展。被国家药监局认定为化学药品杂质谱研究重点实验室。

检验检测

江苏省食品药品监督检验研究院全年共完成各类检验 9097 批次。其中，完成药品监督及专项抽验等各类抽检、复检等 5614 批；各类注册检验（药品注册检验）1290 批；进口药品抽验 289 批；药品等各类合同检验 1485 批；委托检验 28 批；能力验证、实验室间比对、扩项模拟试验和实验室资质认定评审现场试验 391 批。

一致性评价复核工作全年共受理 25 个品种，28 个品规，84 批次，21 个品种发出报告。

全年共抽取样品 4643 批次，包含食品 3021 批次，保健食品抽样 244 批次，药品 628 批次，化妆品 750 批次。

完成国家药典委员会下达的化药、中药药品及辅料标准提高 21 个品种和 1 个方法学的起草工作，37 个品种和 2 个方法学的复核工作；参与完成了国家药典委员会组织的《药品检验仪器操作规程及使用指南》编写工作；完成上报中检院下达的水杨酸片、羟乙基淀粉分子量、依诺肝素钠标准物质协作标定工作；配合省局认证审评中心完成省医疗机构制剂标准提高品种的核稿资料清样稿确认工作。

重要会议活动

2019 年 2 月，江苏省省长吴政隆到江苏省食药检院调研，他强调食品药品事关健康和安全，人民群众对此寄予厚望，要以最先进技术手段、最严格标准要求和绝对认真负责的精神把好每一道关口。

开展“解放思想大调研”活动。以党建、能力建设、机构改革等为主题，由院领导带队前往上海、北京、广东、深圳、四川等全国有影响、改革较成功、有示范效应的十余省市食品药品检验机构进行调研，对标找差，汲取成功经验，学习特色做法，进一步明确发展目标与职能定位，完善工作制度。

2019 年 4 月，国家药监局局长焦红一行到江苏省食药检院调研，国家药监局注册管理司副巡视员李芳、药审中心副主任兰奋等参加调研，江苏省药监局局长王越陪同调研。焦红充分肯定了江苏省食品药品监督检验研究院实施内部质量管理的做法，她强调，要注重技术支撑单位能力建设，切实发挥技术机构在药品监管工作中的支撑作用，通过专业技术手段实现风险早发现、早防范。

2019 年 7 月，国家药监局发布首批重点实验室名单，江苏省食品药品监督检验研究院被国家药监局认定为化学药品杂质谱研究重点实验室。此次被认定为国家药监局重点实验室标志省院化药安全性检验研究工作取得显著成绩，将为江苏省药品监管提供更有力技术支撑。

2019 年 9 月，FDA 发布雷尼替丁中发现 NDMA 的消息后，江苏省食药检院立即成立了雷尼替丁专项检验工作小组，开始雷尼替丁及其制剂中 NDMA 检测方法的建立和方法学验证，探索出检测方法，在后期中检院推荐的盐酸雷尼替丁及其制剂中 NDMA 检测方法中，省院提供的方法被推荐采纳。江苏省食药检院协助中检院对复方制剂（枸橼酸铋雷尼替丁）的前处理及测定方法提供进行摸索，并提供数据支持，在中检院推荐的枸橼酸雷尼替丁中 NDMA 检测方法中，省院提供的方法作为推荐方法再次被采纳。

浙江省食品药品检验研究院

概　况

2019年，浙江省食品药品检验研究院深入贯彻实施“十三五”规划，紧扣全省食品药品安全监管和产业发展的中心工作，坚持高质量检验，突出科研创新，狠抓能力建设，强化党建工作，较好地完成各项目标任务，有力有效服务食品药品安全和产业发展。全年共完成各类检验任务15722批次，其中包含8196批次国家和省级各类监督抽检专项检验，精准服务监管。

党建工作

深入开展“不忘初心、牢记使命”主题教育活动。实施组织集中学、专家辅导学、领导引领学、典型对标学、现场实践学、研讨交流学、成果检验学、个人自学“八学”融合方式，深入学习习近平新时代中国特色社会主义思想，“守初心”的思想基础更加牢固，更加树牢“四个意识”、坚定“四个自信”、做到“两个维护”。健全“支部建在所上”的组织融合模式，将7个支部拓展到9个支部，党建与业务互促互进。高标准落实“清廉药监”建设要求，深入开展廉政风险排查与防控试点工作，制定《廉政风险防控》手册（“三清单一对策”）和个人“两清单一举措”，廉政风险的“防控网”更密、“防火墙”更牢。深化党建带群建制度，带领共青团、工会开展纪念“五四”运动100周年系列活动、庆祝新中国成立70周年系列活动，以快闪拍摄、讲书大赛、知识竞赛等方式，更好激励全院职工爱国爱岗、诚信敬业，传承和发扬食药检精神。开展省级“青年文明号”创建工作，努力推动青年工作再上新台阶。

检验检测

2019年，共完成药品各类检验检测7415批次，其中国内药品5898批次，药包材1517批次。承担了国家级抽验249批次，省级抽验2500批次。

2019年，全年共完成食品各类检验检测4152批次，其中承担了食品国家级抽验2489批，省级抽验1212批。

2019年，共完成保健食品各类检验检测576批次，其中承担了局本级安全专项抽检监测任务41批，国家级抽验205批，省级抽验300批次。

2019年，共完成化妆品各类检验检测3407批次，其中承担了国家级抽验500批次，省级抽验700批次。

利用现有技术，以最短时间对照美国FDA等监管组织颁布的方法完成40批沙坦类药品NDMA与NDEA应急检验；新开发与国际先进技术等效的雷尼替丁原料药和制剂产品NDMA杂质检验方法，完成应急检验89批；奋战6天完成二甲双胍中NDMA应急检验392批，为相关事件处置提供强有力技术保障，并助力相关国家标准方法制订和监管能力提升。

能力建设

新增化妆品、食品等检验能力106项，全院能力总参数达到1840项，其中化妆品检验能力覆盖2015版化妆品安全技术规范要求，药品检验能力满足国家级和省级监督抽检需求，走在全国前列。主动参加国内外知名机构组织的能力验证31项，30项结果达到满意，其中6项通过FAPAS、LGC等国际一流机构组织的验证，表明我院部分检验能力达到国际先进水平。同时，按国家A级机构建设标准，新添仪器设备1522万元，技术装备更加先进。

科　研

以“最严谨的标准”的要求，制修订药品质量标准48个品种，继续走在全国前列，得到国家药典委来信表扬。组织全省系统完成中药配方颗粒质量标准起草复核36个品种，开展《浙江省中药炮制规范》2015版梳理清查工作，助力我省特色中药质量提升。针对当前仿制药杂质控制难度大、BE失败率高等问题，加快一致性评价关键技术研究，完成15个品种的一致性复核，助推仿制药高质量发展。加快化妆品动物替代试验技术研究，发布全国首批化妆品成品替代方法团体标准（3个），促进我国化妆品安全性评价水平提升。中药数字化标本馆项目扎实推进，网站正式上线，出版《法定药用植物志·华东篇》第三册。新立项科研项目18项，其中省部级及以上11项；14个科研项目顺利通过验收。“浙江特色中药制剂质量控制关键技术创新及应用”和“头孢菌素类药物关键质控技术研究和国家标准体系建立”分获省科技进步奖三等奖，新增国家专利授权6项和成果登记8项，申报省级科技奖励5项。

浙江省医疗器械检验研究院

概　况

2019年，浙江省医疗器械检验研究院始终以习近平新时代中国特色社会主义思想为指引，按照浙江省药品监督管理局“3336”的工作思路，紧密围绕“保安全、争一流、促发展”三大目标，以党的建设为引领，实施器械院“三纵四横一平台”工作载体，抓主抓重，检验检测能力建设、科研标准化建设、内部管理等各方面工作得到有序推进。

党建工作

开展主题教育。将学习教育、调查研究、检视问题、整改落实贯穿始终，深入开展“不忘初心、牢记使命”主题教育；认真开展浙江省委省政府、浙江省药品监督管理局部署的九个方面的专项整治。召开专题会议，认真检视问题；精心准备，开好专题民主生活会。对学习教育过程中发现的问题，形成问题清单，立行立改，确保主题教育不跑偏、不走样。

推动党建业务有机融合。开展党支部换届，完成院两委换届。开展党务干部集中培训，增强党务干部履职能力。组织开展基层党组织星级评定、“十佳器械人”先进典型评选等创先争优活动，以先进典型为榜样，激发党员干部干事创业热情。组织开展“党员带头讲奋斗，党员带头领任务”专题活动，党员干部勇挑重担，打赢检验提速增效攻坚战。

着力推进“清廉药监”。落实“一岗双责”，层层签订党风廉政建设责任书，党风廉政建设工作纳入各部门年度目标考核；开展廉政风险排查，梳理单位“二清单一对策”和个人“两清单一措施”。抓牢关键环节，持续加强重点环节的管理，防范廉政风险；开展警示教育，结合警示教育月活动谈体会，写心得。

检验检测

2019年度，检验业务共计受理8634份，完成报告7618份。承担各级监管部门的监督抽验，国家监督抽验牵头承担4个产品、参与1个品种，共计完成241批次抽验任务，并形成2019年度国抽质量分析报告。开展25个品种的省级监督抽检，共计完成1003批次的检验任务。完成台州、舟山等11个地区的在用设备检测。检验检测工作有序推进，为监管部门提供了有力的技术支撑。

积极承担疫情防控保障产品应急检验任务。制定应急检验工作程序和流程图，细化受理要求和操作流程，实行资料容缺受理；开通应急审批检验“绿色通道”，实现即收即检。第一时间出具检验结果。截至2020年4月29日，截至4月30日，省器械院共计受理1402批次的产品检测，其中1304批次已有明确结果；累计出具应急检测结果告知书530份。

科　研

完成5项科技部项目合同签订，科技部等16项科研项目申报；完成9项科研项目验收。共获得13项科技成果登记证书；申报发明专利4项和实用新型专利4项，获得4项专利授权。

完成《眼科光学 接触镜护理产品 第8部分：清洁剂测定方法》等8项行业标准制修订。申报2020年医疗器械国家和行业标准13项，5项行业标准获得初步立项；参与国际标准化有关活动，完成对口国际标准化组织4项国际标准投票。组织召开YY/T 1587－2018《医用内窥镜 胶囊式内窥镜》等3项医用内窥镜领域的医疗器械行业标准宣贯会。

积极组织相关人员参加IEC/TC76“光辐射安全与激光设备技术委员会”2019年年会、ISO/TC172/SC7“国际眼科光学和仪器标准化分技术委员会第30届全会，与强生眼力健、日本宾得、奥林巴斯公司等进行电磁兼容测试技术、内窥镜等相关领域的技术交流。

能力建设

按照“一核三区”的总体布局，着力打造涵盖医疗器械产品全生命周期的综合性检验服务平台。加快推进两个院区建设，余杭经济技术开发区院区已基本完成实验室装修，推动建设成立有源医疗器械产品性能、电气安全、电磁兼容等专业实验室；未来科技城院区完成各层实验室功能区块调整，推动建设成立植入物疲劳和磨损、体外诊断试剂、基因测序等专业实验室。宁波实验室正式揭牌成立。完成下沙院区化学物理实验室的调整，积极推进光度实验室的建设。筹备国家发改委医疗器械检验检测能力二期建设项目。发挥器械院医用光学的专业特色，生物医学光学重点实验室成功获批，成为第一批国家药监局重点实验室。

依据ISO/IEC 17025建立完善的实验室质量管理体系，通过检验机构资质认定（CMA计量认证）752项，中国认证认可委实验室认可（CNAS）589项。2019年度，宁波实验室通过33项体外诊断试剂检验项目CMA计量认证和CNAS实验室认可。

安徽省食品药品检验研究院

概　况

2019年，安徽省食品药品检验研究院以深入开展“不忘初心、牢记使命”主题教育活动为契机，深入贯彻习近平总书记关于食品药品监管的重要讲话精神，紧紧围绕检验检测中心工作任务，深入推进全面从严治党，党建、党风廉政建设工作取得了新成效，各级各类检验检测任务圆满完成，业务水平、科研创新屡有突破，质量管理、技术实力有所提高，为食品药品安全监管和产业发展提供了有力的技术支撑和保障。

检验检测

2019年，安徽省食品药品检验研究院共受理各类样品15392批次，同比增长11.3%；完成检品14737批次，同比增长4.0%。其中食品完成8817批次，药品和化妆品完成3858批次，器械包材完成2062批次；国抽检验完成率均为100%。

市场意识及业务开拓意识进一步增强，全年委托协议检验收入2341.56万元，其中食品类收入366.61万元，药品类559.67万元，器械包材类1049.18万元，环比2018年度，增幅34.6%。此外，开展了国抽本级承检机构投标工作，成功实现为数不多的普通食品、保健品、特殊食品全部中标单位。

能力建设

安徽省食品药品检验研究院通过国家药监局

化妆品注册和备案检验管理信息系统审核，成为国家药监局化妆品注册和备案检验机构；食品检验所通过国家认监委组织的 13 项能力验证，再次获批为食品复检机构；经国家市场监督管理总局审批，成功备案特殊食品验证评价技术机构（编号为 TY04161604），对外开展保健食品功效成分或标志性成分、违禁药物成分等项目的检测，同时开展婴幼儿配方乳粉产品检验及特殊医学用途配方食品产品检验。参加国家市场监管总局组织的“2019 年至 2021 年本级食品安全监督抽检承检机构招标”中，连中“国本级食品安全抽检监测承检机构、国本级保健食品安全抽检监测承检机构、国本级特殊食品（婴幼儿配方食品、特殊膳食食品、特殊医学用途配方食品）安全抽检监测承检机构”3 个采购项目。

安徽省食品药品检验研究院自 2019 年 2 月 1 日起实施新版《质量手册》和《程序文件》，并将 2019 年定为“质量提升年”。为强化质量管理和考核，制定和发布了《院样品复检（验）办法》《质量检查与考核办法》和《质量目标考核管理规定》；开展了院级 2019 年度管理评审和食品国本级内部检查。接受了国家药监局化妆品风险检验机构专项检查及监督抽检机构检查结果的验证，现场检查结果良好；共参加能力验证和盲样考核 67 次，除 1 次不满意、2 个参数可疑外，其余均为满意结果。

科　研

安徽省食品药品检验研究院修订了《院科研项目管理办法》；参与申报国家级科研项目 4 项，申报省级科研项目 5 项，其中主持的国家重大科学仪器设备开发专项通过科技部综合验收；“中药新型西洋参破壁饮片技术开发及产业化研究”重点研发计划项目获得省科技厅批准立项；参与申报的“内窥镜专用 CMOS 图像传感器及处理传输模块研发”项目获得国家科技部重点研发计划“数字诊疗装备研发”专项立项；参与申报的“安徽主要进出口农产品污染物检测与品质控制标准化技术及应用”“小麦多层次精深加工关键技术研究与应用”“油脂类休闲食品关键危害物检测与控制技术研究及产业化”等 3 项均获得 2019 年度安徽省科技进步二等奖。主持完成的那屈肝素钙注射液质量评价，在 2019 年国家药品评价性抽验品种质量分析报告评审中获优秀结果，并在全国分析报告现场交流评议会上进行大会交流。

江西省药品检验检测研究院

检验检测

江西省药品检验检测研究院（以下简称“江西省药检院”）全年完成各类检品共计 8285 批次共 53430 项次，检品批次完成占年度目标任务的 103.6%。

2019 年再次被国家药监局被评为“抽样工作表现突出的单位”“检验管理工作表现突出的单位”和“质量分析工作表现突出的单位”，这是江西省药检院连续五年在该项工作中获得国家药监局表扬。

完成了辖区内 2019 年国家药品抽检目录品种的抽样工作，累计抽样 638 批次，全国排名第 8，并及时将样品寄送至各承检单位。在 2019 年国家药品抽检品种质量分析报告现场交流评议会上，江西省药检院国家药品抽检品种质量分析报告“消炎镇痛膏”获全国中成药组第 1 名，“聚酯/聚铝/聚乙烯复合膜袋”获全国综合组第 6 名，“注射用盐酸吉西他滨”“吸入用七氟烷”分获全国化学药组第 11 名、第 14 名。

江西省药检院紧扣安全性和有效性问题，对承担的 4 个国家药品抽检品种有针对性地开展了探索性研究。建立了消炎镇痛膏中颠茄流浸膏特征性成分东莨菪内酯 HPLC 鉴别方法及阿托品 TLC 检查方法，经实验结果提示，部分企业所投颠茄流浸膏存在质量问题，涉嫌非法添加阿托品生产消炎镇痛膏。江西省药检院已在第一时间将该情况作为重大质量风险问题上报中检院。

承担的500批次国家化妆品抽检任务中共检出不合格及问题样品57批次，检出率达11.4%，在2019年全国承检机构检出不合格/问题样品批次排名第一。

科　研

2019年7月，江西省药检院“中成药质量评价重点实验室”正式获批国家药监局首批重点实验室。

以江西省药检院为第一完成单位的“裸花紫珠胶囊、颗粒创制及质量创新关键技术与应用”项目构建了裸花紫珠制剂从药材、中间体到成品的全过程质量控制体系，全面提升了裸花紫珠及制剂质量控制水平，并于今年10月荣获省科技进步奖二等奖。

获科研立项资助26项，其中省科技计划项目4项；通过结题验收7项，其中省级以上科技计划项目5项。发表学术论文34篇，其中SCI源2篇，核心期刊23篇。专利授权6项，其中发明专利4项，实用新型专利2项。

每月按时上报国家药品标准提高工作进度，全年完成3个标准提高任务的研究工作。

能力建设

顺利通过了实验室认可定期监督+扩项评审。完成了动物房使用许可证的换证验收。完成17次能力验证结果的上报，其中参加EDQM、LGC和FAPAS组织的国际能力验证各1次，均取得了满意结果；参加中国食品药品检定研究院、中国检验检疫科学研究院测试评价中心等组织的14次国家级能力验证，涵盖了药品、食品、化妆品、药包材多个领域。参加药包材比对实验1次；接受国家市场总局食品（含保健食品）盲样考核9次。此外，还取得了国家药监局化妆品注册和备案检验机构资质。

江西省医疗器械检测中心

概　况

江西省医疗器械检测中心（以下简称“中心”）为隶属于江西省药品监督管理局（以下简称“省药监局”）的全额拨款事业单位，宗旨和业务范围包括“开展医疗器械、食品检测、中西医药研究，促进食药事业发展。承担医疗器械审批和质量监督工作中的检查检测以及技术审评，医药研究、医药产品及食品质量检测等工作；指导全省医疗器械生产、经营、使用单位的质量检验技术。”2019年，在省局党组的正确领导和关心支持下，全体干部职工初心不改、加油实干，顺利完成2019年度国家、省级各项监督抽检任务及社会委托检验任务，取得一定成效，全年共出具检验报告4402份。

检验检测

2019年中心承担国家药监局2019年国家医疗器械监督抽检专项20个品种82批次抽样，实际完成20个品种78批次，完成率95.1%。承担国家药监局2018年国家医疗器械监督抽检6个品种148批次检验任务，检验完成率100%。

承担省药监局医疗器械监督抽检47个品种1999批次监督抽检任务。共计完成54个品种2052批次检验任务（含不良反应监测品种7个），抽检任务完成率为102.7%，抽检总体合格率98.4%，不合格批次33批次，不合格率1.6%。

承担省药监局2019年全省在用医疗设备质量监测抽检包含手术无影灯、多参数监护仪、医用诊断X射线机、心电图机、B超诊断设备、婴儿培养箱在内的6个品种，共100台次。实际完成102台次，任务完成率102.0%。抽检合格93

台次，合格率91.2%，不合格9台次，不合格率8.8%。抽检工作涉及了省内7个设区市，35家医疗卫生机构，其中三级医疗机构11家、二级医疗机构21家、一级医疗机构1家、专科医院2家。

承担省药监局400批次大米抽检工作。实际完成抽样400批次，任务完成率100%；完成检验400批次，检出不合格样品13批次，不合格率3.3%。

完成省药监局飞行检查抽检样品的检验16批次，检出不合格产品1批次，不合格率6.25%；完成应急检验2批次、复检14批次。

承担完成贵阳市2019年医疗器械监督抽检100批次样品的检验检测任务，全部完成100批次检验工作；受海南省药品监督管理局委托，承担其33个品种163批次医疗器械监督检验。

2019年，全年中心受理的127家企业821批次医疗器械注册，完成检验并出具检验报告639批次；受理203家企业784批次委托检验，完成检验并出具检验报告664批次；受理36家企业（单位）110个检测单元洁净厂房空气净化检测业务，完成检验并出具检验报告102批次。业务量较去年同期增长10.2%。

能力建设

2019年，中心先后参加了由中检院组织实施的6项“β－胡萝卜素原料药紫外－可见分光光度法含量测定”“全血细胞指标检测能力验证”“尿生化检测能力验证”“药用辅料旋光度测定”“乳粉中菌落总数计数”“金属洛氏硬度试验（C标尺）”；国家乳胶制品质量监督检验中心组织的“橡胶避孕套产品比对试验”；江苏医疗器械检验所组织的“非吸收性外科缝线线径测量”实验室比对试验；广东省职业卫生检测中心和中国毒理学会组织的“毒性病理检测实验室室间比对病理诊断项目”，共计9项项目能力验证和比对试验，其中，“β－胡萝卜素原料药紫外－可见分光光度法含量测定”为不满意外，其他8项均获得“满意结果”。

山东省食品药品检验研究院

概　况

山东省食品药品检验研究院（以下简称“山东院”）成立于1956年6月，于2014年6月更名为山东省食品药品检验研究院，承担全省食品、药品、化妆品检验检测和技术研究工作，是依法设定的公益事业单位，也是省直25个法人治理结构改革的科研院所之一。

山东院现有事业编制177人，在职职工327人，其中高级职称资格100人，硕士以上占专业技术人员总数约74%。享受国务院特殊津贴专家2人，山东省有突出贡献中青年专家1人，各类国家级食品药品专业委员会委员22人。实验室面积约2.7万平方米；检验和科研仪器设备原值约3亿元。

山东院检验资质基本涵盖了所有食品（包括保健食品）、药品和化妆品。是国家口岸药品检验所、国家认证的药品安全评价中心，是国家药品审评中心实训基地和山东大学优秀教学基地，综合实力走在全国前列。连续11年被授予“省级文明单位”荣誉称号。在2018和2019年度省属事业单位绩效考核中均取得“优秀”等次。

党建工作

山东院坚持一流党建引领一流业务，把党建作为凝聚内生动力、推动检验事业高质量发展的强劲引擎，深入学习贯彻习近平新时代中国特色社会主义思想，牢固树立“四个意识”，坚定“四个自信”，坚决做到“两个维护”，全院廉洁从检，形成了党建引领与业务发展同频共振、齐头并进的良好格局。

持续推动主题教育。把学习贯彻习近平新时

代中国特色社会主义思想作为首要政治任务，修订完善《院党委工作规则》，以高度的政治责任感抓好院党委专题民主生活会 25 个问题、一线调研征求到的 51 条意见建议等整改落实，把自我革命推向深入。

夯实基层组织建设。抓好支部换届选举，配齐配强 20 名支部书记、25 名支部委员，充分发挥党支部战斗堡垒作用。扎实推动党支部标准化建设，认真落实“三会一课”、组织生活会等制度。在职党支部全部达到标准党支部要求，其中 5 个党支部自评为过硬党支部。

深化党风廉政建设。山东院制定《廉政风险防控制度》《院纪委工作要点》等，严格落实监督执纪“四种形态”，抓早抓小，防微杜渐。层层签订党风廉政责任书和技术保密协定，确保廉洁从检。通过上廉政党课、参观警示教育基地等，提升全体员工的廉政风险意识。

检验检测

2019 年，山东院完成检验 30448 批次。其中食品 18769 批，包括国家抽检监测 3302 批次，省抽 9530 批次，委托检验 5937 批次；药品 8615 批，包括监督抽验 3162 批，注册检验 393 批，委托检验 5060 批；保健食品、化妆品共完成 3031 批，包括保健食品监督抽检 834 批，委托检验 493 批，注册备案检验 100 批；化妆品监督抽检 1205 批，委托检验 300 批，化妆品行政许可 199 批。

完成国家药品抽检 16 个品种，其中开展探索性研究的乙肝解毒胶囊等 3 个品种全部入围现场评议，化学品种综合评比获得第三名；牵头开展全省药品风险监测 40 个项目；完成全省执法抽检、应急抽检、医疗机构制剂检验等省级专项任务。

能力建设

2019 年，山东院顺利通过 2 次检验检测机构资质认定扩项，基本具备了疫苗安全性项目检验和辖区内生产生物制品的检验能力。化妆品、生物制品检验首次通过 CNAS 认可。山东院参加国内外能力验证 38 项，其中 WHO、Fapas 等国际能力验证 8 项，结果均为满意。2019 年，山东院信息化完成集成办公平台建设，搭建人事财务、行政办公等 10 个管理模块，实现了统计查询、移动办公、科室管理、个人中心等功能。

科 研

2019 年，山东院获得山东省药学会一等奖 1 项，二等奖 4 项，三等奖 2 项。参与完成“动物药真伪鉴定关键技术突破和中药掺杂使假检测技术平台的建立及其应用”获得中国药学会科学技术奖二等奖 1 项。参加国家药监局设立的中国药品监管科学行动计划专项“化妆品安全评价方法研究”项目。

药品完成 28 个品种的标准起草任务；复核 47 个品种。主持完成“女金丸中牛皮源成分检查项”等 3 项补充检验方法；复核“阿胶中猪皮源成分检查项”等 8 项补充检验方法。

2019 年，山东院申报的“胶类产品质量评价重点实验室”“仿制药研究与评价重点实验室”获批国家药监局首批重点实验室。作为成员单位加入山东中医药大学牵头的“山东省中医经典名方协同创新中心”、山东第一医科大学牵头的“创新药物研发关键技术及产业化协同创新中心”、山东大学牵头的“国家药监局药品监管科学研究基地”。

山东省医疗器械产品质量检验中心

概 况

2019 年，山东省医疗器械产品质量检验中心在山东省药品监督管理局和中检院的领导下，以习近平新时代中国特色社会主义思想为指导，深入贯彻落实党的十九届四中全会精神，不断强化党建引领，坚持以人民为中心的发展思想，以“四个最严”要求为根本导向，扎实落实国家药监局、山东省药品监督管理局工作会议精神，不忘初心，牢记使命。在全年工作中坚持服务政府监管，服务产业发展，服务公众健康的理念，全面建设再上新台阶。

检验检测

2019 年山东省医疗器械产品质量检验中心检验并出具各种医疗器械、药包材产品检验报告八千余批次。

山东省医疗器械产品质量检验中心申报的“国家药品监督管理局生物材料器械安全性评价重点实验室”和“国家药品监督管理局药用包装材料质量控制重点实验室”通过了国家药监局专家现场答辩和现场考核评估，并于 2019 年 7 月 11 日两个实验室均被成功认定为国家药监局重点实验室，为行政监管提供技术支撑打下坚实基础。

2019 年 7 月，山东省医疗器械产品质量检验中心作为参与单位之一，参与了山东大学药品监管科学研究院建设，同时参与国家药监局与山东大学共建的药品监管科学研究基地建设，在国家药监局启动的中国药品监管科学行动计划首批立项的药械组合产品技术评价研究重点项目中，首次牵头制定“含药医疗器械药物定性、定量及释放研究”和“含药医疗器械生物学评价的样品制备”等项目，制定相关指导原则，解决药械组合产品安全有效性评价中的关键技术问题，促进药械组合产品的发展和创新。

按照国家医疗器械监督抽验计划，牵头完成了 7 个品种的无源医疗器械产品国家监督抽验方案的制定工作，并完成国家监督抽验检验和结果复验任务。为客观评价我省医疗器械质量安全状况，结合实际，牵头制定《2019 年度山东省医疗器械抽查检验实施方案》。对山东省各地市参与监督抽检工作的人员进行了抽样培训。同时委派多人次参加上级组织的飞行检查、应急检验、体系考核和风险会商等活动。

能力建设

2019 年，山东省医疗器械产品质量检验中心实验室通过复评审及扩项评审，扩项 1 项，取消限制项 3 项，变更 5 项。2019 年初，实验室制定内部质量控制计划，积极组织人员参加能力验证、人员比对、留样再测等活动，共进行质量控制项目 31 个。2019 年参与 CNAS 及中检院等组织的能力验证及比对试验 16 项。完成国家监督抽验 251 批次，省监督抽验 800 批次，省药包材抽验 200 批次。举办无源医疗器械、有源医疗器械和药包材生产企业三个培训班，免费培训相关技术人员和质量管理人员，针对在注册检验和监督抽验过程中发现的问题进行分析解剖，帮助企业查找原因。

河南省食品药品检验所

概　况

始建于 1953 年，2004 年经河南省编委批准更名为“河南省食品药品检验所”至今。依法承担全省药品、化妆品等注册、监督检验及研究工作。拥有质谱联用仪等各类大型检验检测仪器设备 2000 余台（套），原值 1.3 亿元。核定编制 151 人，现在岗 185 人，拥有国家药典委委员、国家级评审员、学术技术带头人等共 146 人的专业技术队伍。已通过检验检测机构资质认定、实验室国家认可，具有健全的质量管理体系。河南省食品药品检验所是国家药监局化妆品注册和备案检验检测机构、香港中成药注册检验机构、市场监管总局备案的特殊食品验证评价技术机构、国家药监局中药材及饮片质量控制重点实验室、国家药监局、海关总署批准的口岸药品检验机构。

2019 年 2 月 27 日通过国家药监局重点实验室答辩评议、4 月 16 日通过国家药监局专家组现场审评、7 月 15 日获批国家药监局中药材及饮片质量控制重点实验室。2019 年 10 月 10 日，河南省市场监督管理局党组书记马林青、河南省药品监督管理局局长章锦丽及其他局领导班子成员为我所“国家药品监督管理局中药材及饮片质量控制重点实验室”揭牌。

2018 年 11 月 30 日顺利通过国家药监局组织的口岸所现场评估，2019 年 12 月 12 日被海关总署增设为口岸药品检验机构。

通过国家药监局化妆品注册和备案检验检测机构备案，2019 年 10 月 18 日提交资料，11 月 4 日审核通过。共备案化妆品参数 96 个（其中理化项目 82 个、微生物项目 5 个、毒理学项目 9 个）。

党风廉政建设

强化政治思想学习教育。坚持以习近平新时代中国特色社会主义思想和党的十九大、十九届三中、四中全会、习近平系列讲话精神为主线，全面强化党员干部理论基础。扎实开展“不忘初心、牢记使命”主题教育。动员部署，创新学习方式，强化学习效果，学树身边先进典型，结合实际，到各科室、部分市（县）药检所、药品生产企业进行调研，检视问题，整改落实。加强基层组织建设，落实“一岗双责”。积极履行扶贫帮扶工作，扎实推进精神文明建设。坚持全面从严治党，持之以恒抓党风廉政建设，扎实推进以案促改制度化常态化工作。

检验检测

圆满完成国家和省药品、化妆品、保健食品评价、监督抽检任务和日常注册、委托检验任务。一是抽样工作。完成各类抽样 3109 批（按级别分，国家级抽样 1009 批次、省级抽样 2100 批次；按类别分，药品 2046 批次、化妆品 500 批次、保健食品 563 批次）。二是检验检测工作。截至 12 月 31 日完成检验并发出报告共 7389 批（按类别分：药品及药包材 5139 批、化妆品 1521 批、保健食品 727 批、洁净度 2 批；按检验目的分：抽查检验 4275 批，复验 8 批，委托 1235 批，科研 100 批，注册 1770 批，其他 1 批）。三是问题检品发现情况。检出不合格检品 84 批（药品 58 批、药品类占比 1.18%，化妆品 20 批、化妆品类占比 1.31%，保健食品 2 批、保健食品类占比 0.28%，药品包装材料 4 批、药品包装材料占比 1.70%）。

科　研

完成协作课题 3 个。全年在《药物分析杂志》《中国抗生素杂志》等国家级期刊发表论文 23 篇。

能力建设

2019 年 3 月 10 日顺利通过中国合格评定国家认可委员会复评审。2019 年参加药品、化妆品、保健食品等领域能力验证、实验室比对 16 项（LGC 1 项，中检院 15 项），结果反馈均为满意结果。组织参加国家药监局、中检院及所内，以及美国的会议和网络等各类培训 120 余期、4290 人次、合计 5000 余天。

河南省医疗器械检验所

概　况

河南省医疗器械检验所是隶属于河南省药品监督管理局的全供事业单位，地址位于郑州市郑东新区熊儿河路 79 号，办公和实验室面积共 9700 平方米，在建竣工待验收实验室面积 18500 平方米。截至 2019 年末，共有职工 118 人，内设科室 16 个，拥有 3M 法电磁兼容实验室及各类大型仪器设备 920 余台套，设备资产总值 1.15

亿元。具备国家认监委资质认定的检验能力，涵盖医疗器械、洁净（区）环境、包装材料和化妆品4个领域，通过资质认定的检验项目1111项。

河南省医疗器械检验检测工程技术研究中心和河南省医疗器械生物技术与工程应用中心，是河南省科技厅和发改委设立的省级科研平台，隶属于河南省医疗器械检验所，承担科研创新开发任务。

检验检测

2019年，承担了国家医疗器械河南省辖区37个品种196批的抽样任务。完成了心肌肌钙蛋白诊断试剂盒、一次性使用无菌导尿管等4个品种69批国家医疗器械监督检验任务，参与完成的一次性使用医用口罩产品质量评估报告评议结果在国家医疗器械抽检会议上的评议结果总分为91.66分，位列第一名。

完成了河南省级医疗器械监督检验1013批，发现不合格产品17批；完成了河南省市、县级医疗器械监督检验317批，发现不合格产品2批。

完成了河南省药监局交办的专项抽验12批，发现不合格产品4批。受理监督抽验复验27批，对15批产品检验结果的判定仍为不合格。还受理了案件检验3批，2批检验结果不合格。

免费受理各类注册检验358批，其中：受理注册检验295批，注册补充检验23批，延续注册检验15批，变更注册检验25批。受理医疗器械委托检验2218批、洁净环境检验28批，委托检验等经营性收入达1750万元。

科　研

河南省医疗器械检验检测工程技术研究中心和河南省医疗器械生物技术与工程应用中心相继组建后，所内设立了工程技术研究中心这样一个独立的科室，专职主导科研工作。

通过加强产、学、研、检合作，建设河南科技大学教学实习基地，与河南科技大学共建研究生培训基地，共享实验室仪器设施，与河南省人民医院、洛阳惠尔医疗器械有限公司等单位联合开展科研合作。为上海娜斯嘉医药科技发展有限公司等6家企业提供个性化定制技术服务，取得科研技术服务收入5.5万元。逐步探索出产、学、研、检协同发展的科研创新模式，取得了丰硕的科研成果。

一年来，参加国家级科研项目1项，主持省级科研项目4项，参与省级科研项目3项。参加行业标准制修订4项，制修订团体标准6项，出版图书2部，发表论文39篇。申报发明专利41项，实用新型专利1项；获发明专利授权9项，实用新型专利授权66项。

根据郑州市推进自主创新奖励办法等政策，辖区政府（郑东新区管委会）给予科研创新奖励50万元，给予专利奖励4500元。

能力建设

2019年，位于郑州航空港区的口岸食品医疗器械检验检测中心项目一期工程已经竣工并完成内部装修工程，等待工程验收。按照现有方案，分配河南省医疗器械检验所的建筑面积为18500平方米。

全年累计采购仪器设备近百台套，总值达1900万元。新版实验室信息管理系统正式投入运行，信息化水平不断提高。参加的中国食品药品检定研究院“血清中总蛋白测定”和“电磁兼容测试”能力验证结果均为满意。

先后参加了河南省市场监督管理局公众开放日和河南省药品监督管理局公众开放日，医疗器械检验检测实验室作为参观的重点向公众普及医疗器械检验检测知识。

湖北省药品监督检验研究院（湖北生物制品检定所）

概　况

2019年，湖北省药品监督检验研究院坚持以习近平新时代中国特色社会主义思想为指导，认真开展“不忘初心、牢记使命”主题教育，严格落实“四个最严”要求，切实履职尽责，狠抓工作落实，圆满实现年度目标任务，有力推进了“国内一流，国际接轨”的药检院建设，重点抓好了五个方面的工作。一是严守安全底线。坚持聚焦风险抓检验研究，强化高风险重点产品抽检，完成各类检品9047批。二是追求发展高线。以仿制药质量与疗效一致性评价服务，国家药品标准提高，省中药材标准、中药材炮制规范制订等为重点，推进药品安全战略实施，促进医药产业高质量发展。三是加强能力储备。通过重点实验室申报和建设，科研项目培养，积极组织和参与各类科技活动，鼓励和引导广大专业技术人员拓宽科研视野，养成科研热情，提升科研能力水平。四是规范综合管理。清理修订110多项管理制度，精简制度40多个，出台制度70多个。档案管理工作通过达标验收，被评定为档案目标管理省一级合格单位。按照《检验检测机构资质认定能力评价 检验检测机构通用要求》《检测和校准实验室认可准则》要求，完成体系文件修订。2019年首次参加WHO能力验证，结果满意。五是深入开展党建与党风廉政建设。认真组织开展“不忘初心、牢记使命”主题教育，“两学一做”、党风廉政教育月、主题党日等活动。压实两项责任，强化执纪监督，加强组织建设，构建良好政治生态。

党建工作

认真开展“不忘初心、牢记使命”主题教育、“两学一做”学习教育、主题党日活动，推进党内教育制度化、常态化。按规定程序发展6名新党员，4名预备党员按期转正。选派2名处级和1名科级干部参加省直机关工委党校干部培训学习。选派2人参加省直机关工委党校入党积极分子培训学习。认真组织开展第二十个党风廉政建设宣传月活动，通过“学、讲、考”提升廉政意识，强化活动效果。压实党委委员“两抓”责任，进一步明确纪委、纪委委员、支部纪检委员责任，形成抓党建和党风廉政建设倒逼机制，促进了党建和党风廉政建设责任的有效传导。3个支部、8名党员、3名党务工作者受到省局机关党委表彰。

积极开展庆祝新中国成立70周年活动，先后组织了庆国庆70周年“不忘初心、牢记使命”演讲比赛，老干部庆国庆联欢活动。参加省直机关“劳动筑梦”演讲比赛荣获三等奖，参加省局庆祝新中国成立70周年演讲比赛荣获二等奖，参加省局同唱一首歌活动荣获三等奖。

检验检测

完成各类检品9047批，检出不合格样品100批。其中，国抽1398批，省抽5046批；生物制品批签发760批（疫苗类291批、血液制品469批）。通过国评研究共向中检院上报2个品种11条质量风险信息，上报3个品种6条质量标准问题信息。积极应对雷尼替丁、二甲双胍事件，对辖区3家雷尼替丁生产企业32批产品，1家盐酸二甲双胍生产企业42批产品，进行筛查并及时上报结果。开展中药饮片专项抽检，医院制剂、药包材等专项抽检。积极开展应急检验，承担省药监局应急检验162批，市、县公安、行政监管部门委托检验45批。针对糖皮质激素化妆品安全，新建36种定量检测方法，84种快筛方法，15种违法添加药物同时检测方法。积极支持药品监管现场检查、专项检查。选送33人次参加国家药监局和省药监局各类检查员培训，推派1人协助省药监局承担疫苗驻厂监督任务，选派5人参加国家药监局现场检查，75人次62次参加国家药监局、省药监局各类技术审评。

科　研

血液制品质量控制重点实验室、中药质量控制重点实验室获得国家药监局首批重点实验室授牌。湖北省药品质量检测与控制工程技术研究中心获得湖北省科技厅批准。申报横向科研课题13个，首次获得国家自然科学基金面上项目立项。5个项目通过省科技厅结题验收。申报国家药品标准提高项目20个。完成23个药品标准提高项目，12个药品的标准起草任务。完成2019版《湖北省中药材标准》《湖北省中药饮片炮制规范》编撰。国家药典委员会对湖北省药检院药用辅料标准提高研究工作予以表扬。1项研究荣获省科技进步二等奖，1项研究荣获教育部科学技术进步奖二等奖。18篇科研论文在国家级学术会议上交流，1篇获得2019年中国药学会药物分析专业委员会学术年优秀论文二等奖，1篇获2019年中国药学大会二等奖。

湖南省药品检验研究院（湖南药用辅料检验检测中心）

概　况

2019年是新中国成立70周年，也是全面建成小康社会关键之年，同时还是机构改革后药监系统全面开展工作的起步之年。一年来，按照上级部门工作部署，紧紧围绕全年工作重点和年初工作安排，将“四个最严”贯穿工作的全方位和全过程，贯彻落实湖南省药监局“监管严而又严、服务优而又优”的发展理念和“保安全、促发展、提幸福”的工作要求，实现了自身能力的提高、内部管理的加强、专业作用的发挥、价值充分的体现，较好地完成了全年工作任务。

检验检测

扎实落实“四个最严”监管要求，坚持“以检托研、以研促检、研检结合”的工作思路，以技术支持监管为主线，以发现安全风险，识破市场潜规则，研究破解风险的方法为重点，加强探索性研究，建立补充方法，提高现行标准，将有限的检验资源发挥出最大效果，实现精准检验。

全年共受理检品4066批，其中药品2457批、化妆品1164批，总不合格率为4.5%。积极为企业提供服务，完成171批企业委托检验，同时作为口岸药品检验所，2019年承担了“注射用替加环素”“西尼莫德片”“氯雷他定咀嚼片”三个品种共计12批次进口药品的复核检验工作，开出4份进口药品通关单。

能力建设

顺利通过中国合格评定国家认可委员会（CNAS）对实验室认可复评审暨标准变更的现场技术评审；参加24项能力验证，反馈结果均为满意；组织化妆品资质认定扩项，增加了230个参数，现具备化妆品类参数530项，提前完成“十三五”食品药品安全规划中化妆品的发展目标。

2019年按时保质完成了17个药用辅料品种的标准起草工作，受到了国家药典委的肯定和表扬；起草的4项补充检验方法也获得国家药监局批准公布。

2019年4月24日顺利通过国家药监局组织的化妆品风险监测承检机构遴选现场检查，并于6月底成为首批六家国家化妆品风险监测工作组成员单位之一。

科　研

2019年共完成“采用LC/MS/MS同时检测保健食品中非法添加化合物的方法研究”“新型烟酸姜黄素酯调控胆固醇流出治疗血管性痴呆的研究”等4个湖南省自然科学基金项目、“化妆品中禁限用化学成分的拉曼检测方法研究”“大枣中染色剂的检测方法研究”等4个省食药安全项目的结题验收。2019年5月由湖南省自然科学基金委员会与湖南省药品监督管理局联合设立的“湖南科药联合基金”，是省自然科学基金的重要组成部分，旨在引导与整合社会资源开展药品、医疗器械、化妆品协同创新，为全省医药科技创新发展提供支撑。结合工作职责和科研情况，组织“特色民族药土牛膝质量控制方法研究”“含胶类中成药制剂中杂皮掺伪检测方法研究”“质谱联用技术结合多元分析法对仿制药盐酸艾司洛尔注射液有关物质一致性评价研究”等18个课题申报2020年省科药联合基金。

广东省药品检验所

概　况

广东省药品检验所（以下简称“广东所”）成立于1962年，为广东省人民政府按照国家《药品管理法》设立的法定药品检验机构，直属广东省药品监督管理局，是具有独立法人资格并参照《中华人民共和国公务员法》管理的全额拨款公益一类事业单位。主要职责包括：承担国家药监局授权的进口药品口岸检验、生物制品批签发和辖区药品的注册检验、监督检验及仲裁检验；承担化妆品行政许可检验、备案检验、生产许可强制检验、监督检验、仲裁检验；承担药品、化妆品安全突发事件的应急检验；参与制订、修订国家或省相关检验检测标准、技术规范；开展药品、化妆品质量研究，承担药品、化妆品检测相关业务指导工作；受委托提供药品、化妆品检验检测技术服务；承担广东省药品监督管理局委托的其他工作。

广东所以检验能力为基础、以科学规范为前提，秉承“检而优则学，行而优则善”的核心价值观，打造“广东药检”品牌，努力建设国内一流、国际领先的药品检验检测机构，为人民群众安全用药提供强有力的技术支撑。

在国家药监局批准的首批重点实验室中，广东所申报的3个项目均因在其领域的影响力及扎实的基础而全部获批，其中“药品快速检验技术重点实验室”为国家药监局唯一的快速检验技术重点实验室，另外两个分别是“化妆品风险评估重点实验室”和“血液制品质量控制重点实验室”。

检验检测

2019年，全国进口检验共8940批次，广东所共完成进口检验4222批次，签发数量占全国总量的47.2%，全国排名第一。

2019年涉案检验共受理126批次样品，发出126批次，有效服务了药品安全监管。针对韶关市翁源县两名患者服用不明植物后疑似“植物中毒”事件，广东所从接收样品到初步得出结论全过程不到2小时就确认了致中毒样品为“钩吻”，避免了事故进一步扩大。

科　研

根据国务院《关于促进医药产业健康发展的指导意见》要求，广东所积极申报“广东省生物医药科技协同创新中心”并获广东省科技厅认定。该项目也成为广东省首个为生物医药全产业链提供质量控制整体解决方案、对产品质量安全风险预警研究并为监管提供决策咨询的创新中心。

广东所积极开展非标方法、补充检验方法研究，研究起草药品补充检验方法3个，其中妇舒丸中牛皮源成分检查项补充检验方法（BJY 201921）获国家药监局颁布，为行政监管提供预警信息和技术支持。《食品中匹可硫酸钠的测定》补充检验方法获国家市场总局批准，广东所被指定为唯一检验机构承接全国督办案件全部样品的检验工作。

广东省医疗器械质量监督检验所

概　况

2019年，广东省医疗器械质量监督检验所坚持以“不忘初心、牢记使命”主题教育为契机，不断强化从严治党、从严治检，以党建文化强化制度管理，以服务发展践行党的宗旨，以党建引领现代化医疗器械检验，坚持抓管理，抓技术，促质量，促发展，突出“三个聚焦”，扎实推进医疗器械检验各项工作，为广东医疗器械检验高质量发展奠定了坚实的基础。

全年全所对外申报科技项目15项，立项8项，其中国家科技部、广东省科技厅主管部门项目各1项、省局科技创新项目立项6项。继去年体外循环器械重点实验室取得广东省药品监督管理局重点实验室后，2019年顺利通过国家药监局重点实验室评选，成为全国仅有的八个医疗器械重点实验室之一。

继续推进包括深圳、东莞、三水、中山、湛江等检验室在内的全省医疗器械检验公共服务平台建设。2019年，为贯彻落实《粤港澳大湾区发展规划纲要》，支持深圳建设中国特色社会主义先行示范区，重点推进与深圳市坪山区共同建设深圳坪山检验室。2019年8月，深圳实验室完成建设并实现整体搬迁。

按照总体规划、分期实施的指导原则，广东医械所按照一期基础实验室、二期重点实验室、三期高端医疗器械风险防控实验室的总体规划渐进推进基础建设。2019年，重点推进并基本完成二期大楼建设。目前，全所占地面积43亩，建筑面积36200平方米。

2019年10月，国家药监局体外循环器械重点实验室通过考核并正式启动。

检验检测

检验业务方面，2019年全所实现检测收入总量超1.92亿元，其中日常检验收入2.07亿元，同比增长3.8%。完成业务总数为17734宗，同比增长2.2%。其中，免征注册检验7292宗，占41.1%；委托检验7802宗，占44%。下属的包装材料与容器检验中心2019年完成各项委托检验1650宗，业务量同比增长10%。

监督检验方面，全年承检国家、广东省、广州市等市各类医疗器械和药包材监督抽检2639批次。其中，国家医疗器械抽验481批次；广东省医疗器械抽检和药包材抽检1958批次。协助处置医疗器械疑似不良反应事件检验30批次。

标准建设方面，全年制修订标准共13项，包括国标2项和行标11项，含消毒领域行标2项，体外循环领域国标2项、行标4项，齿科设备行标5项。

技术提升方面，参加国际、全国实验室能力验证比对36次并全部合格；通过CNAS和国家资质认定扩项评审，新增检验技术能力226项。全所正式发表学术期刊论文45篇、论著4本、申请专利13项、获得专利授权6项。

能力建设

2019年8月，国家药监局发布实施了《医疗器械检验检测机构能力建设指导原则》，成为引领全国医疗器械检验机构建设的重要依据。该指导原则由广东省医疗器械质量监督检验所负责起草。

广西壮族自治区食品药品检验所

概　况

2019年，广西壮族自治区食品药品检验所实行双随机抽样，找准切入点风险点，发现药品质量标准缺陷，荣获国家药监局表彰为质量分析工作表现突出单位。3项国家发明专利获授权，实现零的突破。荣获广西科技进步三等奖1项、中国药学会科学技术奖三等奖1项。以服务监管大局为己任，为加快药品治理能力现代化提供技术支持，为全区不发生区域性、系统性药品安全事件提供有力支撑。

党风廉政建设

扎实开展“不忘初心、牢记使命”主题教育活动，相继开展了“我的初心我的党”专题策划活动、特殊“政治生日”活动、2019年庆“七一”气排球比赛、2019年“春之圆舞曲”主题联欢会、“我为祖国唱首歌”等主题活动；组织观看《我和我的祖国》等革命题材爱国教育影片，加强“学习强国”、全国药品监管干部网络培训等网络平台学习的引导和督促工作，每周读书1小时，推动主题教育扩大化；开展瑶药种植及产业发展技术交流。各种形式多样的党建活动，切实提高了职工的政治意识、法制意识和廉政意识，不断增强“四个意识”，坚定“四个自信”，坚决做到“两个维护”，认真落实“四个最严”要求，为药品检验检测事业提供坚强的政治保障。

检验检测

全年共完成各类检品5715批，其中药品3505批，食品（保健食品）68批，化妆品1300批，洁净度447批，药包材318批。

为鼓励新药创制，落实审评审批制度改革，广西壮族自治区食品药品检验所调动各科室资源，集多学科所长，为中药5类的新药注册申请开启绿色检验通道。原本法定60个工作日检验时限，10个工作日就完成了注册标准的方法学复核工作，从60天到10天，切实将服务落到实处。

积极参与推进广西仿制药质量和疗效一致性评价工作，主动与广西辖区内企业合作，进行盐酸地芬尼多片及阿莫西林胶囊的部分体外药学研究工作。参与了中检院牵头的“重大新药创新”科技重大专项课题“药物一致性评价关键技术与标准研究”中子课题3“化学口服固体制剂药学评价体系的研究”中的2个任务。

能力建设

2019年成功立项16项课题项目，包括省部1项，市级2项，局级13项，聚焦壮药质量控制方法研究、金属含量测定、中药材进出口贸易研究等内容。协助完成7个药品检验操作规程。

深入推进中药民族药材质量标准体系建设，启动修订《中药饮片炮制规范》（2007年版），编制《广西壮药质量标准（第三卷）》《广西瑶药材质量标准（第二卷）》等。完成国家药典委《药用塑料材料和容器通则》《药用橡胶材料和密封件通则》的制定工作。完成罗汉果等国家药典委6个标准提高项目。

全年共参加实验室能力验证共29个（其中1个国际能力验证），覆盖药品、化妆品和食品领域，收到25个结果，其中23个结果满意；满意率为92%。组织开展了盲样考核——诺氟沙星含量测定，旨在加强广西药品含量检测的质量控制，评价药品检验实验室和药品生产企业QC实验室的检验技术水平，识别实验室中的问题及实验室间的差异。

广西壮族自治区医疗器械检测中心

概　况

广西壮族自治区医疗器械检测中心（以下简称“广西医疗器械检测中心”）于2016年11月经自治区编委批准成立，从广西食品药品检验所分出，设立为广西食品药品监督管理局下属的独立法人省级检测机构，是正处级全额拨款、公益一类事业单位。主要负责资质范围内医疗器械的检验检测工作；承担医疗器械进出口质量安全检测工作；收集、分析全区医疗器械质量数据；开展医疗器械相关的科研和技术服务工作；承担医疗器械安全检测技术、国际智力引进和培训等交流与合作相关工作。内设机构6个，分别为综合办公室、设备信息科、业务科（质控科）、有源检测室、无源检测室、生物检测室。

党风廉政建设

完善制度建设，扎实推进预防工作。广西医疗器械检测中心党支部书记与领导班子和科室主任签订了《2019 年党风廉政建设责任书》和《意识形态责任书》，明确从严治党主体责任分工调整和职责，确保反腐倡廉建设各项任务和党风廉政建设责任制的落实。

抓好学习贯彻，积极开展主题教育活动。广西医疗器械检测中心党支部积极落实全体党员日常教育管理制度，今年召开“不忘初心、牢记使命”主题教育活动党员大会、开展“讲党课”活动3次，进行集中学习教育4次，与党员进行谈心谈话14 人次，组织观看教育片3 次，召开专题研讨5次。广西医疗器械检测中心党支部坚持抓好党支部学习，把日常学习教育抓扎实、抓到位，将全面从严治党的要求落实到每名党员，不断增强党员的先进性。

检验检测

为全区医疗器械监管提供技术支撑，为医疗器械产业提供服务。2019 年1 月1 日至7 月5 日(7 月5 日开始准备实验搬迁工作，停止收样)，广西医疗器械检测中心接受注册、委托业务的预约样品217 批次；完成自治区监督抽验126 批次。已发放报告的共204 批次，其中，注册检验报告91 批次，委托检验报告84 批次，自治区监督抽验报告29 批次。此外，出具内部能力检测报告35 份。

创新方式为企业提供更高质量服务，提升检测工作效率。为企业提供检验检测现场咨询服务，送检企业可通过报名预约，由中心安排时间、人员与企业进行面对面的现场咨询会，咨询范围为检验检测工作有关的业务问题，如注册检验受理前的技术问题、产品技术要求编写问题等。2019 年，广西医疗器械检测中心为送检企业共开展了5 次现场咨询服务，通过开展现场咨询服务，有效地提高了收样和检验检测工作效率，并得到了全区各医疗器械企业的一致好评。

新实验大楼顺利通过现场资质认定场评审，取得检测资质。广西医疗器械检测中心于2019年11 月9 日至10 日通过中国国家认证认可监督管理委员会资质认定现场评审，11 月19 日获得《检验检测机构资质认定证书》，取得了检验检测能力64 项，承检能力覆盖有源医疗器械、无源医疗器械、体外诊断试剂、生物安全性评价等多个领域。在临床检验设备、体外诊断试剂、中低频理疗设备、超声洁牙设备和生物相容性评价等检验领域具有优势检验检测能力。

积极参加能力验证和实验室比对，提升能力技术水平。广西医疗器械检测中心参加了中国食品药品检定研究院组织的2019 年全国医疗器械检测机构能力验证及实验室比对项目共3 项，分别是“接地阻抗测定”“血清中总蛋白测定”能力验证试验和电磁兼容辐射骚扰比对试验，结果均为满意，通过能力验证和比对试验，展现了检验检测实力，有效地提升了检验人员能力技术水平。

科　研

2019 年，广西医疗器械检测中心承担2 个广西壮族自治区药品监督管理局课题，分别为近五年广西医疗器械监督抽检风险监测数据分析研究、《YYT 0751－2009 超声洁牙设备 输出特性的测量和公布》替代检验方法标准化研究，两个课题尚未结题，还在研究中；发表学术论文2 篇。

海南省药品检验所（海南省医疗器械检测所）

概　况

2019 年，海南省药品检验所共完成各类检品3137 批，全年完成药品标准起草与复核任务34

项，完成3个国家药品探索性研究与质量分析工作。以海南省药品检验所为依托单位的“海南省药物质量研究重点实验室”被省科技厅评为优秀重点实验室，顺利通过了CNAS国家实验室认可复评审。全年项目经费支出1140.5万元，支出进度95.0%。组织开展“不忘初心、牢记使命”主题教育活动，组织全体在岗员工参加警示教育大会，积极开展了廉政风险点查摆工作，共查找出22个方面、66个风险点。完成专业技术人员职务晋升4人，开展两批中层管理岗位的选拔任用工作。

党风廉政建设

组织召开所党委会议16次，领导班子民主生活会2次，修订完善了《党委会民主生活会制度》《所党委会议制度》《重大事项议事决策机制》等。组织开展“不忘初心、牢记使命”主题教育活动，举办党课教育5次，党委理论学习中心组集中学习和专题讨论14次，发放党建学习资料311份，收缴党费22674元。落实省监察委《关于加强对省药检系统监督管理和制度建设的建议》和省药监局《关于印发〈全省药检〉的通知》的要求，开展系列整改工作。组织三次专题理论中心组学习；组织全体在岗员工参加了警示教育大会；开展了廉政风险点查摆工作，共查找出22个方面、66个风险点；组织召开所党风廉政建设专题形势分析会；梳理现行规章制度，共梳理修订十项；接受省市场监督管理局的财务专项审计的检查；开展了专项整治领导干部利用名贵特产特殊资源谋取利益问题自查自纠工作。抽调中药室何远景同志参加了省乡村振兴工作队，为期2年。所领导到定点振兴乡村进行了走访调研，解决了队员工作用电动车1台，确定资助扶贫项目资金10万元。

检验检测

2019年全所共完成检品3137批，因2019年国家取消了进口化学药品口岸检验，故较2018年下降25.3%，全检率由2018年的60%上升为80%。完成的重点抽样与检验工作有：国家和省两级计划抽验抽样任务1094批；国家和省两级计划抽验检验任务2124批；药品、医疗器械注册检验任务411批。

科　研

利用检品数量下降空出的时间，消化了历年积压的药品标准提高任务。一、全年完成药品质量标准起草与复核任务34项，包括：氨酚伪麻那敏泡腾颗粒等9个品种的质量标准起草、橘核等18个品种的国家药品质量标准复核任务，桦褐孔菌饮片等4个地方中药饮片炮制规范的复核；参与完成了中国食品药品检定研究院组织的“《中国药典》（2015年版）四部通则0902澄清度检查法第二法（浊度仪法）方法比对”研究项目。二、承担完成3个国家药品计划抽验任务品种（门冬氨酸钾镁、清热八味胶囊、糠酸莫米松乳膏）的探索性研究。共上报重大风险3个、补充检验方法1个。3个品种的探索性研究质量分析报告经网络评议，均入选现场评议交流目录。三、《海口火山石斛中药材质量标准体系研究》《生物样品中水黄皮素定量分析及临床前药代动力学与毒代动力学研究》2项科研课题获2019年“海南省基础与应用基础研究计划（省自然科学基金）”项目立项。四、承担原国家食药监总局注册司专项子项目“特色民族药材牛耳枫检验方法专属性研究”。完成了“盐酸丙卡特罗口服溶液抑菌效力测定”“氨溴特罗口服溶液抑菌效力测定”等2项横向研究。完成了40项药物安全性评价研究专题。五、以海南省药品检验所为依托单位的“海南省药物质量研究重点实验室”被省科技厅评为优秀重点实验室。迎接了国家药监局组织的重点实验室现场核查及GLP实验室定期现场检查。六、全年合计发表科研论文7篇。

能力建设

开展了 2018 年度管理评审工作，涉及议题材料 30 余项，完成了 2019 年度内部审核工作，顺利通过了 CNAS 国家实验室认可复评审。报名参加国家药监局、中检院、乳胶制品检测中心等单位组织的 20 项能力验证和 1 项实验室间比对项目，共 58 项参数，目前已收到 21 项结果，均为满意结果。组织开展了 21 项内部质量控制活动。完成省级药品、化妆品、医疗器械标准方法变更备案 1 次，变更标准 16 项次，撤销标准 9 项次，完成国家级医疗器械检测领域标准方法变更 29 项次。全年新增、修订 73 份文件及表格，发放、回收操作规程 57 份；受理质量投诉 4 项 17 批；撰写发布质量通报 3 期；检定校准仪器设备 700 余台（套）。

四川省食品药品检验检测院

概　况

2019 年，四川省食品药品检验检测院（以下简称“四川省院”）始终以科研创新为助力，以人才队伍建设为保障，以党建工作为引领，全面提升检验检测能力水平，全年共接受外部评审 4 次，参加各项比对及能力验证 102 项（结果全为满意）。现已拥有与检验检测相适应的各类仪器设备 3400 余台，资产原值 3.7 亿多元，在岗职工 479 名（在编 189 人，外聘 290 名），其中博士研究生 20 人，硕士研究生 191 人；共获得省级资质认定（省级 CMA）项目和参数 6184 项，实验室认可（CNAS）项目和参数 1955 项，国家级资质认定（国家级 CMA）项目和参数 374 项，农产品质量安全检验机构（CATL）考核通过的检测参数 418 个。按要求圆满完成了各级各类监督抽检、风险监测、评价性抽验、专项抽检和应急检验、注册检验、委托检验、标准复核修订、洁净室（区）环境检测、生物制品批签发（含国产和进口）、化妆品行政许可检验、地理标志产品等检验检测及科研任务，为服务四川省食品药品安全监管提供了有力的技术支撑，为促进四川食药械化产业高质量发展提供了有力的技术支持。

检验检测

2019 年，四川省院共完成检验并发出报告书共计 14955 批。其中抽验 3852 批（药品 604 批；化妆品 1812 批；药包材 300 批，医疗器械 1136 批）；委托检验 3795 批（药品 2267 批，药包材 299 批，医疗器械 1221 批，化妆品 8 批）；各类注册检验共 890 批（新药及已有国家标准注册检验 347 批，补充注册申请的品种 543 批）；生物制品批签发 1897 批（疫苗 961 批，血液制品 936 批）；化妆品行政许可检验 996 批；发出洁净度现场监测报告书 89 份；接受复验 67 批；完成药典复核品种 298 批；标准起草品种 6 批；技术服务代测 2228 批；国家地理标志道地药材 12 批；其他（试运行、比对试验等）795 批。

科　研

努力搭建高水平科研创新平台，被国家药监局认定为首批重点实验室（中成药质量评价重点实验室），组织启动了四川省重点实验室申报和国家药监局第二批重点实验室申报准备工作，配合四川省局积极推进四川省药监系统重点实验室的建设。全年在各类杂志刊物发表学术论文 61 篇，组织新申报专利 1 项，获得专利授权 2 项。2019 年共承担在研项目 69 项，牵头申报的“药品质量控制关键技术和评价体系建立及应用”项目，获得 2019 年四川省科技进步二等奖，参与的《动物药真伪鉴别关键技术突破和中药掺杂使假检测技术平台的建设和应用》项目获得中国药学会科学技术二等奖。国家药品监管局发布的药品补充检验方法1个。全力推进省内仿制药一致性评价工作，生物样本检测中心以成绩100%通过了国家卫生健康委员会组织的2019药代动力学室间质评，截至2019年11月，已承接生物等效性试验检测项目预试验19项，正式试验6项，已上报4项。持续推动中药材与中药饮片省级标准制修订常态化工作，起草《四川省中药材（饮片）制修订工作程序》，组织开展四川省医疗机构藏药制剂清理统一及标准提升工作、川产道地药材全产业链管理规范及质量标准提升示范工程。

能力建设

不断提升检验检测能力水平，完成了NRA自评估，积极推进国家疫苗批签发能力建设工作，目前已取得3个疫苗品种的检验资质。举办“质量管理年”系列活动，强化风险管理意识，提升数据/结果有效性。承担省药品监管局组织的药品的无菌检查能力验证、药品中大黄含量测定能力验证组织工作，组织开展全省药品检验技能竞赛。切实加强人才队伍建设，注重人才引进，综合能力水平不断提升，今年共考核招聘博士与副高级职称人员5名，完成了博士后创新实践基地博士后引进，派出业务人员224人次外出培训（其中出国培训2人），举办各类专题培训13次，培训人员1400余人次，接收进修学习人员52人次。全力推进基础设施建设，今年共投入3275万元资金用于实验仪器设备、软件系统的添置，食品安全检（监）检测能力建设项目已通过竣工验收，投入使用，药品医疗器械检验检测能力提升项目有序推进，被列入全国医疗器械检验检测能力建设项目重点省份。配合中检院顺利完成国家工信部组织的“疫苗能力建设项目”招标，将获得国家资金600万，省级配套资金1400万。

贵州省食品药品检验所

概　况

一年来，贵州省食品药品检验所以习近平新时代中国特色社会主义思想为指导，在贵州省药品监督管理局的领导下和中国食品药品检定研究院的业务指导下，以确保人民群众用药安全为目标，把握新时代药品安全工作新要求，紧紧围绕“药品、化妆品安全监管技术能力提升”工作主线，不断加强检验检测能力建设，不断提升检验检测的科学性、准确性、时效性，高品质完成全年工作目标，改进作风，求真务实，开拓创新，切实加强全省技术监管服务水平，各项工作取得新的突破。

党风廉政建设

在贵州省食品药品检验所党委的领导下，全所各党支部始终将党风廉政建设工作放在首位，层层签订党风廉政建设和反腐败工作目标责任书，坚持与日常工作同落实、同考核，按时进行党风廉政教育约谈，时刻筑牢反腐倡廉的思想防线；根据党的十九大部署，开展“不忘初心、牢记使命”主题教育，各党支部分别于8月召开专题组织生活会，树牢“四个意识”，做到“两个维护”，引导全体把纪律和规矩挺在前面，严格执行中央、省委的有关规定，坚决做到一心为党、一心为公，廉洁自律、克己奉公，永葆党员干部的先进性和纯洁性。

检验检测

2019年共完成药品、化妆品、药包材等样品3183批次。按检验目的分，国家监督抽验683批次，省级监督抽验674批次，中药材专项风险监测63批次，案件核查48批次，技术服务型检验1715批次，复核、审定地方标准132个品种；药品总合格率为99.3%，化妆品合格率为94.6%，药包材合格率为100%。国家评价性抽验2个品种总计183批次，发现质量标准杂质命名错误问题，上报中国食品药品检定研究院技术监督中心；针对产品研发、生产工艺、质量标准、监督管理等方面给出7条建议。

2019年12月6日，由国家药监局、中检院组织的检查组一行8人对贵州省食品药品检验所国家药品抽验工作进行检查及调研，对国抽工作中样品流转、检验、报告书写等环节进行了检查和交流。检查组充分肯定贵州省食品药品检验所国抽工作的同时，并调研了国抽工作中存在的困难，征求了提高效能的建议。

应急检验

积极夯实应急检验能力，以监管技术服务为宗旨，确保应急检验结果科学、严谨、准确、高效。全年完成贵州省药品监督管理局稽查局、贵阳市云岩区人民检察院等多家单位48批次立案样品检验工作，为严厉打击制假售假、违规生产等违法犯罪行为提供了强有力的技术支撑。

2019年按时完成中检院有关“盐酸二甲双胍、雷尼替丁中*N*－亚硝基二甲胺（NDMA）等检验方法的转移确认和方法验证”相关工作，协助贵州省药品监督管理局及时摸排4000余批次相关药品，重点检验省内2家生产企业31批次，结果均符合要求，未发现NDMA相关问题药品。

科　研

全年完成132个地标增修订品种的复核工作，完成《贵州省中药材、民族药材质量标准》2019年版第一册编撰、审定工作，出版《贵州省药品微生物检验方法汇编》专著一本。

能力建设

2019年9月22日，贵州省食品药品检验所顺利通过中国合格评定国家认可委员会（CNAS）组织的“实验室复评及扩项”评审工作。截至2019年12月31日，我所共有CMA资质参数767项；CNAS参数110项和4个品种，同比扩增50.7%，其中药品领域44.9%、药用包材领域8.3%、化妆品领域100%。

按照年初制定计划，开展日常质量监督活动161人次，开展专项质量监督3次，发现问题均得到纠正和关闭。

参加了中国食品药品检定研究院等单位组织的能力验证、实验室比对共计22项，覆盖药品、化妆品、药包材检测领域，满意率为90.9%；各检验科室的内部质量控制活动定期开展，共实施完成22项实验室内部质量监控活动，满意率为100%。

在省药品监督管理局大力支持下，调配1462万元的资金，购买30台套大型设备，用于提升农药残留、有害元素、生物鉴定等检验检测和风险评估能力。

陕西省食品药品监督检验研究院

概　况

陕西省食品药品监督检验研究院（以下简称“陕西省院”）截至2019年底共有在编职工119人。享受国务院特殊津贴专家1人，国家药典委委员2人，国家级评审专家10人，省级评审专家37人。专业技术人员中有博士6人，硕士58人。院领导有：院长、党委书记刘海静，副院长绳金房、白军锋、乔蓉霞、孙希法，总检验师戴涌，纪委书记申健勇。

现有实验办公建筑面积13260平方米，包括12000平方米的食品药品检验大楼和1260平方米的药理实验楼，位于西咸新区沣西新城16590平方米的新建食品检验监测大楼正在加紧建设中。全院现有仪器设备价值1.34亿元。具备药品、食品、保健食品、保健用品、化妆品、生物制品、药包材、兽药毒理和洁净度检测共3620个参数的检验能力。

党风廉政建设

开展“不忘初心、牢记使命”主题教育。领导班子通过集中学习、深入基层进行广泛调研、召开调研成果交流会、开展专题研讨、召开专题民主生活会，守初心、担使命、找差距、抓落实。经过严格程序，完成党委委员增补工作，重新对党委委员分工进行调整。开展第一届“微党课”比赛，这是陕西省院首次举办的创新性党建培训教育活动。

检验检测

2019年，陕西省院共完成各类检品12709批（件）。其中药品8843批次，占70%；食品2764批次，占22%；化妆品检验1102批次，占8%。

4月，被国家药品监管局表彰为2018年质量分析工作表现突出的单位。在药品国抽非标探索性研究中，莫匹罗星软膏和注射用灯盏花素注射剂两个品种从全国国抽网评的169个品种中被现场评审确定为综合组和中药组优秀。

能力建设

顺利通过了医疗器械和化妆品领域药理、毒理资质认定扩项现场评审，扩项75个参数。组织参加英国FAPAS、国家药监局、中检院、省市场局等组织的能力验证、比对试验、盲样考核31项，涵盖食品、药品、微生物、化妆品等检验领域，取得满意结果。承担完成中检院委托实施的全国能力验证计划项目“玉米粉中脱氧雪腐镰刀菌烯醇”。

科　研

申报省科技厅项目18项，立项8项，获得金额支持248万元。3月，陕西省院独立申报的《食品安全关键快检方法开发和质量控制技术的研究与应用》项目获2018年度陕西省科学技术二等奖。7月，陕西省院作为依托单位，联合西安交通大学、西安市食品药品检验所申报的“药品微生物检测技术重点实验室”获选国家药监局首批重点实验室。鼓励全院人员开展学术研究，全年发表专业学术论文53篇，被SCI收录2篇。

陕西省医疗器械质量监督检验院

概　况

2019年，陕西省医疗器械质量监督检验院围绕保持业务高速增长、保证全省用械安全为总目标，深入贯彻全国、全省药品监督管理暨党风廉政建设会议精神，全面落实药械“十三五”规划，牢固树立“四个意识”，坚决践行“两个维护”，稳步推进检验检测工作，认真做好核查监督，积极参与标准制修订，助力医疗器械创新转化工作，切实发挥了全省医疗器械技术监督和技术支撑作用。

党风廉政建设

按照省药监局党组主题教育工作部署，院党委把开展主题教育作为重大政治任务、摆在突出位置，迅速行动、精心组织。6月21日，院召开动员会议，主题教育全面启动。根据主题教育活动安排，先后举办“新时代‘中国之治’的政治宣言和行动纲领”专题讲座，集体观看《榜样4》节目。按照就近就便原则，利用红色资源开展革命传统教育，开展“七一”专题学习活动，各支部组织党员赴八路军办事处旧址、革命公园等地开展主题党日活动，党员重温入党誓词，弘扬革命精神。9月16日院党委班子成功召开专题民主生活会，从思想、政治、作风、能力、廉政等方面剖析根源，找思想根子上的问题，制定改进措施，明确努力方向。

检验检测

按照国家药监局和省药监局的有关文件要求，结合实际情况制定了国抽、省抽等抽样及检验方案，统筹安排全年检验检测任务。全年，承担国家监督抽验任务183批次，抽样任务48批次。实际接收国抽样品142批次，退样8批次，实际检验134批次。检出不合格样品18批次，复检调出样品9批次。参与国家医疗器械监督抽验项目“一次性使用医用口罩”“天然橡胶避孕套”分别获得第一名和第二名的好成绩；完成省级监督抽验任务1502批次（在用医疗器械检验104批次）；完成注册、委托检验任务396批次。

科　研

贯彻落实中办、国办《关于深化审评审批制度改革鼓励药品医疗器械创新的意见》和陕西省委、省政府《深化审评审批制度改革鼓励药品医疗器械创新实施方案》要求，多措并举加快创新型医疗器械产品上市进程，举办了陕西省医疗器械创新转化工作推进会，与各科研院所、管委会、产业孵化园及多家医疗器械产业进行了研讨交流，充分发挥转化平台桥梁纽带作用，积极推进科研创新转化，助推医疗器械创新成果快速孵化落地。与西安交通大学生命科技学院签订了科研创新转化合作框架协议，我院正式成为西安交大社会实践基地。

能力建设

积极参与国家医疗器械检验检测机构能力建设研讨，共商医疗器械检测重点领域项目及布局。结合我院实际情况，确定了组织工程、增材（3D打印）医疗器械、人工智能与康复器械三个重点发展领域，为提升陕西省医疗器械检验检测能力提供了重大的机遇。

哈尔滨市食品药品检验检测中心

检验检测

2019年，哈尔滨市食品药品检验检测中心共完成抽检1207批次，其中：药品抽检1137批次，监督抽检17批不合格，不合格率4.3%，基本药物等专项抽检3批不合格，基本药物合格率99.6%；化妆品抽检70批，均符合标准规定。

2019年，为有效做好技术支撑，配合公安机关和执法部门扫黑除恶，哈尔滨市食品药品检验检测中心将检验涉案类药品为重心，为其开辟检验检测绿色通道快速检验，为执法办案赢取时间。全年共检验涉案药品59批次，经检验，8批次不合格。

哈尔滨市食品药品检验检测中心结合以往检验工作经验，积极探索检验检测新技术、新方法，向国家药监局申报了2项药品的补充检验方法，分别是：归脾丸（浓缩丸）中酸枣仁植物组织检查项、胆香鼻炎片中苍耳子、金银花及甘草植物组织检查项，经反复试验、统计数据，实现了检验方法重现，2019年7月国家药监局已批准公布（2019年第58号公告）。

在开展检验检测工作的同时，哈尔滨市食品药品检验检测中心始终注重专家、人才培养，经统计，2019年共组织参与评审、核查20家次，范围覆盖检测机构评审、药品生产企业GMP认证、药品生产企业工艺（乳制品、国家婴配乳粉高风险质量体系）核查等。通过参与评审、核查，进一步为我市食品药品监督提供了技术支撑。

能力建设

2019年，哈尔滨市食品药品检验检测中心结合自身的检验检测能力，向国家认监委首次申请了无源医疗器械参数和产品的认证。经国家认监委现场审评，11 月 15 日获得了国家认监委核发的实验室资质认定证书（190015144321），获批资质共 54 个参数、72 个产品。

青岛市食品药品检验研究院

概　况

2019 年，青岛市食品药品检验研究院在青岛市市场监督管理局的统一领导下，领导班子凝心聚力，紧紧围绕年初市局确定的工作要点和我院年度目标，结合市委 15 个攻势，带领全院职工抓好各项工作。认真贯彻落实各上级部门有关药品质量监管、检验工作部署，顺利完成全年检验任务。不断完善队伍建设，提升内部管理水平，以国家级、省级等课题研究为检验检测能力建设平台，不断务实创新，提升技术水平，为保障公众饮食用药安全，为食品药品的科学监管、智慧监管提供强有力的技术支撑。

检验检测

2019 年，青岛市食品药品检验研究院共完成药品、保健食品、化妆品、药包材等各类检验检测 2589 批次。其中包括国家药品计划抽验 384 批，省评价性抽检 390 批，基本药物抽检 105 批、中药饮片抽检 193 批、日常监督抽检 139 批、医疗机构制剂抽检 45 批；省风险监测黄连上清丸和甘油果糖氯化钠注射液 2 个品种 76 批、省进口药品抽检 13 批；地方监督抽验 1200 批，检出不合格样品 68 批，不合格率为 5.7%。进口药品检验 44 批 188 件，不合格 18 批 116 件。化妆品监督抽样监测 31 批，保健食品 144 批；药包材监督抽样监测任务共 30 批，其中不合格 4 批次；完成药包材委托检验及复验 3 批次。其他各类委托检验 87 批；标准复核检验 56 批。

能力建设

2019 年，按照 CNAS - CL01：2018《检测和校准实验室能力认可准则》《检验检测机构资质认定能力评价检验检测机构通用要求》（RB/T214 - 2017）及食品相关补充要求，组织完成第九版体系文件的编写。积极参加国家认可委、省技术监督局等部门组织的能力验证；积极做好现场审查和飞行检查迎检工作。组织 2019 年药包材扩项的现场评审工作，并顺利通过 35 个产品及 29 个产品中 310 项。至此具备药品包装材料 55 个产品及 30 个产品的 332 个参数的检验资质，覆盖《国家药包材标准》中所有的药包材品种，处于行业领先水平。不仅可以为青岛市药品包装材料质量控制提供准确的数据支撑和强有力的科学保障，而且可以为青岛市药包材生产企业和使用单位提供技术服务，助力其发展。

标准制修订

青岛食药检院积极参与“国家药品标准提高行动计划”项目，完成国家药典委员会中成药“苦甘颗粒”质量标准起草工作；完成《中国药典》“妇女痛经丸”“红核妇洁洗液”等 11 个中药品种、国家补充检验方法“防风通圣丸中土大黄苷检查”及省中药材起草标准“驴皮”的质量标准复核工作。作为口岸药品检验所，高质量完成注射用阿莫西林钠舒巴坦钠两个规格、左乙拉西坦片两个规格、伏立康唑片的进口药品质量标准复核工作。充分发挥专业技术人才优势，切实加强了国家标准对药品质量的控制水平，保证人民用药的安全有效。

药品专项研究

国家药品评价抽检专项。承担复方感冒灵颗粒、曲安奈德益康唑乳膏 2 个品种的国家评价性抽验工作，复方感冒灵颗粒 150 批，曲安奈德益康唑乳膏 234 批，经检验工作和探索性研究发现，有企业存在偷工减料、投伪劣药材、辅料把关不严等现象，向国家药监局上报两份风险提示函。撰写的两个品种的质量分析报告网评均进入优秀名单，在国家药品抽检质量分析报告现场交流评比中复方感冒灵颗粒荣获第四名，曲安奈德益康唑乳膏荣获第十名。荣获 2019 年国家药品抽检检验管理工作和质量分析工作表现突出单位。

山东省药品风险监测专项。承担黄连上清丸和甘油果糖氯化钠注射液 2 个品种的省风险监测工作，按照国家药品标准进行全部项目的检验。青岛食药检院保质保量按期完成所有检验任务，同时有针对性地做好探索性研究和质量分析工作，根据探索性研究检验的需要，采用非标方法对所有不同生产企业抽取的有代表性的样品进行研究性检验。2019 年 11 月 30 日前完成质量分析报告，并按规定上报，12 月 12 日完成了两个品种质量分析报告的现场汇报。使对药品的评价更加有依据，监管决策更加准确。荣获省药监局药品抽检组织工作表现突出单位、药品检验和质量分析工作表现突出单位。

科研工作

科教兴院，坚持可持续发展。承担了国家科技重大专项—重大新药创制“药物一致性评价关键技术与标准研究”子课题 2 项；“乙肝扶正胶囊补充检验方法的研究”荣获山东省药学会科学技术三等奖并推荐上报国家市场局课题；“中药质量控制与评价关键技术平台建设与应用”荣获青岛市科技进步二等奖。“国家药品计划抽验咽炎片质量评价方法”荣获山东省药学会科学技术一等奖。“水蛭、地龙质量风险点研究与质量评价”荣获山东省药学会科学技术二等奖。通过科研带动促进特色实验室等综合能力发展。

广州市药品检验所

概　况

2019 年，是新中国成立 70 周年，也是广州市药品检验所建所 66 周年。广州市药品检验所坚持以习近平新时代中国特色社会主义思想为指导，认真学习党的十九大和十九届四中全会精神，紧紧围绕市市场监管局重点工作精神和部署，深入开展“不忘初心、牢记使命”主题教育活动，始终贯彻“守初心、担使命，找差距、抓落实”的总要求，奋力推动新时代药品检验工作高质量发展；以成功创建国家药监局重点实验室为契机，加强与港澳的合作，进一步发挥口岸药品检验所技术优势。

党风廉政建设

2019 年，广州市药品检验所领导班子认真学习领会习近平新时代中国特色社会主义思想和党的十九大精神，特别是新时代党的建设总要求，坚持以“四个意识”为标杆，以党章党规党纪为标尺；坚持做到学思践悟，切实提高政治站位、增强政治定力、强化工作执行力；充分运用“学习强国”“党员随身微教育”等学习平台组织引导广大干部深入学习党章、党内法规和各项政治纪律。12 月 20 日我所顺利召开了第一届中国共产党广州市药品检验所委员会及第一届中国共产党广州市药品检验所纪律检查委员会成立选举党员大会。

检验检测

全年共完成检品 8858 件，其中进口药品 1657 件（包括首次进口 33 个品种 330 件，进口化学药品评价抽检 671 件）。首次承担化妆品抽样工作，全年共抽样 2517 批，其中生产环节 1534 批，经营环节 800 批，网络抽检 100 批，风险监测 50 批等。继续开展进口化学药品评价抽检，对广州市药品（生产）经营企业从广州口岸进口的化学药品进行有针对性覆盖抽检。全年共抽检 65 个品种 79 个品规 761 批，覆盖注射剂、喷雾剂等 16 种剂型，涉及进口报验单位 15 个。

全年共受理各类应急打假检验 99 批次。其中 10 批启动 24 小时应急检验绿色通道，89 批启动7天及14天打假检验；涉及药品53批、化妆品40批。9月26日，澳门特别行政区政府卫生局药物事务厅送检雷尼替丁制剂20批，包括片剂、胶囊、注射液和糖浆，要求开展N-亚硝基二甲胺（NDMA）目标成分检验，广州市药品检验所启动7天应急检验通道，克服技术难关，准确高效地检出基因毒性杂质NDMA，为澳门卫生局药物事务厅及时掌握药品质量情况提供了技术支撑。

能力建设

8月，广州市药品检验所顺利组织完成第四版管理体系文件换版工作；9月，顺利通过实验室认可专项监督评审；10月，顺利通过国家药监局化妆品注册和备案检验信息管理系统备案审核。积极参加国际、国内相关机构组织的实验室能力验证计划。2019年报名参加世界卫生组织（WHO）、英国政府化学家实验室（LGC）、中国合格评定国家认可委员会（CNAS）和中检院等机构组织的能力验证活动20项，获得满意结果。

科　研

广州市药品检验所完成了国家药典委员会项目“HPTLC技术破解中药掺假造假潜规则平台的建立及示范性应用研究”和“气相色谱离子迁移谱联用技术及其在含挥发性成分中药（陈皮）鉴别中的示范性研究”两项课题的研究工作，于12月3日通过结题验收；完成“三十种《中国药典》收载的中成药薄层色谱标准化研究”获得广州市科学技术局科学技术成果证书（登记号GK190253）。完成国家药典委员会牵头的国务院食品药品注册审评审批综合改革子课题—农药、重金属检测及限量标准“中药材和饮片中农药残留限量标准研究—陈皮”，于12月5日通过了结题汇报及专家评审。2019年10月，《中华人民共和国药典中成药薄层色谱彩色图集》（第一册）中英文版本正式出版与发行，图集中的全部图谱均由广州市药品检验所负责制作。

宁波市药品检验所

检验检测

2019年，宁波市药品检验所共完成各类检验3881批次。其中药品检验3358批次，主要包括监督抽验2512批次，不合格56批次，不合格检出率为2.2%；主要药品（国家基本药物和省级增补品种）合格率为99.5%。其他类检验846批。完成保健食品和功能食品检验507批；同时积极配合市局稽查，公安部门开展功能食品非法添加检验242批，检出非法添加194批；其他类检验25批次。另完成医疗器械类摸底抽验16批次。

党风廉政建设

宁波市药品检验所认真学习贯彻习近平新时代中国特色社会主义思想和党的十九大精神；参加“不忘初心、牢记使命”主题教育专题辅导，学习习总书记对浙江和宁波的重要指示精神，保持“两学一做”学习教育常态化制度化。深入开展“三服务”活动，《中国医药报》、人民网、中国食品药品网报道《擦亮服务品牌 打造药检尖兵——宁波市药品检验所党员服务队“三服务”活动纪实》。

重要会议活动

宁波市药品检验所积极推进省医疗器械检验研究院宁波实验室建设。通过了国家认监委和认可委专家组的现场评审，并在年底进行了宁波实验室的授牌工作，省局徐润龙局长和市局金珊局长参加了授牌仪式。在本次新冠疫情中完成口罩、防护服的应急检验工作1200多批，发挥了重要的作用。

央视《焦点访谈》栏目组记者现场采访宁波市药品检验所。4月2日，中央电视台综合频道《焦点访谈》栏目摄制组一行2人，在拍摄浙江省最大的由海曙区市场监管局破获的某健康产业有限公司保健食品虚假宣传案节目中，通过走进实验室了解到宁波药检所实验室工作流程规范、严谨，检验检测科学、公正。

免费组织辖区内企业参加宁波市药品检验所组织的“卡维地洛片含量测定（HPLC 法）”实验室能力比对，至今已连续组织了三年。并于 4 月份在市局的支持下，成功举办了全市药品生产企业检验能力提升工作座谈会，进行了实验比对结果的反馈分析和现场答疑。

成都市食品药品检验研究院

概　况

2019 年，成都市食品药品检验研究院（以下简称“成都市食药检研院”）坚持党的政治引领，以“控制风险、努力创收、和谐发展”总要求，圆满完成各项工作。

完成各类检品 65829 批，其中食品 58685 批；药品 6195 批；化妆品 801 批；空气洁净度报告 148 份。

出台《院食品抽检工作质量考核管理办法》；新增资质认定产品和参数 399 项；检验方法标准 284 项。通过实验室认可产品/项目 1889 项，累计参数 9306 个。能力验证和盲样考核 90 次（含国际验证 16 次），涉及参数 131 个。

认真履行市场监管总局食用农产品抽检监测总牵头机构职责；再次入选市场监管总局 2019～2021 年度本级食品安全抽检监测承检机构；驻荷花池快检室接受咨询服务 1200 余次；在全国中药材及饮片质量和检验工作研讨会上做报告发言；做好世警会、世大会等重大赛事食品药品安全和应急保障。

完成成都市食品生产企业生产管理规范体系检查及温江区重点餐饮服务单位食品安全风险评估项目；推进传统发酵调味品、乳制品和连锁餐饮企业在生产经营过程中关键风险识别及智能化风险预警、个性化风险防控研究。

检验检测

2019 年完成各级药品任务 6195 批（含国家级任务 377 批）；化妆品 801 批；空气洁净度报告 148 份；驻荷花池中药材市场检验研究室快检 45 批次。开展“风寒感冒颗粒”“磷酸奥司他韦颗粒/胶囊”药品国评项目 2 项；“替格瑞洛分散片”“艾司奥美拉唑镁肠溶口服干混悬剂”生物等效性研究项目 2 项。“风寒感冒颗粒”质量研究工作获国家药监局综合司“工作表现突出”表彰。完成《中国药典》（2020 年版）排毒养颜颗粒、橘红颗粒、橘红丸、橘红胶囊、橘红片等药品标准起草、西瑞香素等 10 个国家药品标准物质的质量监测及四川新绿色药业科技发展有限公司中药配方颗粒“决明子”等 30 个品种、90 个批次的复核检验工作。

科　研

申报科研和标准制修（订）67 项，新立项 20 项，其中四川省科技厅重点研发 1 项、应用基础研究 1 项，国家标准修订及标准物质研制 9 项，补充检验方法 1 项、市场监管总局科技计划项目 1 项，市风险研究项目 7 项。市场监管总局食品补充检验方法 2 项和快速检测方法 1 项获发布；申请专利 4 项，其中发明专利 3 项，实用新型专利 1 项；获省科学进步三等奖 1 项、发明专利 2 项、软件著作权 2 项。

重要会议活动

2019 年 7 月，由成都市食药检研院作牵头，联合成都中医药大学和中国科学院成都生物所申报的“中药材质量监测评价重点实验室”获批成为国家药监局首批重点实验室。2020 年 3 月顺利通过四川省药监局年度考核。

拥有全国首创中药材快速查询系统，中药数

字标本库收录标本量增至腊叶标本20038份、中药材标本7669份；中药大数据管理平台录入数字化中药材信息678种，数字化标本信息400多份，平台共录入图片150000余张。

上线拥有自主知识产权的中药材智能识别APP“照药镜”，支持中药材文字查询、语音识别、扫描识别、拍照识别，方法简单，操作方便，功能强大。

与德国药品法典委员会签订合作备忘录；推进《德国药品法典》黄柏、续断药材标准起草工作；参与起草的木瓜、玄参《欧洲药典》标准，已通过欧洲药典中药委员会评审；派员赴荷兰大学和乌德勒支大学开展为期21天的馆藏古中药材鉴定工作。

编撰出版了可作为药检机构、药品企业生产检验及科研院校教学的工具书——《中药材市场常见易混品种鉴别图集》。

厦门市食品药品质量检验研究院

概　况

2019年是厦门市食品药品质量检验研究院快速发展的关键之年，以能力建设为发展主线，求真务实、开拓创新，牢固树立科学检验理念，不断开拓进取，增强忧患意识和责任意识，将“四个最严”的精神贯彻到工作的方方面面，以检带研，各项工作有条不紊持续协调发展。作为全国文明单位，在国抽检验管理工作中表现突出，获国家药监局综合和规划财务司发文表扬。

检验检测

2019年，厦门市食品药品质量检验研究院共完成市药监局食品安全监督抽检和评价性抽检计划任务3092批次，发现不合格食品80批次；完成药品、保健食品、化妆品等各类产品检验任务2683批次，其中药品监督抽检1518批次（其中国家药品抽检任务332批次，省中药材及饮片专项抽检任务181批次，厦门市药品抽检1005批次），进口药品检验21批次，保健食品检验239批次，化妆品检验747批次，空气洁净度158批次，共发现不合格药品16批次，不合格化妆品4批次。全省首家获得食品中匹可硫酸钠项目检测资质，成为全国第一批取得该项目资质的检测机构，并展开专项抽检工作。为行政部门精准监管，依法查处假劣食品药品提供了有效技术支撑。

科　研

厦门市食品药品质量检验研究院首创甲苯咪唑咀嚼片红外鉴别方法被《国际药典》收载，并经42家实验室进行盲样测试，结果一致，在国际上系首次应用红外方法对口服片剂中的晶型进行鉴别，意义重大。

2019年国家药品抽检品种质量分析报告现场交流评议会上，我院承检的复方穿心莲片和倍他米松制剂，分别获得中药组全国第10名和化学药组全国第12名的好成绩。

《水产品中组胺的快速检测》《海产品（双壳类、腹足类、甲壳类）中7种脂溶性藻毒素的液质测定方法研究》《3D扫描技术在餐（饮）具卫生评价检测中的应用研究》等多项课题获得国家药监局及省药监局立项。

能力建设

在全省首家获得食品中匹可硫酸钠项目检测资质，成为全国第一批取得该项目资质的检测机构。2019年11月一次性完成700项食品检验参数扩项方法验证，经福建省市场监管局检验检测机构资质认定评审组现场审查，18类128项参数现场实验，均符合要求。共参加CNAS组织的能力验证7项、LGC组织的能力验证9项、上海市药品检验所组织的能力验证1项、中国检科院组织的能力验证1项、世界卫生组织实施的能力验证3项，结果均满意。

深圳市药品检验研究院（深圳市医疗器械检测中心）

概　况

深圳市药品检验研究院（深圳市医疗器械检测中心）（以下简称“深圳药检院”）是法定的药品、化妆品、医疗器械专业性检验和科研机构，面积15000平方米，仪器设备近3000台/套，享受国务院政府特殊津贴等专家群体80余人次，是国家口岸药品检验所，国家博士后科研工作站，全球第46家、中国第2家、地方第1家世界卫生组织药品质量控制预认证实验室。承接WHO等国际组织委托检验，进口药品检验，各级政府监督、评价抽检等，为监管和产业发展提供强有力的技术支撑。2019年，深圳药检院深入学习贯彻习近平总书记关于广东、深圳工作的重要讲话和指示批示精神，认真落实上级各项决策部署，稳步实施“质量化、标准化、品牌化、国际化”发展战略。“仿制药评价生物等效性研究重点实验室”“化妆品监测评价重点实验室”跻身国家药监局首批45家重点实验室行列；1人成为欧洲药典委员会委员，2人入选美国药学科学家学会会员；建成国际级、国家级、省级、市级资质平台28个；全年申请发明专利19项，取得作品著作权4项；发表学术论文50篇，其中SCI论文12篇，累计影响因子44.039；获广东省科技进步二等奖、深圳市标准奖等市级以上奖励8项，检验检测技术支撑和科研能力实现新跨越。

检验检测

全年完成药品、保健食品、化妆品、医疗器械等各类型检品14129批次。首次承担6个进口药品品种的注册检验任务；完成2个国家药品抽验品种，获2018年度国家药品抽检“检验组织工作表现突出单位”；完成国家总局本级保健食品专项抽检监测41批次；完成国家化妆品风险监测任务622批，完成量创历年新高；完成广东省化妆品风险监测543批次。出色完成“五指毛桃”应急检验任务，为案件侦办提供了及时准确的结果，获办案人员高度赞誉。全区域开展有源在用医疗器械专项评价抽检323批次，覆盖全市10个行政区。连续两年开展义齿专项评价抽检，全面评估义齿行业的加工质量和生产管理水平。

承担WHO、德国Action Medeor等非盈利组织的药品委托检验任务。多批次派员到韩国、美国、德国，为通用医疗、西门子等国际医疗器械企业开展注册检验服务。免费为企业出具医疗器械英文检测报告208份，助力本地医疗器械产品走出国门。

取得化妆品注册和备案检验机构资质。入选首批6家国家化妆品风险监测工作组成员单位之一。参与编写《化妆品注册和备案检验工作规范》《化妆品检验机构管理规范》等7项国家药监局指导性工作文件。

与中国食品药品检定研究院共同发起成立中国中药协会中药数字化专业委员会，成为全国地方药检系统唯一一家协会二级机构主委级单位。打造集中药传统文化展示、中药鉴别教学、用药安全科普、中药检验成果交流等功能为一体的现代化中药科普馆。研制开发中药检验智能化操作系统，实现中药检验自动化、信息化，推进中药质量控制现代化进程。

科　研

承担起草《国际药典》3个品种，其中2个品种通过审核，收载于《国际药典》第八版。完成“三品一械”标准起草、复核、验证等60项，药用辅料国家标准提高研究工作获国家药典委员会充分肯定和表扬。作为唯一一家地方药检机构参与港标第十一册研究工作，承担“明党参”“凌霄花”两个品种标准的制定工作。

全国首家独立从事 BE 临床试验研究机构——“深圳市瑞康药物临床试验与评价研究院”顺利揭牌、搭建“深圳市仿制药一致性评价生物等效性研究公共服务平台”，为医药企业提供 BE 临床试验设计与执行、生物样品检测及数据统计分析“三位一体”的全流程服务。搭建仿制药质量和疗效一致性评价技术与标准研究平台，开展 5 个品种的制剂工艺研究；牵头和参与国家、市级课题 2 项；首次承接国家药审中心指派的仿制药一致性评价品种“盐酸贝那普利片”抽样检验任务；截至 2019 年 12 月底，我市已有 9 个品种、12 个品规药品通过或视同通过仿制药一致性评价。

受邀参加第 19 届国际民族药理学大会、第 16 届胆碱能机制国际学术会、第六届中医药现代化国际科技大会、香港中药材标准国际专家委员会会议，相关工作获肯定；赴比利时、荷兰和德国开展化妆品、中药配方颗粒研究项目学术交流访问，国际合作交流纵深推进；接待德国药典委、美国药典会等国内外各相关机构参观、调研近 400 人次，硬件设施、实验环境、科研成果及实验室管理等工作获高度赞赏。

能力验证

继 2018 年正式成为全球第 46 家，中国第 2 家，地方第 1 家“WHO－PQ 认证”实验室后，正式向 WHO 提交第一份《WHO 质量控制实验室年度报告》，深圳药检院药品检测工作完全符合 PQ 相关要求，运行平稳。应 WHO 的邀请，国内首位 WHO－PQ 认证同行评审员参加大连市药品检验进行的 WHO－PQ 认证同行评审。受 WHO 委托，根据国家药监局统一安排，与越南国家药检院代表团一行 3 人开展为期 1 周的“实验室信息管理系统（LIMS）在药检实验室应用”交流学习，各项工作得到对方高度赞赏，并发来感谢信。

完成实验室认可标准变更和广东省资质认定标准变更各 2 项，截至 2019 年 12 月 31 日，获实验室认可 714 项 384 类产品、国家资质认定 119 项 363 类产品、广东省资质认定 1097 项。完成包括《管理手册》在内的所有管理体系文件的改版修订工作，修订程序文件 537 份，新增程序文件 26 份。创新性将质量类外部文件纳入 LIMS 受控管理，进一步加强外部文件控制。兼顾符合 GPPQCL 对仪器设备性能确认要求，完成 2000 余台（套）仪器性能确认，确保设备满足检验的要求；参加 WHO、EDQM、DRRR、LGC 等国内外能力验证、实验室间比对活动 59 项，均获“满意”结果。

南京市食品药品监督检验院

检验检测

截至 12 月 31 日，累计完成药品市抽检验 1736 批，不合格 9 批，不合格率 0.52%；药品全检率 84.45%；完成保健食品风险监测 50 批，问题样品 2 批，检出率 4%；非法添加 568 批，不合格 486 批，不合格率 85.56%；国抽检验 309 批，不合格 5 批，不合格率 1.62%；省抽检验 466 批，不合格 1 批，不合格率 0.21%，全检率 97.00%；委托检验 1406 批，不合格 20 批，不合格率 1.42%；洁净度检测 43 批；快检 1017 批。共完成 4578 批检验任务，完成全年 5000 批的 91.56%，完成全年 1000 批快检的 101.7%。

2019 年首次承担国家药品专项抽检任务——地塞米松磷酸钠三种剂型的监督检测和探索性研究工作。本次抽检共收到 309 批样品，其中注射液 289 批，涉及企业 22 个，两种规格，批准文号 42 个；注射用地塞米松磷酸钠 13 批，规格为 5mg，涉及企业 2 个，批准文号 2 个；地塞米松磷酸钠滴眼液 7 批，规格为 5ml：1.25mg，涉及企业 1 个，批准文号 1 个。共检出 5 批样品不合格；完成国抽样品抽样 120 批次；提交风险提示函一份，目前国家药监局药品司根据 2019 年上报风险提示函，已对涉案药企开展专项检查。

2019 年首次承担省药监局南京市生产、经营环节共 100 批次化妆品的监督抽检任务，此次化妆品监督抽检工作涉及的品种主要为祛痘/抗粉刺类、面膜类、祛斑/美白类、国产非特一般护肤品等。截至 10 月底，省抽化妆品检验任务共 100 批次，不合格 1 批，不合格率 1.00%。

党风廉政建设

2019 年，围绕凝聚人员思想、推动整体发展持续用力。一是抓实学习教育。“学习强国”下发《整改意见》，督促常态自学；“不忘初心、牢记使命”主题教育集中学习、主题党日层层递进，引导岗位奉献；连续 5 个月学习新中国史、党史，敦清思想迷雾；追踪学好十九届四中全会精神，认真领会内涵。二是夯实组织制度。签订《党建工作目标责任书》，压实各级责任；落实“三会一课”，每次集中学习有计划、有主题、有要求、有落实；积极发扬民主，评选党内表彰、党代会代表全程公开透明。三是切实统一思想。融入系统开展“两个大讨论”，拍摄院岗位履职宣传片，鼓舞工作干劲。庆祝祖国 70 华诞邀请市宣讲团成员授课、开展“同升国旗、同唱国歌”活动、观看国庆献礼影片，积极唱响主旋律。四是落实廉政监督。与科室签订廉政目标责任书，强化“一岗双责”；梳理《廉政风险排查防控措施》，强化“刚性”约束；组织关键岗位人员廉政谈话，强化廉洁意识；发放廉政监督卡加强一线人员廉政监督，强化纪律要求。五是务实开展主题活动。寻访溧水李巷等红色资源点，走访南京同仁堂药业等企业，激发党员建党热情。投入 4.3 万余元创建党员活动室，打造新阵地。组织三八节活动、五四主题团日拓展，与院民主党派座谈，真心关怀服务。六是扎实开展文明创建。积极创建省级文明单位，组织义务植树、志愿者网上注册、义务献血等活动，完成廉政建设和核心价值观文化墙制作，开展实验室开放日和安全用药进社区活动，现已通过申报公示，取得阶段性成果。

能力建设

2019 年南京市食品药品监督检验院购置食品药品检验设备共计 256 台套，采购金额约 2740 万元，设备原值已近 1 亿 5 千万元。3 月通过实验室资质认定评审，完成检验能力扩项 391 项参数，全覆盖国家总局食品、食用农产品、保健食品及特殊食品 2019 年版抽检监测细则。11 月底通过实验室认可监督扩项评审，评审组确认了原有食品、药品两个领域的全部参数，并推荐扩项食品、药品、化妆品三个领域共计 252 项参数。

重要会议活动

成功获批和中标药品国抽承检机构。2019 年初成功被国家药监局批复为国家药品抽检承检机构，是全国第一家非口岸所的副省级检验机构承担此项任务。

开展能力扩项，提升技术支撑能力。3 月底，通过材料准备、网上申报、现场评审，取得 391 项检测能力参数，其中非食品领域：药品 3 项、化妆品 114 项，共计 117 项参数，进一步补充完善了《中国药典》（2015 年版）和化妆品的检测方法标准，提升检测能力，为行政监管做好技术支撑。12 月初顺利通过国家实验室认可监督扩项现场评审，最终获批了共 3 个领域 560 项参数和 14 个食品产品，其中药品 95 项，新增化妆品领域 57 项参数。

积极开展科研和标准工作。一年来，根据市场监管需求，积极开展各类科技标准研究，和中国药科大学、南京师范大学、南京农业大学、南京大学等深入开展科研合作。首次开展药品微生物检验方法学验证工作，帮助省中医院制定“四黄软膏”和艾丽康药业制定“氨苯砜”微生物验证资料；完成常州所第二批复核 9 个品种，27 个批次复核，并完成复核意见；参与完成仿制药一致性评价复核工作，完成阿莫西林胶囊仿制药与原研药溶出度结果比对。成功获批 2020 年药品国抽品种—磷霉素制剂。

主动对接市局业务科室和市公安局食药环支队。南京市食品药品监督检验院主动对接市场监管局行政审批服务处、科技与信息化处、药械抽检与风险监测管控处、食品安全抽检监测处等多个处室，和各部门结合其工作职责进行沟通和交流，更好地在食品抽检、药品抽检、不良反应监测、科技标准创新、信息化建设、食品生产经营许可等工作中予以技术支撑；院领导带队到市公安局食药环支队充分了解公安在非法添加及各类案件查处中的需求，高效完成食药案件查处中的检验工作。

积极拓展食品药品委托业务。完成 40 家药品企业委托协议的签订，为企业提供出厂检验服务，帮助企业提升检验水平，提高药品质量。

附　录

获奖与表彰

2019 年集体获奖情况

2019 年授予办公室等 7 个部门“2019 年中国食品药品检定研究院先进集体”荣誉称号，授予食品检定所生物检测室等 18 个科室“2019 年度中国食品药品检定研究院优秀科室”荣誉称号。

2019 年个人获奖情况

2019 年授予肖妍等 62 名同志“2019 年度中国食品药品检定研究院先进个人”荣誉称号，授予张玉等 39 名同志“2019 年度中国食品药品检定研究院优秀员工”荣誉称号。

论文论著

2019 年出版书籍目录

序号	书名	书号（ISBN）	主编	副主编	编委	出版社	出版日期
1	药品检验仪器操作规程及使用指南	978-7-5214-1172-0	张志军	孙磊等	于健东等	中国医药科技出版社	2019.8
2	中国药品检验标准操作规范（2019 年版）	978-7-5214-1171-3	张志军	孙磊等	于健东等	中国医药科技出版社	2019.8
3	食品检验操作技术规范（理化检验）	978-7-5214-1170-6	路勇	丁宏，王海燕	黄传峰，董亚蕾	中国医药科技出版社	2019.8
4	食品检验操作技术规范（微生物检验）	978-7-5214-1177-5	路勇	崔生辉	赵琳娜，任秀，白继超，王亚萍	中国医药科技出版社	2019.8
5	探秘三七	978-7-117-28917-7	马双成	康帅，曲淼，刘永利，徐士奎，张晟	李彤亮，连超杰，张南平，陈虹	人民卫生出版社	2019.1
6	生物制品检验技术操作规范	978-7-5214-1173-7	王佑春，张志军	沈琦，徐苗	丁有学，丁晓丽，于雷，马霄，马秋平，王兰，王玲，王威，王斌，王云鹏，王丽婵，王春娥，王敏力，王绿音，王箐舟，毛群颖，卞莲莲，方鑫，孔艳，石继春，石磊泰，卢锦标，叶强，田万红，史新昌，付丽丽，权娅茹，毕华，吕萍，刘兰，刘艳，刘欣玉，刘悦越，刘晶晶，江征，孙亮，孙悦，苏城，杜加亮，李加，李红，李响，李萌，李康，李晶，李懿，李长贵，李玉华，李永红，李亚南，李江姣，李茂光，李湛军，杨蕾，杨英超，杨靖清，吴星，邱少辉，何鹏，余晴川，辛晓芳，沈小兵，张伟，张峰，张		

续表

序号	书名	书号（ISBN）	主编	副主编	编委	出版社	出版日期
					慧，张影，张华捷，张园园，陈莹，陈琼，陈度宇，武刚，范文红，国泰，周勇，周倩，郑红梅，赵卉，赵爱华，郝杰，胡玥，胡忠玉，侯继锋，俞小娟，饶春明，姚文荣，秦玺，都伟欣，贾丽丽，徐潇，徐可铮，徐宏山，徐康维，徐颖华，高帆，高加梅，郭莹，陶磊，曹守春，崔晓雨，梁成罡，梁争论，梁昊宇，梁誉龄，董思国，韩春梅，喻钢，鲁旭，曾明，蔡彤，裴德宁，管利东，谭亚军，魏东	中国医药科技出版社	2019. 8
7	医疗器械安全通用要求检验操作规范	978-7-5214-1217-8	张志军	杨昭鹏，余新华，施燕平，何骏，孟志平，陈鸿波，郑佳	柯林楠，黄元礼，付步芳，史建峰，韩倩倩，连环，陈丹丹，王春仁，卢大伟，冻亮，王权，李澍，李佳戈，苑富强	中国医药科技出版社	2019. 8
8	体外诊断试剂检验技术	978-7-5214-1175-1	张志军，王佑春	杨振，龚声瑾，王会如，黄鸿新，白东亭	孙彬裕，李丽莉，周诚，郭世富，黄杰，黄颖，于洋，于婷，石大伟，田亚宾，曲守方，刘艳，刘东来，许四宏，孙楠，李克坚，谷金莲，沈舒，张瑾，张文新，周海卫，郝晓甜，胡泽斌，贾峥，夏德菊，高飞，辜文洁，蓝海云等	中国医药科技出版社	2019. 8
9	药用辅料和药品包装材料检验技术	978-7-5214-1176-8	张志军	孙会敏，邹健，杨会英，赵霞，杨锐	王珏，王颖，刘艳林，齐艳菲，江颖，汤龙，许凯，孙会敏，李海亮，李婷，李樾，杨会英，杨锐，宋晓松，张朝阳，赵燕君，赵霞，贺瑞玲，黄雅理，谢兰桂	中国医药科技出版社	2019. 11

续表

序号	书名	书号（ISBN）	主编	副主编	编委	出版社	出版日期
10	《Toxicologic Pathology: Nonclinical Safety Assessment》（毒理病理学：非临床安全性评价）	978-7-5304-9845-3/R 2517	吕建军，王和枚*，刘克剑*，乔俊文*，孔庆喜*	王三龙，张连珊*，尹纪业*，刘兆华*，邱爽*	王蕾*，兰秀花*，吕艾*，乔艺然*，刘淑洁*，杨艳伟*，严建燕*，吴晓静*，何杨*，张頔，张思明*，张海飞*，陆姮磊*，陈珂*，陈涛*，陈梦*，林志，苗玉发，罗曼*，周大鹏*，屈哲，赵煜*，侯敏博*，姚芳*，崔庆飞*，崔甜甜*，淡墨，盖仁华*，董延生*，富欣*，谭玉军*，谭荣荣*，潘东升，霍桂桃	北京科学技术出版社	2018. 12
11	药检系统实验室文化管理体系建立与维护	978-7-03-060212-1	张河战，肖静	陈旻*，廖斌*	王青，王迪，王冠杰，冯克然，巩薇，刘巍，李健，李丽莉，张洁，项新华，赵霞	科学出版社	2018. 12
12	实用中药材传统鉴别手册（第一册）	978-7-117-28279-6	马双成，魏锋	余坤子，张南平	张萍，严华，麻思宇，程显隆	人民卫生出版社	2019. 7

注：*代表外单位人员。

2019 年发表论文目录

序号	题目	作者	杂志名称	年份，期、卷号，起止页码	SCI 影响因子
1	基于 DRS origin 的替代标准物质法研究——以超高效液相色谱测定乳香中 11 - 羰基 - β - 乳香酸和11 - 羰基 - β - 乙酰乳香酸的含量为例	孙彩林，孙磊#，王赵，金红宇，马双成#	中国药学杂志	2019（17）：1411 - 1417	—
2	气相指纹图谱结合化学计量学分析在中药鉴别中的应用——以 3 种乳香为例	于新兰*，李革*，孙磊#	中国药事	2019（04）：460 - 465	—
3	国家药品评价性抽验通滞苏润江制剂质量分析及建议	于新兰*，王雪*，冯春蕾*，于睿*，徐鸿*，陈媛媛*，周洋*，孙磊#	中国药事	2019（03）：275 - 282	—
4	The current status of alternative methods for Cosmetics Safety Assessment in China	罗飞亚，苏哲，吴景，张凤兰，邢书霞，王钢力#，路勇	ALTEX - ALTERNATIVES TO ANIMAL EXPERIMENTATION	2019，36（1）：136 - 139	6.183
5	Lipoic Acid Facilitates Learning and Memory in Aged Mice	裴新荣，董宇琪*，罗飞亚，邢书霞，王学硕，吕冰峰#	Journal of Food and Nutrition Research	2019，7：778 - 784	0.97
6	化妆品安全技术规范修订工作介绍	吴景#，李琳	中国食品药品监管	2019（7）：91 - 94	—
7	超高效液相色谱 - 串联质谱法测定牛源性酪蛋白方法中酶解条件的优化及酶解性能的评价	孙姗姗，李婷婷，陈启*，罗娇依，李刚，曹进#	理化检验（化学分册）	2019，55（10）：1157 - 1163	—
8	乳粉及乳制品中酪蛋白含量及产地关联性的分析	孙姗姗，李刚，罗娇依，梁瑞强，曹进，陈启*，刘英华*#	中国食物与营养	2019，25（10）：20 - 25	—
9	不同地域来源乳粉及乳制品中乳铁蛋白含量分析	孙姗姗，罗娇依，李刚，梁瑞强，曹进，陈启*，刘英华*#	中国食物与营养	2019，25（08）：20 - 25	—
10	高效液相色谱法测定保健食品原料和产品中角鲨烯的含量	罗娇依，李刚，孙姗姗，梁瑞强，董亚蕾，曹进#	食品安全质量检测学报	2019，10（1）：146 - 151	—
11	Q - Orbitrap 高分辨质谱快速筛查及定量分析改善睡眠类保健品中非法添加的 18 个药物成分	董喆，李梦怡，张会亮，孙姗姗，丁宏，曹进#	药物分析杂志	2019，39（2）：310 - 318	—
12	信阳毛尖茶叶中矿物元素的主成分分析和品质评价	董喆，李梦怡，胡越，丁宏，曹进#	食品安全质量检测学报	2019，10（1）：141 - 145	—
13	大米粉中总砷含量测定的能力验证研究	李梦怡，胡越，张隆龙，张会亮，董喆#	食品安全质量检测学报	2019，10（1）：107 - 110	—
14	婴幼儿配方乳粉中维生素 PP 含量测定盲样考核研究	李红霞，李硕#，李莉#，王海燕，曹进，丁宏	食品安全质量检测学报	2019，10（1）：102 - 106	—

续表

序号	题目	作者	杂志名称	年份，期、卷号，起止页码	SCI 影响因子
15	高效液相色谱法测定大豆磷脂类保健食品中磷脂酰胆碱含量	刘彬丽，唐亚利，金绍明，宁霄，曹进#	食品安全质量检测学报	2019，10（1）：90-94	—
16	肉糜中苯甲酸、山梨酸测定能力验证研究	唐亚利，刘彬丽，金绍明，宁霄，曹进#	食品安全质量检测学报	2019，10（1）：95-101	—
17	高效液相色谱法同时测定果冻、口香糖和明胶囊壳中11种合成着色剂及其8种铝色淀	赵梅，黄丙楠*，曹进，刘素丽，王宏伟，钮正睿#	食品安全质量检测学报	2019，10（1）：31-39	—
18	同位素稀释液相色谱-串联质谱法测定食品中的5种环境类雌激素	宁霄，金绍明，唐亚利，刘彬丽，曹进#，丁宏#	食品质量安全检测学报	2019，10（1）：40-47	—
19	超高效液相色谱-串联质谱法测定酒和功能饮料中3种西地那非衍生物的含量	金绍明，宁霄，曹进#，丁宏	食品质量安全检测学报	2019，10（1）：79-83	—
20	非标记蛋白定量方法在掺假肉鉴别中的应用	金绍明，宁霄，曹进#，丁宏	食品质量安全检测学报	2019，10（1）：71-74	—
21	Novel Targeted Anti-Tumor Nanoparticles Developed from Folic Acid-Modified 2-Deoxyglucose	Shaoming Jin，Zhongyao Du*，Huiyuan Guo*，Hao Zhang*，Fazheng Ren* and Pengjie Wang*#	International Journal of Molecular Sciences	2019，20（3）：697	3.687
22	2-Deoxyglucose-Modified Folate Derivative：Self-Assembling Nanoparticle Able to Load Cisplatin	Shaoming Jin，Zhongyao Du*，Pengjie Wang*，Huiyuan Guo*，Hao Zhang*，Xingen Lei* and Fazheng Ren*#	molecules	2019，24（6）：1084	3.098
23	食品中基体标准物质研究进展	刘素丽，王宏伟，赵梅，曹进，黄丙楠*，钮正睿#	食品安全质量检测学报	2019，10（1）：8-13	—
24	食品中非法添加工业染料危害的研究进展	王宏伟，刘素丽，赵梅，曹进，黄丙楠*，钮正睿#	食品安全质量检测学报	2019，10（1）：1-7	—
25	食品中肌醇的检测方法研究进展	房子舒，黄传峰#	食品安全质量检测学报	2019，10（1）：14-18	—
26	高效液相色谱-串联质谱法测定功能饮料中肌醇的含量	黄传峰，张会亮，房子舒，孙晶*，林思静，王海燕#，曹进，丁宏	食品安全质量检测学报	2019，10（4）：1064-1070	—
27	茶叶中甲氰菊酯测定能力验证中结果评价方式的选择	张会亮，李娜，高晓明，项新华，王海燕#	化学分析计量	2019（4）：98-102	—
28	高效液相色谱-质谱法测定畜肉中的卡拉胶	张会亮，黄传峰，李佩璇，江丰，孙姗姗，丁宏，曹进	食品科学	2019（10）：298-303	—

续表

序号	题目	作者	杂志名称	年份，期、卷号，起止页码	SCI 影响因子
29	微波消解－电感耦合等离子体质谱法同时测定沙棘汁饮料中18种无机元素	董亚蕾，刘钊，高文超，王海燕，曹进，丁宏	食品安全质量检测学报	2019，10（01）：25－30	—
30	中国食品安全检查员监管制度构建探索	李波#，李雪*，刘师卜，肖平辉*，宋元德*，侯田田	食品科学	2019，40（15）：352－358	—
31	Synthesis and Biological Evaluation of Fangchinoline Derivatives as Anti－Inflammatory Agents through Inactivation of Inflammasome	Ting Liu（刘婷），Qingxuan Zeng*，Xiaoqiang Zhao*，Wei Wei*，Yinghong Li*#，Hongbin Deng*#，and Danqing Song*#	Molecules	2019，24（6）：1154	3.06
32	直接肽反应试验及其研究进展	梅承翰*，庄慧敏*，刘师卜，牛厚菊*，刘婷#	中国医药生物技术	2018，13（6）：556－559	—
33	皮肤致敏试验替代方法研究进展	梅承翰*，谭红*，杨鸿波*，陈蓓蓓*，刘师卜，刘婷#	日用化学工业	2019，49（6）：393－397，402	—
34	Characterization of an Oxacillin－Susceptible mecA－Positive Staphylococcus aureus Isolate from an Imported Meat Product	Rong Luo，Linna Zhao，Pengcheng Du*，Haipeng Luo，Xiu Ren，Pang Lu*，Shenghui Cui，1 and Yanping Luo*	MICROBIAL DRUG RESISTANCE	2019，19：1－5	2.4
35	北京市售鸽肉中大肠埃希菌和沙门菌分离鉴定及耐药性分析	谢冠东，骆海朋，任秀，陈怡文，余文，崔生辉	食品安全质量检测学报	2019，10（1）：48－53	—
36	食品中副溶血性弧菌检验能力验证样品的研制及其应用	刘娜，骆海朋，陈怡文，任秀，崔生辉	食品安全质量检测学报	2019，10（7）：1816－1820	—
37	Identification and Quantification of Nonviable Lactobacillus pentosus Cells in a Health Food Product	Na Liu，Wei Zhou*，Chune Wang，Xiu Ren，Haipeng Luo，Yiwen Chen，Guandong Xie，Wen Yu，shenghui cui	Journal of AOAC International	2020，103（1）：223－226	1.2
38	16S rRNA 基因序列、生化鉴定、质谱3类方法鉴定常见微生物的结果分析	刘娜，赵琳娜，张伟，骆海朋，谢冠东，陈怡文，余文，任秀，崔生辉	食品安全质量检测学报	2019，10（1）：59－63	—
39	三种基质辅助激光解吸电离飞行时间质谱系统对常见微生物鉴定结果的比较	赵琳娜，张伟，刘娜，崔生辉	中华检验医学杂志	2019，42（8）：60－64	—
40	菌落总数质控样的制备及其在能力验证中的应用	陈怡文	食品安全质量检测学报	2019（12）：3772－3776	—
41	基于分子对接及酶抑制作用预测羟基芫花素肝毒性风险	汪祺，王亚丹，杨建波，刘越*，文海若，马双成#	中国新药杂志	2019，28（18）：2251－2255.	—

续表

序号	题目	作者	杂志名称	年份，期、卷号，起止页码	SCI 影响因子
42	基于代谢酶考察何首乌与制何首乌肝毒性差异	汪祺，王亚丹，杨建波，刘越*，文海若，马双成#	中国新药杂志	2019，28（15）：1858－1863	—
43	基于 UGT1A1 抑制作用考察大黄素肝毒性作用	汪祺，杨建波，刘越*，文海若，马双成#	药物分析杂志	2019，39（7）：1177－1184	—
44	基于体外实验技术评价芫花素肝毒性风险	汪祺，王亚丹，杨建波，刘越*，文海若，马双成#	中国现代中药	2019，21（7）：909－912	—
45	基于分子对接和体外大鼠肝微粒体抑制实验综合考察何首乌中潜在肝毒性成分研究	汪祺，李勇*，王亚丹，文海若，马双成#	药物评价研究	2019，42（40）：635－640	—
46	基于体外肝代谢考察大黄素甲醚肝毒性作用	汪祺，王亚丹，杨建波，刘越*，文海若，马双成#	中国中药杂志	2019，44（11）：2367－2372	—
47	基于分子对接及体外抑制实验预测芹菜素潜在药物相互作用	汪祺，王亚丹，杨建波，刘越*，文海若，马双成#	中国中药杂志	2019，44（18）：4043－4047	—
48	基于 UGT1A1 酶抑制探讨何首乌中顺（反）式二苯乙烯苷体外肝微粒体中潜在毒性作用	汪祺，王亚丹，文海若，马双成#	中国现代中药	2019，21（3）：300－304	—
49	活血止痛散中乳香基原研究	聂黎行，孙磊，戴忠，张毅*，马双成#	食品与药品	2018，20（6）：401－403	—
50	基于 ICP－MS 和对照制剂的牛黄清胃丸中重金属及有害元素残留量测定及风险评估	聂黎行，查祎凡，左甜甜，金红宇，于健东，戴忠，马双成#	中国中药杂志	2019，44（1）：82－87	—
51	牛黄清心丸（局方）中樟脑限量的检查方法研究	聂黎行，戴忠#，马双成#	医药导报	2019，38（2）：235－237	—
52	WHO 国际植物药监管合作组织（IRCH）第二工作组章程介绍	聂黎行，戴忠，马双成#	世界中医药	2019，14（1）：236－238	—
53	基于吸收系数的生脉注射液中聚山梨酯 80 含量测定新方法	聂黎行，常艳，戴忠#，马双成#	光谱学与光谱分析	2019，39（1）：199－203	0.326
54	基于高效液相色谱波长切换技术评价活血止痛散中当归和乳香质量	聂黎行，戴忠#，马双成#	中国医院药学杂志	2019，39（6）：557－560	—
55	活血止痛胶囊中乳香来源鉴别方法研究	聂黎行，孙磊，戴忠#，马双成#	中国医药导报	2019，16（9）：114－116	—
56	HPLC 波长切换法在活血止痛胶囊质量评价中的应用	聂黎行，戴忠#，马双成#	中国新药杂志	2019，28（6）：745－749	—
57	应用近红外光谱技术快速评价牛黄清胃丸质量	聂黎行，查祎凡，刘燕，戴忠，张毅*，马双成#	药物分析杂志	2019，39（7）：1330－1335	—

续表

序号	题目	作者	杂志名称	年份，期、卷号，起止页码	SCI 影响因子
58	HPLC-波长切换法同时测定牛黄清胃丸中7个成分的含量	吴志芳*，聂黎行#	中国药房	2019，30（13）：1744-1748	—
59	生脉注射液化学物质基础研究（Ⅰ）-化学成分的定性鉴别	聂黎行，刘瑞，李静，戴忠#，王钢力，马双成#	中国药学杂志	2019，54（17）：1387-1394	—
60	基于对照制剂的抗宫炎片质量评价新模式的探讨	邬秋萍*，许妍*，罗跃华*，周国平*，周志强*，袁铭铭*，聂黎行#	药物分析杂志	2019，39（10）：1762-1770	—
61	基于对照制剂的沉香化气丸多组分含量测定研究	陈馥*，周颖仪*，李华*，聂黎行#，戴忠，马双成#	药物分析杂志	2019，39（10）：1751-1761	—
62	牛黄清胃丸对照制剂的建立	聂黎行，查祎凡，何风艳，刘静，李静，戴忠，于健东，马双成#	药物分析杂志	2019，39（10）：1738-1750	—
63	基于2018年国家药品抽验探讨中药原粉制剂的质量现状	聂黎行，查祎凡，李静，于健东，戴忠#，马双成#，朱炯	中国药学杂志	2019，54（19）：1617-1621	—
64	3种检测限测定方法在薄层色谱中的应用比较	何风艳，李静，何轶#，郑笑为，戴忠，马双成#	中国药学杂志	2019，54（18）：1515-1519	—
65	基于网络药理学的红花注射液用红花药材质量控制方法研究	胡晓茹，郑海荣*，党海霞*，胡秦*，康帅，戴忠#，马双成#	药学学报	2019，54（11）：2074-2082	—
66	含牛黄中成药的质量控制现状	胡晓茹，刘晶晶，戴忠#，马双成#	中国药学杂志	2019，54（17）：1374-1379	—
67	活血止痛制剂中三七的专属性鉴别方法研究	王峰，聂黎行，于健东，戴忠，马双成#	中国药事	2019，33（7）：760-766	—
68	牛黄清胃丸中麦冬掺伪情况研究	王峰，何轶，于健东，戴忠，马双成#	中国药学杂志	2019，54（16）：1332-1335	—
69	雷公藤制剂的化学成分及质量研究现状	王亚丹，汪祺，张建宝，戴忠，林娜，吴先富，马双成#	中国中药杂志	2019，44（16）：3368-3373	—
70	鸡血藤饮片质量控制研究	刘静，郭日新，王晓静*，张南平，康帅，彭开锋，张鹏，戴忠#，马双成#	中国药事	2019，33（5）：534-543	—
71	鸡血藤研究进展	刘静，王晓静*，戴忠#，马双成#	中国药事	2019，33（2）：188-194	—
72	基于国家药品抽验工作的中成药质量和安全问题分析	刘静，王翀，冯磊，朱炯，戴忠#，马双成#	中国现代中药	2019，21（3）：279-283	—

续表

序号	题目	作者	杂志名称	年份，期、卷号，起止页码	SCI 影响因子
73	Quality analysis of Longdan Xiegan Pill by a combination of fingerprint and multicomponent quantification with chemometrics analysis	Liu Jing, Liu Hui*, Dai Zhong#, Ma Shuangcheng#	Journal of Analytical Methods in Chemistry	2018, 4105092	1.589
74	龙胆泻肝丸中马兜铃酸Ⅰ的液质联用法检测分析	刘静，刘汇*，姚令文，戴忠#，马双成#	世界科学技术—中医药现代化	2019, 21 (7): 1312－1317	—
75	马兜铃酸类成分研究进展	刘静，郭日新，戴忠，马双成#	世界科学技术—中医药现代化	2019, 21 (7): 1286－1292	—
76	马兜铃酸类成分检测与分析研究进展	刘静，戴忠，程显隆，魏锋，马双成#	药物评价研究	2019, 42 (8): 1644－1650	—
77	环烯醚萜类化合物的结构和生物学活性研究进展	王菲菲，张聿梅，郑笑为，戴忠，刘斌，马双成	中国药事	2019, 33 (3): 91－98	—
78	薄荷属3种植物及变种的性状鉴别、化学成分分析及DNA条形码研究比较	王菲菲，刘杰，何风艳，张南平，何铁，李静，张聿梅，郑健，马双成	药学学报	2019, 54 (11): 2083－2088	—
79	中药质量等级评价研究进展	钱秀玉，聂黎行，戴忠，马双成#	药物分析杂志	2019, 39 (10): 1724－1737	—
80	基于UPLC和对照制剂的牛黄清胃丸指纹图谱研究和等级初评价	查祎凡，聂黎行，于健东#，戴忠，马双成	中国药学杂志	2019, 54 (17): 1438－1441	—
81	基于对照制剂的牛黄清胃丸中冰片的质量评价	查祎凡，聂黎行，于建东#，戴忠，马双成	中成药	2019, 41 (11): 2753－2756	—
82	用次生代谢物指纹图谱法区分不同用途红曲的可行性探索	王明娟，康帅，刘璇*，王旭*，刘鹏，戴忠#，马双成#	药学学报	2019, 54 (2): 354－359	—
83	车前子及其混淆品的微观特征荧光鉴别研究	罗晋萍*，宁红婷*，郭景文*，康帅#，张南平，连超杰，马双成	中国药房	2019, 30 (5): 665－671	—
84	《神农本草经》等古代本草中木香基原考证	张南平，余坤子，康帅，连超杰，陈虹，马双成#	中国药事	2019, 33 (2): 172－176	—
85	冬虫夏草人工繁育品与野生冬虫夏草DNA条形码比较研究	过立农，刘杰，袁航，昝珂，郑健，马双成，钱正明，李文佳	药物分析杂志	2019, 39 (1): 147－155	—
86	基于UPLC特征图谱及主要成分含量的3种肉苁蓉比较研究	高妍，过立农，马双成，刘杰，郑健，昝珂	中国中药杂志	2019, 44 (17): 3749－3757	—
87	全国肉苁蓉饮片专项抽验情况分析与研究	高妍，伊辛，过立农，唐琳娜，芦进财，刘杰，马双成，郑健，昝珂	中国药事	2019, 33 (6): 679－685	—

续表

序号	题目	作者	杂志名称	年份，期、卷号，起止页码	SCI 影响因子
88	基于国家药品评价性抽验的全国重楼饮片质量情况分析与研究	高妍，李德旺，过立农，刘杰，马双成，郑健，昝珂	中国药事	2019，33（7）：754－759	—
89	当心"白富美"中药——防硫毒	高妍	中国食品药品监管	2019（7）：95－97	—
90	云南重楼 UPLC 特征图谱研究	高妍，李德旺，过立农，马双成，刘杰，郑健，昝珂	中国食品药品监管	2019（8）：26－32	—
91	A compression behavior classification system of pharmaceutical powders for accelerating direct compression tablet formulation design	Shengyun Dai，Bing Xu*#，Zhiqiang Zhang*，Jiaqi Yu*，Fen Wang*，Xinyuan Shi*，Yanjiang Qiao*#	International Journal of Pharmaceutics	2019，572：1－15	4.213
92	A proposed protocol based on integrative metabonomics analysis for the rapid detection and mechanistic understanding of sulfur fumigation of Chinese herbal medicines	Dai Shengyun，Wang Yuqi*，Wang Fei*，Mei Xiaodan*，Zhang Jiayu*#	RSC Advances	2019，9：31150－31161	3.049
93	全国 10 种中药材品种中亚硫酸盐残留量的初步风险评估	许玮仪，于江泳*，王莹，金红宇#，孙磊，马双成#	中国药事	2019，33（5）：513－518	—
94	大黄配方颗粒质量分析及标准建议	许玮仪，左甜甜，王莹，李耀磊，金红宇#，马双成#	中国药事	2019，33（6）：670－674	—
95	采用 APGC－QTof 建立中药材中 71 种常见农药的快速筛查法	王赵，王莹，郑征伟，孙磊，金红宇#，马双成#	药物分析杂志	2018，38（12）：2152－2159	—
96	金银花配方颗粒评价性抽验结果分析与建议	王赵，李耀磊，李静，许玮仪，金红宇#，马双成#	中国药事	2019，33（5）：528－533	—
97	金银花配方颗粒中农药多残留筛查研究	王赵，金红宇#，李耀磊，李静，许玮仪，马双成#	中国中药	2019，44（15）：3287－3296	—
98	新版《进口药材管理办法》解读	刘丽娜，张体灯*，金红宇，王海南#，马双成#	中国药事	2019，33（8）：846－850	—
99	Quality evaluation of Lycium barbarum（wolfberry）from different regions in China based on polysaccharide structure，yield and bioactivities	王莹，金红宇，董晓旭，杨爽*，倪健#，马双成#	Chinese Medicine	2019，14：49－58	2.38
100	注射用黄芪多糖相对分子质量测定方法的比较及研究	王莹，许玮仪，李丽潇*，金红宇，倪健，马双成#	药学学报	2019，54（02）：348－353	—

续表

序号	题目	作者	杂志名称	年份，期、卷号，起止页码	SCI 影响因子
101	国产人参中农药残留风险评估	王莹，王赵，岳志华*，金红宇#，孙磊，马双成#	中国中药杂志	2019，44（7）：1327－1333	—
102	人参中五氯硝基苯残留的加工因子测定及其在膳食暴露评估中的应用	王莹，李耀磊，于新兰*，王赵，金红宇#，马双成#	中成药	2019，41（2）：368－373	—
103	人参中禁用农药多残留检测方法的建立与样品筛查	屈浩然，金红宇，卢建秋，马双成#	中国药学杂志	2019，44（17）：1395－1401	—
104	基于 DRS origin 的替代标准物质法研究——以超高效液相色谱测定乳香中 11－羰基－β－乳香酸和 11－羰基－β－乙酰乳香酸的含量为例	孙彩林，孙磊，王赵，金红宇#，马双成#	中国药学杂志	2019，44（17）：1411－1417	—
105	Arsenic species in Cordyceps sinensis and its potential health risks	李耀磊，刘越，韩笑*，金红宇#，马双成#	Frontiers in Pharmacology	2019，10：1471	3.845
106	冬虫夏草及产区土壤中 5 种重金属及有害元素污染评价	李耀磊，徐健，金红宇#，韩笑#，安丽萍，马双成	药物分析杂志	2019，39（4）：677－684	—
107	药品中重金属及有害元素残留检测能力验证结果评价模式探讨	李耀磊，金红宇#，项新华，马双成#	中国中药杂志	2019，44（8）：1724－1728	—
108	电感耦合等离子体质谱测定法中汞元素记忆效应与稳定性研究	李耀磊，金红宇，韩笑*#，马双成	中国药学杂志	2019，54（1）：53－57	—
109	铅、镉、砷、汞、铜混合对照品溶液的定值及不确定度评估研究	李耀磊，唐秋竹*，金红宇#，刘丽娜，韩笑*，马双成#	药物分析杂志	2019，38（12）：2128－2134	—
110	金银花中镉元素残留量测定能力验证研究	李耀磊，金红宇#，王丹丹，赵萌，高晓明，项新华，马双成#	中国药事	2019，33（5）：568－574	—
111	基于胶体金免疫层析技术对中药材中黄曲霉毒素 B_1 的定量检测研究	李耀磊，刘丽娜，姚云*，赵小旭*，周霞*，金红宇#，马双成#	中国药学杂志	2019，54（17）：1432－1437	—
112	Refined assessment of heavy metal－associated health risk due to the consumption of traditional animal medicines in humans	左甜甜，李耀磊，贺怀贞*，金红宇，张磊*，孙磊，高飞，汪祺，沈源峻*，马双成#，贺浪冲*#	Environmental Monitoring and Assessment	2019，191：171－182	1.959

续表

序号	题目	作者	杂志名称	年份，期、卷号，起止页码	SCI 影响因子
113	中药中外源性有害残留物安全风险评估技术指导原则	左甜甜，王莹，张磊*，石上梅*，申明睿*，刘丽娜，孙磊，金红宇#，马双成#	药物分析杂志	2019，39（10）：1902－1907	—
114	药食同源品种中重金属及有害元素的风险评估	左甜甜，金红宇，屈浩然*，张磊*，孙磊，李静，马双成#	中国药业	2019，28（9）：31－34	—
115	动物药中黄曲霉毒素 B_1 的定量风险评估探索	左甜甜，刘丽娜，孙磊，张磊*，李静，金红宇#，马双成#	药物分析杂志	2019，39（7）：1267－1271	—
116	西洋参破壁饮片中重金属及有害元素的测定及其风险评估	左甜甜，李耀磊，金红宇，马双成#	沈阳药科大学学报	2019，3（36）：243－248	—
117	中药白矾的质量和有关问题分析	李明华，程显隆，张萍，郭晓晗，魏锋#，马双成#	中国药事	2018，32（12）：1642－1647	—
118	中药五味子的质量和临床应用有关问题分析	刘薇，李明华，程显隆，张萍，魏锋#，马双成#	中国药事	2018，32（12）：1648－1652	—
119	前胡类药材的化学成分及质量控制方法研究	邱国玉*，李运*，李晓春*，程显隆#，魏锋#，康帅，马双成	中医药事	2019，33（4）：446－459	—
120	基于主成分分析的前胡类药材 HPLC 特征图谱研究	李运*，邱国玉*，李晓春*，程显隆#，魏锋#，马双成	药物分析杂志	2019（7）：1323－1329	—
121	基于数学模型分析不同产地佛手的化学成分差异性	张璐*，田静*，尹萌*，房克慧*，于洋*，程显隆#，魏峰，马双成	药物分析杂志	2019（1）：122－126	—
122	Novel phthalide dimers from the aerial parts of Ligusticum sinense Oliv cv. Chaxiong	Qian Wei*，Jianbo Yang#，LiLi*，Yalun Su*，Aiguo Wang#*	Fitoterapia	2019，137：104174	2.431
123	Characterization and identification of the chemical constituents of Polygonum multiflorum Thunb. by high－performance liquid chromatography coupled with ultraviolet detection and linear ion trap FT－ICR hybrid mass spectrometry	Jian－Bo Yang，Yue Liua，Qi Wang，Shuang－Cheng Ma#，Ai－Guo Wang*，Xian－Long Cheng，Feng Wei#	Journal of Pharmaceutical and Biomedical Analysis	2019，172：149－166	2.983
124	Identification of velvet antler and its mixed varieties by UPLC－QTOF－MS combined with principal component analysis	郭晓晗，程显隆，柳温曦，李明华，魏锋#，马双成#	Journal of Pharmaceutical and Biomedical Analysis	2019（165）：18－23	2.983

续表

序号	题目	作者	杂志名称	年份，期、卷号，起止页码	SCI 影响因子
125	An optimized TaqMan real - time PCR method for authentication of ASINI CORII COLLA (donkey - hide gelatin)	Wenjuan Zhang, Shenghui Cui, Xian - long Cheng, Feng Wei#, Shuangcheng Ma#	J Pharm Biomed Anal	2019，5（170）：196 - 203	2.983
126	Application of analytical chemistry in the quality evaluation of Glycyrrhiza Spp	Jia Chen, Feng Wei#, Shuang - Cheng Ma#	Journal of Liquid Chromatography & Related Technologies	2019，42：5 - 6，122 - 127	0.987
127	Analysis of fingerprint profiles of bioactive constituents in traditional Chinese medicinal materials derived from animal bile with HPLC - ELSD and chemometrics methods: an application of reference scaleplate	Jing Xiong, Tian - jiao Zheng*, Yan Shi#, Feng Wei, Shuang - cheng Ma, Lan He, Si - cen Wang* and Xin - she Liu*#	Journal of Pharmaceutical and Biomedical Analysis	2019，174：50 - 56	2.983
128	关于青黛来源、制法及质量问题的探讨	石岩，魏锋#，马双成#	中国中药杂志	2019，44（3）：608 - 613	—
129	基于机器学习及外部“探针”策略的 HPLC 保留时间预测的研究	石岩，熊婧，魏锋，马双成	药物分析杂志	2019，39（4）：716 - 721	—
130	基于质量源于设计理念的上市冰硼散质量评价研究	王晓伟*，王艳伟*，刘亚楠*，代雪平*，王海波*，石岩#	中南药学	2019，17（11）：1898 - 1902	—
131	柴胡配方颗粒的 HPLC - DAD - ELSD 指纹图谱研究	王晓伟*，代雪平*，王海波*，王艳伟*，李扬*，刘瑞新*，石岩#	中南药学	2019，17（12）：2112 - 2119	—
132	红花配方颗粒质量标准提高研究	王晓伟*，刘瑞新*，石岩#	中医研究	2019，32（6）：55 - 58	
133	^{18}F 标记的正电子药物中氨基聚醚（2.2.2）测定方法研究	姚静，贾娟娟，弓全胜，许晓平*，袁慧瑜*，施亚琴#	肿瘤影像学	2018，27（6）433 - 436	—
134	碳［^{11}C］乙酸钠注射液质量分析方法的建立	贾娟娟，瞿士桢*，姚静，弓全胜，张文在，施亚琴#	中国新药杂志	2019，28（5），565 - 570	—
135	盐酸多柔比星脂质体注射液标准化释放度测定方法的建立	孙葭北，欧婷，王玮*，高玉成*，施亚琴#	中国新药杂志	2019，28（5），571 - 576	—
136	制药行业中消毒技术规范应用的问题探讨	肖璜，戴翚，周发友，胡昌勤，马仕洪	中国药业	2019，28（20）：62 - 64	—
137	国产牛磺酸滴眼液中抑菌剂使用状况分析	肖璜，戴翚，杨美琴，马仕洪	中国药业	2018，27（24）：5 - 8	—
138	国内制药行业中消毒剂应用现状与分析	肖璜，戴翚，周发友，刘亚茹，马仕洪	中国药师	2019，22（2）：315 - 318	—
139	recA 基因及核糖体分型技术在洋葱伯克霍尔德菌复合体鉴别与溯源分析中的应用	余萌，王似锦，戴翚，周发友，胡昌勤，马仕洪	药物分析	2019，39（8）：1521 - 1526	—

续表

序号	题目	作者	杂志名称	年份，期、卷号，起止页码	SCI 影响因子
140	凝胶剂中一株洋葱伯克霍尔德菌的分离、鉴定与生长特性研究	王似锦，余萌，杨美琴，周发友，马仕洪，胡昌勤	药物分析	2019，39（9）：1617－1624	—
141	14 株伯克霍尔德菌的鉴定分析	王似锦，余萌，胡昌勤，马仕洪	中国抗生素杂志	2019，44（10）：1214－1219	—
142	五家制药企业洁净区微生物群落分析	刘亚茹，余萌，肖璜，王似锦，马仕洪	中国药事	2019，33（7）：796－801	—
143	探讨定量构效关系模型在药物及其杂质毒性预测方面的应用	白雅婷*，南楠#，尹婕	中国药事	2019，33（10）：1174－1180	—
144	首批醋酸特利加压素化学对照品的研制	刘倩，李震，张媛，吴彦霖，蔡彤，谭德讲，高华#	中国药事	2019，33（4）：402－407	—
145	基于数据库的仿制药生物等效性实验研究分析	刘倩，南楠#，薛晶，许鸣镝	中国临床药理学杂志	2019，35（5）：474－477	—
146	眼用制剂生物等效性指导原则的介绍分析	刘倩，南楠#，张广超，许鸣镝	中国新药杂志	2019，28（18）：30－35	—
147	美国国家药品编码目录在参比制剂可及性方面的应用简介	牛剑钊，杨东升，许鸣镝#	中国新药杂志	2019，28（3）：274－277	—
148	美国授权仿制药在参比制剂可及性方面的应用简介	牛剑钊，杨东升，许鸣镝#	中国新药杂志	2019，28（5）：604－607	—
149	Brief introduction for application of the USA national drug code	杨东升，马玲云，牛剑钊，许鸣镝#	中国药学（英文版）	2019，28（3）：203－208	—
150	Brief introduction for application of USA authorized generic drugs	杨东升，马玲云，牛剑钊，许鸣镝#	中国药学（英文版）	2019，28（6）：439－445	—
151	ICH 电子通用技术文件简介	杨东升，牛剑钊，许鸣镝#，蔡海燕，孙娴，张广超	中国新药杂志	2019，28（12）：1440－1444	—
152	美国重包装，重贴标和自有品牌经销药品的应用简介	杨东升，南楠，马玲云，牛剑钊，许鸣镝#	中国新药杂志	2019，28（15）：1815－1818	—
153	美国药品参比制剂信息变更示例解析	杨东升，马玲云，南楠，牛剑钊，许鸣镝#	中国新药杂志	2019，28（16）：2015－2018	—
154	Construction of a Quantitative Structure Activity Relationship（QSAR）Model to Predict the Absorption of Cephalosporins in Zebrafish for Toxicity Study	Ying Liu，Xia Zhang，Jingpu Zhang# and Changqin Hu#	Frontiers in Pharmacology	doi：10. 3389/fphar. 2019. 00031	3. 845

续表

序号	题目	作者	杂志名称	年份，期、卷号，起止页码	SCI 影响因子
155	利用 NIR 光谱法评价劳拉西泮片生产过程的控制能力	赵瑜，尹利辉，尹婕，胡昌勤#，凌笑梅#*	中国药学杂志	2019，54（2）：117 - 122	—
156	Research on the relationship between cephalosporin structure, solution clarity, and rubber closure compatibility using volatile components profile of butylrubber closures	Xiao - Meng Chong, Xin Dong, Shang - Chen Yao, Chang - Qin Hu	Drug development and industrial pharmacy	2019，45，（1）：159 - 167	2.367
157	头孢唑林钠与胶塞相容性关系的探讨	崇小萌，董欣，姚尚辰，胡昌勤	中国抗生素杂志	2019，44（8）：942 - 945	—
158	In silico ADME and Toxicity Prediction of Ceftazidime and Its Impurities	Ying Han, Jingpu Zhang*, Changqin Hu#, Xia Zhang, Bufang Ma, Peipei Zhang	Frontiers in Pharmacology	2019，10：434	3.845
159	头孢菌素杂质毒性的评价策略与方法	韩莹，陈博*，刘颖，郑仰民*，张夏，姚尚辰，张靖溥*，胡昌勤#	中国新药杂志	2019. 28（19）：2353 - 2359	—
160	头孢拉定原料及制剂的聚合物杂质分析	李进，张培培，姚尚辰，胡昌勤#	中国抗生素杂志	2019，44（4）：362 - 369	—
161	柱切换 - LC/MS 法快速推定注射用头孢美唑钠的杂质	李进，姚尚辰，胡昌勤#	中国新药杂志	2019，28（8）：984 - 995	—
162	LC/MSn 法快速分析拉氧头孢钠原料的杂质谱	李进，姚尚辰，胡昌勤#	中国抗生素杂志	2019，44（7）：820 - 833	—
163	注射用哌拉西林钠他唑巴坦钠的聚合物杂质分析	李进，张培培，姚尚辰，胡昌勤#	药物分析杂志	2019，39（7）：1279 - 1294	—
164	A Strategy to Assess Quality Consistency of Drug Products	Qi SY（戚淑叶），Yao SC，Yin LH and Hu CQ	Frontiers in Chemistry	2019，7：171	3.782
165	利福定标准物质研制	田冶	中国新药杂志	2019，28（13）：1642 - 1646	—
166	注射用盐酸头孢替安杂质谱研究	田冶	中国新药杂志	2019，28（05）：513 - 522	—
167	Competitive Adsorption on Gold Nanoparticle for Human Papillomavirus 16 Detection by LDI - MS	Li Zhu, Han Jing, Lihui Yin, Zhang Wei, Zhihua Wang, Zongxiu Nie	Analyst	2019，144（22）：6641 - 6646	4.019
168	HPLC - DAD 法同时测定注射用头孢他啶阿维巴坦钠复方制剂的含量	王琰，姚尚辰，张培培，邹文博，李进，许明哲，胡昌勤	中国新药杂志	2019，28（5）：48 - 53	—
169	欧洲官方药品质量控制实验室联盟的功能和职责	黄宝斌，许明哲#	中国药事	2019，33（2）：208 - 211	—
170	欧洲官方药品质量控制实验室联盟的运行和管理	黄宝斌，许明哲#	中国药事	2019，33（4）：416 - 421	—
171	欧洲官方药品质量控制实验室联盟管理机制介绍	黄宝斌，许明哲#	中国药事	2019，54（16）：408 - 415	—
172	平衡溶解度实验基本程序和技术要求	熊婧，张涛*，许明哲#，金少鸿#	中国药学杂志	2019，33（4）：1349 - 1354	—

续表

序号	题目	作者	杂志名称	年份，期、卷号，起止页码	SCI 影响因子
173	Assessment of Adulterated Traditional Chinese Medicines in China：2003 – 2017	Mingzhe Xu，Baobin Huang，etc	Frontiers in Pharmacology	2019，11（10）：1446	3.845
174	Synthesis of Glutathione（GSH）– Responsive Amphiphilic Duplexes and their Application in Gene Delivery	Yong – Qiang Li*，Lan He#，etc	ChemPlusChem	2019，84：1060 – 1069	3.441
175	Mitochondria targeting two – photon fluorescent molecules for gene transfection and biological tracking	Wan Sun*，Lan He#，etc	J. Mater. Chem. B	2019，7：4309 – 4318	5.047
176	H_2O_2 – responsive polymeric micelles with a benzil moiety for efficient DOX delivery and AIE imaging	Yan – Dong Dai，Lan He#，etc	Org. Biomol. Chem	2019，17：5570 – 5577	3.49
177	Combination of［12］aneN3 and Triphenylamine Benzylideneimidazolone as Nonviral Gene Vectors with Two – Photon and AIE Properties	Ming – Xuan Liu*，Lan He#，etc	ACS Applied Materials & Interfaces	2019，11：42975 – 42987	8.456
178	Separation and identification of acylated leuprorelin inside PLGA microspheres	郭宁子，张琪*，孙悦，杨化新#	International Journal of Pharmaceutics	2019（560）：273 – 281	4.213
179	Chemotaxonomy studies on the genus Hedysarum	Yi Liu，etc	Biochemical Systematics and Ecology	2019，86：103902	1.1
180	Analysis of the fingerprint profile of bioactive constituents of traditional Chinese medicinal materials derived from animal bile using the HPLC – ELSD and chemometric methods：An application of a reference scaleplate	Jing Xiong，Yan Shi#，Lan He，etc	Journal of Pharmaceutical and Biomedical Analysis	2019，174：50 – 56	2.831
181	Preparation of progesterone co – crystals based on crystal engineering strategies	Huahui Zeng*，Jing Xiong，Mingsan Miao#，Lan He#，etc	Molecules	2019，24：3936	3.06
182	二维液相色谱技术在药物分析中的应用	刘朝霞，周亚楠，何兰#，丁丽霞*#	中国药学杂志	2019，54（12）：941 – 946	—
183	分析方法验证国内外技术指南现状分析	谭德讲，朱容蝶，耿颖，杨化新#	药物分析杂志	2019，39（2）：191 – 195	—
184	缓控释注射剂中丙交酯 – 乙交酯共聚物（PLGA）分析方法的研究进展	张伊洁，郭宁子，刘万卉*，杨化新#	中国医药工业杂志	2019，50（10）：1180 – 1187	—

续表

序号	题目	作者	杂志名称	年份，期、卷号，起止页码	SCI 影响因子
185	植入制剂质量控制研究进展	林晓鸣，郭宁子，杨化新#，刘阳，刘万卉*	中国新药杂志	2019（5）：528－535	—
186	核磁共振定量法在化学对照品标化中的应用	张才煜，宁保明，何兰#	药物分析杂志	2019，39（5）：919－924	—
187	叶酸水分测定方法的研究	张才煜，赵慧*，宁保明#	中国药品标准	2019（5）：433－436	—
188	化学药品标准物质维生素 B_{12} 的引湿性研究	刘毅，吴建敏，严菁，林兰#	中国药学杂志	2019，54（10）：809－812	—
189	核磁共振内标法测定盐酸甲氯芬酯的含量	王馨远*，周颖，魏宁漪#	中国药品标准	2019，20（2）：119－122	—
190	平衡溶解度实验基本程序和技术要求	熊婧，张涛*，许明哲#，金少鸿#	中国药学杂志	2019，54（16）：1349－1354	—
191	反相高效液相色谱法测定度鲁特韦钠的平衡溶解度	熊婧，许明哲，颜旺*，何兰#，刘新社*#	药物分析杂志	2019，39（9）：1698－1703	—
192	醋酸曲普瑞林缓释注射剂中杂质的检测分析	孙悦，郭宁子，梁成罡，杨化新#	药物分析杂志	2019，39（10）：1870－1881	—
193	重组C因子法检测细菌内毒素的方法适用性研究	裴宇盛，蔡彤，陈晨，高华	中国药业	2019，28（7）：19－22	—
194	基因工程细胞系检测微球和脂质体中细菌内毒素的含量	裴宇盛，蔡彤，陈晨，高华	中国新药杂志	2019，28（1）：22－25	—
195	重组C因子法检测福沙匹坦二葡甲胺中细菌内毒素的方法学研究	裴宇盛，蔡彤，陈晨，高华，祝清芬	中国现代应用药学杂志	2019，36（1）：1－4	—
196	疫苗类生物技术药物的药效学研究要点分析	贺庆，霍艳，高华，王军志	中国生物制品学杂志	2019，32（2）：238－242	—
197	PD－1 基因多态性与相关疾病易感性的分析	贺庆，高华，王军志	中国新药杂志	2019，28（21）：2553－2561	—
198	A novel reporter gene assay for pyrogen detection	Qing He，Chuanfei Yu，Lan Wang，Yongbo Ni，Ying Du，Hua Gao，Junzhi Wang	Japanese Journal of Infectious Diseases	DOI：10.7883/yoken.JJID.2019.163	1.08
199	OOS 的统计判断策略及国内常见问题探讨	李娜，马莉，谭德讲#，许卉*	药物分析杂志	2019，39（10）：1915－1920	—
200	三氯叔丁醇和甘露醇高温下影响缩宫素稳定性的分子模拟研究	李亚男*，张媛，贺庆，谭德讲#，孟凡翠*#	中国新药杂志	2019，28（9）：1057－1064	—
201	分析方法验证国内外技术指南现状分析	谭德讲，朱容蝶，耿颖，杨化新#	药物分析杂志	2019，39（2）：191－195	—
202	判断定量类理化分析方法满足预期用途的标准探讨	谭德讲，朱容蝶，耿颖，杨化新#，马莉	药物分析杂志	2019，39（2）：196－201	—
203	方法验证性能参数的获取和评价方式再探讨	朱容蝶，耿颖，谭德讲#，杨化新，何兰，刘万卉*	药物分析杂志	2019，39（2）：202－206	—
204	含量测定类方法验证中的统计学评价	马莉，杨亚宗*，张云雷*，冯铮铮*#，谭德讲#，吕昭云*，杭太俊*	药物分析杂志	2019，39（2）：207－214	—

续表

序号	题目	作者	杂志名称	年份，期、卷号，起止页码	SCI 影响因子
205	杂质类定量分析方法验证中的统计学评价	朱容蝶，耿颖，谭德讲#，杨化新，何兰，刘万卉*	药物分析杂志	2019，39（2）：215－222	—
206	理化方法验证统计分析软件的设计与功能	谭德讲，隋思涟*，朱容蝶，耿颖，杨化新#，李秀记，马莉	药物分析杂志	2019，39（2）：223－232	—
207	药品质量标准中限度范围确立方式探讨	马莉，杨化新，谭德讲#，杭太俊*	中国新药杂志	2019，28（5）：523－527	—
208	药用辅料中不同来源溶血磷脂酰胆碱含量限值的合理性分析	张媛，纳涛，吴彦霖，高华	中国药事	2019，33（5）：582－585	—
209	化学合成缩宫素生物活性测定法的替代研究	张媛，李震，谭德讲，吴彦霖，唐黎明，陆益红，于德志，林兰，高华	中国新药杂志	2019，28（5）：558－564	—
210	有关升压物质检查法的修订建议	张媛，吴彦霖，贺庆，李震，谭德讲，高华	中国新药杂志	2019，28（5）：577－580	—
211	Identification of cancer/testis antigen 2 gene as a potential hepatocellular carcinoma therapeutic target by hub gene screening with topological analysis	Liu J，Yu Z，Sun M，Liu Q，Wei M*，Gao H*	Oncol Lett	2019，18（5）：4778－4788	1.871
212	Identification of MMP9 as a novel key gene in mantle cell lymphoma based on bioinformatic analysis and design of cyclic peptides as MMP9 inhibitors based on molecular docking	Yan W，Li SX，Wei M，Gao H*	Oncol Rep	2018，40（5）：2515－2524	3.041
213	中药板蓝根提取液致细胞增殖的研究	吴彦霖，张媛，刘俊*，罗剑，高华#	中国新药杂志	2019，28（17）：2135－2140	—
214	^{1}H qNMR 定量测定二乙酰吗啡对照品的含量	周晓力，曾月林，南楠，陈华#	药物分析杂志	2019，39（1）：178－182	—
215	检测用基质特性对于透皮贴剂黏附力检测影响的初步研究	陈华，周晓力	中国新药杂志	2019，28（5）：581－583	—
216	磷酸可待因平衡溶解度及油水分配系数的测定	王雪*陈华，尹婕，刘万卉*#	药物分析杂志	2019，39（4）：749－754	—
217	透皮贴剂质量控制与评价研究进展	马迅，左宁，陈华，李又欣*#	中国新药杂志	2019，28（5）：551－557	—
218	A neonatal mouse model of central nervous system infections caused by Coxsackievirus B_5	Mao Q，Hao X，Hu Y*，Du R，Lang S*，Bian L，Gao F，Yang C*，Cui B，Zhu F*，Shen L*，Liang Z#	Emerg Microbes Infect	2018，7（1）：185	6.212

续表

序号	题目	作者	杂志名称	年份，期、卷号，起止页码	SCI 影响因子
219	Development of a pseudovirus - based assay for 1 measuring neutralizing antibodies against coxsackievirus A10	Kelei Li, Fangyu Dong, Bopei Cui, Lisha Cui, Pei Liu, Chao Ma*, Haifa Zheng*, Xing Wu#, Zhenglun Liang#	Human Vaccines & Immunotherapeutics	已接收，暂未刊出	2.592
220	Development and characterization of an enterovirus 71 (EV71) virus - like particles (VLPs) vaccine produced in Pichia pastoris	Yang Z*, Gao F, Wang X*, Shi L*, Zhou Z*, Jiang Y*, Ma X*, Zhang C*, Zhou C*, Zeng X*, Liu G*, Fan J*, Mao Q#, Shi L*	Hum Vaccin Immunother	2019，15：1-9	2.592
221	Hand, foot and mouth disease associated with coxsackievirus A10 more serious than it seems	Bian L, Gao F, Mao Q, Sun S, Wu X, Liu S, Yang X*#, Liang Z#	Expert Rev Anti Infect Ther	2019，17（4）：233-242	3.09
222	A potential therapeutic neutralization monoclonal antibody specifically against multi - coxsackievirus A16 strains challenge	Du R, Mao Q, Hu Y*, Lang S*, Sun S, Li K, Gao F, Bian L, Yang C*, Cui B, Xu L*, Cheng T*, Liang Z#	Hum Vaccin Immunother	2019，15（10）：2343-2350	2.592
223	Immunogenicity and safety of an inactivated enterovirus 71 vaccine administered simultaneously with recombinant hepatitis B vaccine and group A meningococcal	Zhang Z*, Liang Z, Zeng J*, Zhang J*, He P, Su J*, Zeng Y*, Fan R*, Zhao D, Ma W*, Zeng G*#, Zhang Q*#, Zheng H*#	J Infect Dis	2019，220（3）：392-399	5.045
224	江苏省 2013~2014 年 3 株柯萨奇病毒 B 组 5 型流行株全基因组序列分析	卞莲莲，姚昕，高帆，孙世洋，毛群颖，杨晓明*#，梁争论#	微生物学免疫学进展	2019，47（2）：1-8	—
225	2018 年肠道病毒 71 型灭活疫苗国家监督抽验质量分析与评价	高帆，卞莲莲，吴星，毛群颖#，梁争论#	中国生物制品学杂志	已接收，暂未刊出	—
226	肠道病毒 D 组 68 型假病毒的构建	董方玉，崔博沛，李克雷，崔力沙，刘佩，马超*，吴星#，梁争论	微生物学免疫学进展	2019，47（6）：1-7	—
227	我国预防性疫苗效价检测方法的现状和思考	吴星，王晓娟，梁争论#	中国生物制品学杂志	2019，32（10）：1158-1168	—
228	Effects of freezing on recombinant Hepatitis E vaccine	Kelei Li, Fangyu Dong, Fan Gao, Lianlian Bian, Shiyang Sun, Ruixiao Du, Yalin Hu, Qunying Mao, Haifa Zheng*#, Xing Wu#, Zhenglun Liang#	Human Vaccines & Immunotherapeutics	2019，16（7）：1545-1553	2.592

续表

序号	题目	作者	杂志名称	年份，期、卷号，起止页码	SCI 影响因子
229	Unmethylated CpG motif – containing genomic DNA fragment of Bacillus calmette – guerin promotes macrophage functions through TLR9 – mediated activation of NF – kB and MAPKs signaling pathways	Junli Li*, Lili Fu, Guozhi Wang, Selvakumar Subbian*, Chuan Qin* and Aihua Zhao#	Innate Immunity	2019.10.15：1 – 21. https://doi.org/10.1177/1753425919879997	2.444
230	我国结核病免疫学预防、治疗与诊断用制品发展进程与展望	赵爱华，王国治，徐苗#	中国防痨杂志	2019，41（11）：1149 – 1154	—
231	皮内注射用卡介苗成品的质量风险评估与控制	赵爱华，王国治，徐苗#	国际生物制品学杂志	2019，42（2）：98 – 100	—
232	结核菌素类产品的发展历程概述	都伟欣，赵爱华，王国治，卢锦标#	中国防痨杂志	2019，41（10）：1080 – 1083	—
233	结核分枝杆菌感染人群的免疫干预进展	苏城，卢锦标#	中国医药生物技术	2019，14（5）：453 – 456	—
234	Ag85b/ESAT6 – CFP10 adjuvanted with aluminum/poly – IC effectively protects guinea pigs from latent mycobacterium tuberculosis infection	Wang CH，Lu JB，Du WX，Wang GZ，Li XG*，Shen XB，Su C，Yang L，Chen BW，Wang JZ#，Xu M#	Vaccine	2019，37（32）：4477 – 4484	3.269
235	结核病新疫苗临床研究进展	卢锦标，赵爱华，王国治，徐苗#	中华结核和呼吸杂志	2019（10）：783 – 790	—
236	结核灭活疫苗的临床研究进展	卢锦标，徐苗#	微生物学免疫学进展	2019，47（4）：69 – 74	—
237	结核病病原学诊断评价方法探讨	杨蕾，王国治，卢锦标#	中国防痨杂志	2018，40（12）：1355 – 1356	—
238	新型结核病疫苗的临床免疫学研究进展	解慧聪，卢锦标，赵爱华，徐苗#	中国新药杂志	2019，28（21）：2617 – 2623	—
239	UPLC 测定人血白蛋白多聚体含量方法的实验室间验证	王敏力，侯书婷*，宋兰坤*，何永兵*，马力*，付龙*，邵泓*，韩治国*，侯继锋#	中国药学杂志	2019，54（20）：1685 – 1691	—
240	基于细胞感染的 RT – qPCR 法测定轮状病毒疫苗效力的方法验证	刘悦越，张韵祺*，刘艳，王云瑾*，王名强*，赵岩，杜加亮，马超*，周旭*，国泰#	中华微生物学和免疫学杂志	2019，39（7）：532 – 537	—
241	口服Ⅰ型Ⅲ型脊髓灰质炎减毒活疫苗的稳定性	刘悦越，赵岩，杜加亮，张韵祺*，范行良，刘艳，于晴川，高加梅，国泰#	中国生物制品学杂志	2019，32（11）：1195 – 1201	—

续表

序号	题目	作者	杂志名称	年份，期、卷号，起止页码	SCI 影响因子
242	Evaluation of T cell independent antibodies against rotavirus infection in suckling nude mice	Tai Guo, Zhiling Lan*, Yan Liu, Yueyue Liu, Qingchuan Yu, Qiong Gu, Yirong Zhao, Yan Zhao, Rongrong Zhao, Fei Han, Jiamei Gao, Xingliang Fan, Jialiang Du#	Virology: Research & Reviews	2019，2（1）：1－5	—
243	Q61R 和 V112A 突变的 HRAS 基因在 NIH 小鼠体内诱发肿瘤的实验研究	张峰，赵龙，樊金萍，吴雪伶，孟淑芳#	癌变·畸变·突变	2019，31（1）：1－8	—
244	DLC－1 tumor suppressor regulates CD105 expression on human non－small cell lung carcinoma cells through inhibiting TGF－beta1 signaling	Kehua Zhang, Tao Na, Feng Ge, Bao－Zhu Yuan#	Experimental Cell Research	https://doi.org/10.1016/j.yexcr.2019.111732	3.329
245	人间充质干细胞生物学有效性质量评价用标准细胞株 CCRC－hMSC－S1 的建立及评价	张可华，纳涛，韩晓燕，吴婷婷，张丽霞，陈平，赵楠，袁宝珠#	中国新药杂志	已接收，暂未刊出	—
246	RP－HPLC 法测定可溶性 CD95－Fc 融合蛋白中异天冬氨酸的含量	于雷，陶磊，毕华，李响，饶春明#	中国医药导报	2019，16（6）：109－112	—
247	Bioactivity Determination of a Therapeutic Recombinant Human Keratinocyte Growth Factor by a Validated Cell－based Bioassay	姚文荣*，郭莹，秦玺，于雷，史新昌，刘兰，周勇，胡金盼，饶春明#，王军志#	Molecules	2019，24：699	3.06
248	A Cell－Based Strategy for Bioactivity Determination of Long－Acting Fc－Fusion Recombinant Human Growth Hormone	姚文荣*，于雷，范文红，史新昌，刘兰，李永红，秦玺，饶春明#，王军志#	Molecules	2019，24：1389	3.06
249	重组蛋白质制品注射液渗透压摩尔浓度值测定的能力验证	秦玺，丁有学，张河战，赵萌，刘兰，史新昌#，饶春明#	中国新药杂志	2019，28（20）：2482－2485	—
250	两种毛细管电泳方法分析重组人促红素异构体含量的比较	李响，史新昌，于雷，周勇#，饶春明#	中国生物制品学杂志	2019，32（9）：1025－1029	—
251	重组蛋白溶液 pH 测定的能力验证结果分析	丁有学，秦玺，张河战，赵萌，毕华，史新昌#，饶春明#	中国药师	2019，22（9）：1722－1724	—
252	转基因生物反应器在生物制药领域的应用	秦玺，饶春明#	中国生物制品学杂志	2019，22（8）：940－944	—
253	血管内皮生长因子抑制剂结合活性试验两种结果分析方法比较	毕华，李永红，范文红，陶磊，裴德宁，丁有学#，饶春明#	中国药事	2019，33（7）：813－818	—

续表

序号	题目	作者	杂志名称	年份，期、卷号，起止页码	SCI 影响因子
254	Anti – Tumor Activity and Pharmacokinetics of AP25 – Fc Fusion Protein	裴德宁，胡家亮*，饶春明，于彭城*，徐寒梅*#，王军志#	International Journal of Medical Sciences	2019，16（7）：1032 – 1041	2.333
255	CE – LIF 方法对重组人促红细胞生成素中 N – 寡糖的快速分析	李响，于雷，史新昌，周勇#，饶春明#	药物分析杂志	2019，39（10）：1852 – 1857	—
256	Development and validation of a reporter cell line – based bioassay for therapeutic soluble gp130 – Fc	于雷，贾春翠，姚文荣*，裴德宁，秦玺，饶春明#，王军志#	Molecules	2019，24：3845	3.06
257	Identification of a Recombinant Human Interleukin – 12（rhIL – 12）Fragment in Non – Reduced SDS – PAGE	于雷，李永红，陶磊，贾春翠，姚文荣*，饶春明#，王军志#	Molecules	2019，24：1210	3.06
258	治疗性重组蛋白药物的异质性与分析评价	陶磊，饶春明，王军志#	中国新药杂志	2019，28（21）：2562 – 2565	—
259	以白细胞介素 – 6 信号通路为靶点的生物技术药物研究进展	贾春翠，饶春明#，于雷	中国生物制品学杂志	2019，32（9）：1048 – 1053	—
260	Quality Control and Nonclinical Research on CAR – T Cell Products：General Principles and Key Issues	李永红，霍艳，于雷，王军志#	Engineering	2019，5：122 – 131	4.568
261	2 种测定 TNK – tPA 生物学活性测定方法的比对分析	丁有学，史新昌，毕华，陶磊，饶春明#	药物分析杂志	2019，38（12）：2217 – 2213	—
262	Responsive Cells for rhEGF bioassay obtained through screening of a CRISPR/Cas9 Library	秦玺，姚文荣，史新昌，刘兰，黄芳*，丁有学，周勇，于雷，贾春翠，李山虎*#，饶春明#，王军志#	Scientific Reports	2019，9：3780	4.011
263	不同 ELISA 系统检测人血清百日咳 IgG 抗体的比较研究	卫辰，晁哲，吴燕，骆鹏，王丽婵#，马霄#	国际检验医学杂志	2019，40（22）：2717 – 2720	—
264	液相色谱 – 串联质谱法测定百日咳和百白破疫苗中百日咳杆菌气管细胞毒素	龙珍*，卫辰，郭志谋*#，马霄，李月琪*#，姚劲挺*，冀峰*，李长坤*，黄涛宏	色谱	2019，37（2）：155 – 161	—
265	Quantitative determination of bioactive proteins in diphtheria tetanus acellular pertussis（DTaP）vaccine by liquid chromatography tandem mass spectrometry	Zhen Long*，Chen Wei，Zhaoqi Zhan*，Xiao Ma，Xiuling Li*#，Yueqi Li*#，Jinting Yao*	J Pharm Biomed Anal	2019，169：30 – 40	2.983

续表

序号	题目	作者	杂志名称	年份，期、卷号，起止页码	SCI 影响因子
266	Genetic diversity of Leptospira interrogans circulating isolates and vaccine strains in China from 1954 – 2014	Cuicai Zhang*, Zhe Li*, Yinghua Xu*, Ying Zhang, Shijun Li, Jinlong Zhang, Shenghui Cui, Zongli Du, Xiaofang Xin, Yung – Fu Chang, Xiugao Jiang, and Qiang Yec	Hum Vaccin Immunother	2019, 15（2）: 381 – 387	2.592
267	百白破疫苗新型佐剂的研究进展	李喆，马霄	微生物学免疫学进展	2019, 47（3）: 69 – 74	—
268	无细胞百日咳疫苗抗体活性持久性监管研究	王丽婵，晁哲，吴燕，骆鹏，卫辰*，马霄*	中国药事	2019, 33（10）: 1129 – 1133	—
269	A preliminary study on the application of PspA	Lichan Wang Yajun Tan., Chen Wei, Huajie Zhang, Peng Luo, Shumin Zhang*, Xiao Ma*	PLOS ONE	2019, 14（7）: e0218427	2.776
270	百日咳和百日咳疫苗的现状与挑战	骆鹏　马霄	中国疫苗和免疫	2019, 25（3）: 334 – 339	—
271	Immunogenicity of pentavalent rotavirus vaccine in Chinese infants	Zhaojun Mo, Xiao Ma, Peng Luo, Yi Mo, Susan S. Kaplan, Qiong Shou, Minghuan Zheng, Darcy A. Hille, Beth A.	Vaccine	2019（37）: 1836 – 1843	3.269
272	螨变应原制品中苯酚含量测定通用方法的验证	张影，鲁旭，梁昊宇，胡玥，幺山山，曾明，王斌#	中国生物制品学杂志	2019, 8（32）: 909 – 914	—
273	螨变应原制品的质量控制及标准化研究进展	张影，鲁旭，王斌，曾明#	中国生物制品学杂志	2019, 5（32）: 594 – 599	—
274	螨变应原注射液体外效力评价方法的建立及验证	张影，张小妹*，鲁旭，李喆，幺山山，辛晓芳，曾明，王斌#	药物分析杂志	2019, 3（39）: 406 – 412	—
275	粉尘螨1组主要变应原（Der. f1）含量测定体系比较	张影，鲁旭，王斌，曾明#	中华临床免疫和变态反应杂志	2019, 13（5）: 355 – 360	—
276	钩端螺旋体疫苗诱导抗体水平动态分析	张影，徐颖华，刘向芹，张金龙，陈质斌，王国柱，辛晓芳，曾明#	中华微生物学和免疫学杂志	2019, 39（11）: 864 – 868	—
277	益生性肠球菌安全性评价研究进展与监管	鲁旭，张影，曾明#	中国药事	2019, 5（33）: 32 – 37	—
278	以霍乱毒素B亚单位为载体的甲型副伤寒多糖结合疫苗理化及生物学特性	胡玥，梁昊宇，周富昌*，李颖茵*，董思国，曾明，王斌#	中国生物制品学杂志	2019, 8（32）: 833 – 836	—

续表

序号	题目	作者	杂志名称	年份，期、卷号，起止页码	SCI 影响因子
279	第二届人体挑战试验研讨会	陈质斌，曾明#	国际生物制品学杂志	2019，42（1）：49－52	—
280	我国黄热减毒活疫苗的稳定性研究	王玲，房恩岳，刘晶晶，李玉华#	中华实验和临床病毒学杂志	2019，33（5）：468－472	—
281	我国黄热减毒活疫苗的均匀性分析	王玲，刘明磊*，房恩岳，刘晶晶，李玉华#	中国生物制品学杂志	2019，32（11）：1201－1205	—
282	我国黄热病疫苗株（天坛株）与 WHO 疫苗株 17D－213 的安全性研究	王玲，李娜*，房恩岳，殷乐*，李玉华#	中华微生物学和免疫学杂志	2019，39（9）：657－661	—
283	病毒性出血热的研究进展	房恩岳，王玲，李玉华#	中国生物制品学杂志	2019，32（6）：710－712	—
284	登革病毒 4 型 Ban18HK20 株感染性克隆的构建、鉴定及稳定性分析	房恩岳，王玲，赵丹华，李明，刘明磊，李玉华#	中华微生物学和免疫学杂志	2019，39（11）：827－834	—
285	Establishing China's national standards of antigen content and neutralizingantibody responses for evaluation of SFTS vaccines	Yuhua Li，Zheng Jia，Xiaohong Wu，Ling Wang，Lei Chen*，Xinxian Dai*，Xiuling Li*，Junzhi Wang#	Biologicals	2019，61：68－75	1.92
286	3 批乙型脑炎减毒活疫苗病毒全基因序列测定和分析	刘欣玉，黄艳秋，徐宏山，贾丽丽，李玉华#，俞永新#	中国病原生物学杂志	2019（3）：330－337	—
287	Evaluation of environment safety of a Japanese encephalitis live attenuated vaccine	Liu XY，Jia LL，Nie KX*，Zhao DH，Na R，Xu HS，Cheng G*，Wang JZ#，Yu YX#，Li YH#	Biologocals	2019，60：36－41	1.92
288	乙型脑炎减毒活疫苗对中国主要流行基因型毒株的免疫效果	刘欣玉，鲁旭，赵丹华，徐宏山，李玉华#	中国生物制品学杂志，	2019，32（9）：67－70	—
289	疫苗生产用人二倍体细胞 2BS 和 MRC－5 中猪圆环病毒的检测	刘欣玉，黄艳秋，李玉华#	中国生物制品学杂志	2019，32（7）：17－19	—
290	发热伴血小板减少综合征疫苗株免疫原性比较	贾峥，李莉莉，戴新宪*，陈蕾*，王建梅*，李玉华#	中国生物制品学杂志	2019，32（11）：1185－1189，1194	—
291	Pre－marketing immunogenicity and safety of a lyophilized purified human diploid cell rabies vaccine produced from microcarrier cultures：a randomized clinical trial	Xingyu Zhou*，Xiaohong Wu，Yong Cai*，Shouchun Cao，Xiaoping Zhu*，Qiang Lv*，Huaigong Chen*，Leitai Shi，Jia Li，Xinjie Wang*，Yuhua Li# and Rong Zhou*#	Human Vaccines & Immunotherapeutics	2019，15（4）：828－833	2.21
292	乙型脑炎病毒 E315 回复突变对小鼠神经毒力的影响	范凤鸣*，付茵*，刘莉娜*，杨欢*，谢安平*，石晓玲*，刘杰*，曾献武*，李玉华#，杨会强*#	国际生物制品学杂志	2019，42（4）：184－188	—

续表

序号	题目	作者	杂志名称	年份，期、卷号，起止页码	SCI影响因子
293	中国狂犬病口服疫苗的研究进展及其应用的紧迫性	俞永新#，石磊泰	中国人兽共患病学报	2019，35（11）：54－62	—
294	Q61R和V112A突变的HRAS在NIH小鼠体内诱发肿瘤的试验研究	张峰，赵龙，樊金萍，吴雪伶，孟淑芳	癌变·畸变·突变	2019，31（1）：1－8	—
295	均相时间分辨荧光法测定抗PD－1/PD－L1单抗药物活性	孙亮，李萌，于传飞，王兰	药物分析杂志	2019，39（1）：45－50	—
296	基于报告基因的抗HER2单克隆抗体ADCC生物学活性测定方法的建立及应用	刘春雨，王馨*，于传飞，徐刚领*，王兰#	药物分析杂志	2019，39（1）：30－38	—
297	英夫利西单抗质量控制中的趋势分析	刘春雨，于传飞，武刚，李萌，付志浩，俞小娟，崔永霏，王兰#	药物分析杂志	2019，39（1）：51－61	—
298	病毒灭活/去除工艺对抗CD20单克隆抗体生物学活性影响评价方法的建立	刘春雨，张峰，于传飞，武刚，崔永霏，黄璟，王兰#	生物制品学杂志	2019，32（9）：1030－1035	—
299	抗CD52单克隆抗体ADCC转基因测活方法的建立	刘春雨，于传飞，崔永霏，肖启东*，黄璟，王兰#	微生物学免疫学进展	2019，47（5）：27－33	—
300	Antigenic variations of recent street rabies virus	Wang W，Ma J，Nie J，Li J，Cao S，Wang L，Yu C，Huang W，Li Y，Yu Y，Liang M，Zirkle B，Chen XS，Li X，Kong W，Wang Y	Emerg Microbes Infect	2019；8（1）：1584－1592	6.212
301	抗PD－L1单抗的质量控制研究	郭莎，王开芹，武刚，李萌，崔永霏，俞小娟，张荣建，于传飞，王兰#	药物分析杂志	2019，39（1）：21－30	—
302	电化学发光技术在评价治疗性单抗与FcγRⅠ结合活性中的应用	徐刚领，郭莎，张峰，于传飞，王文波，王兰#	药物分析杂志	2019，39（1）：47－52	—
303	重组抗CD38单克隆抗体的质量研究	付志浩，陈伟，李萌，武刚，崔永霏，孙亮，王兰#	药物分析杂志	2019，39（1）：23－29	—
304	Development of reporter gene assays to determine the bioactivity of biopharmaceuticals	王兰，于传飞，王军志	Biotechnology Advances	2019，4：107466	12.831
305	Optimized functional and structural design of dual－target LMRAP，a bifunctional fusion protein with a 25－amino－acid antitumor peptide and GnRH Fc fragment	Meng Li，Hanmei Xu，Junzhi Wang	APSB	2019，11：6	5.808

续表

序号	题目	作者	杂志名称	年份，期、卷号，起止页码	SCI 影响因子
306	Immunogenicity noninferiority study of 2 doses and 3 doses of an Escherichia coli – produced HPV bivalent vaccine in girls vs. 3 doses in young women	Yuemei Hu, Meng Guo, Changgui Li（共同第一作者）	Sci China Life Sci	2019，(62)：1 – 10	3.583
307	Lot – to – lot consistency study of an Escherichia coli – produced bivalent human papillomavirus vaccine in adult women: a randomized trial	Ying – Ying Sua, Bi – Zhen Linb, Hui Zhao, Changgui Li（共同通讯作者）	Hum Vaccin Immunother	2019，26：1 – 9	2.59
308	Efficacy, safety, and immunogenicity of an Escherichia coli – produced bivalent human papillomavirus vaccine: An interim analysis of a randomized clinical trial	Qiao YL, Wu T, Li RC, Hu YM, Wei LH, Li CG（共同第一作者）	J Natl Cancer Inst	2020，112（2）：1 – 9	10.2
309	Immunogenicity and Safety of a Sabin Strain – Based Inactivated Polio Vaccine: A Phase 3 Clinical Trial	Hu Y, Wang J（共同第一作者），Li C（共同通讯作者）	J Infect Dis	2019，220（10）：1551 – 1557	5.045
310	Safety and Immunogenicity of Sabin Strain Inactivated Poliovirus Vaccine Compared With Salk Strain Inactivated Poliovirus Vaccine, in Different Sequential Schedules With Bivalent Oral Poliovirus Vaccine: Randomized Controlled Noninferiority Clinical Trials in China	Yuemei Hu, Kangwei Xu（共同第一作者），Changgui Li,（共同通讯作者）	Open Forum Infect Dis	2019，6（10）：380	3.371
311	A simple and safe antibody neutralization assay based on polio pseudoviruses	Zheng Jiang, Guixiu Liu, Guoyang Liao*, Mingbo Sun*, KangweiXu, Zhifang Ying, Jianfeng Wang, Xuguang Li*, Changgui Li#	Human Vaccines & Immunotherapeutics	2019，15（2）：349 – 357	2.592
312	两种低 pH 孵放法灭活静注人免疫球蛋白中脂包膜病毒效果比较	王剑锋，英志芳，徐康维，李长贵#	中国生物制品学杂志	2019，32（8）：919 – 922	—
313	水痘和带状疱疹及其疫苗	权娅茹，李长贵#	中国食品药品监管杂志	2019，4：87 – 92	—
314	流行性感冒与流感疫苗的应用	崔晓雨，李长贵#	中国食品药品监管杂志	2018，12：83 – 87	—
315	麻疹和麻疹疫苗的应用	崔晓雨，李长贵#	中国食品药品监管杂志	2019，3：92 – 100	—
316	Efficacy, safety and immunogenicity of live attenuated varicella vaccine in healthy children in China: double – blind, randomized, placebo – controlled clinical trial	B. Hao*, Z. Chen, G. Zeng*, L. Huang*, C. Luan*, Z. Xie*, J. Chen*, M. Bao*, X. Tian*, B. Xu*, Y. Wang*, J. Wu*, S. Xia*#, L. Yuan#, J. Huang*#	Clinical Microbiology and Infection	2019，25（8）：1026 – 1031	6.425

续表

序号	题目	作者	杂志名称	年份，期、卷号，起止页码	SCI 影响因子
317	Safety, immunogenicity, and lot – to – lot consistency of live attenuated varicella vaccine in 1 – 3 years old children: a double – blind, randomized phase Ⅲ trial	Lili Huang*, Zhen Chen, Yuansheng Hu*, Zhiqiang Xie*, Ping Qiu, Lang Zhu*, Manli Bao*, Yaru Quan, Ji Zeng*, Yanxia Wanga*, Xiaoyu Cui, Liyong Yuan#, Shengli Xia*#, and Fanhong Meng*#	Human Vaccines & Immunotherapeutics	2019, 15 (4): 822 – 827	2.592
318	Evaluation of Varicella – zoster virus – specific cell – mediated immunitybyinterferon – γEnzyme – Linked ImmunosorbentAssay in adults ≥50 years of age administered a herpes zoster vaccine	Ping Yang*, Zhen Chen, Jieqiong Zhang*, Wei Li*, Changlin Zhu*, Ping Qiu | Yaru Quan, Xiaoyu Cui, Liyong Yuan#, Chunlai Jiang*#	Journal of Medical Virology	2019, 91: 829 – 835	2.049
319	乙型流感病毒疫苗株全基因组序列测定及其在疫苗质量控制中的应用	刘书珍，权娅茹，邵明，李长贵，袁立勇#	中国生物制品学杂志	2019, 32 (4): 269 – 374, 385	—
320	Sequential treatment with a T19 cells generates memory CAR – T cells and prolongs the lifespan of Raji – B – NDG mice	Chen, R. Wang, M. Liu, Q. Wu, J. Huang, W. Li, X. Du, B. Xu, Q. Duan, J. Jiao, S. Lee, H. S. Jung, N. C. Lee, J. H. Wang, Y. Wang, Y#	Cancer Lett	2020, 036: 162	6.508
321	Screening and evaluation of potential inhibitors against vaccinia virus from 767 approved drugs	Wu J, Liu Q, Xie H, Chen R, Huang W, Liang C, Xiao X, Yu Y#, Wang Y#	J Med Virol	2019, 91 (11): 2016 – 2024	2.049
322	In Vivo Bioluminescent Imaging of Marburg Virus in a Rodent Model	Lei S, Huang W, Wang Y#, Liu Q#	Methods in Molecular Biology	Bioluminescent Imaging pp 177 – 190	—
323	人乳头瘤病毒 18 型 L1 抗原的肽图特征峰分析	柳军凯，贺鹏飞，赖燕华，刘欢，宁婷婷，聂建辉，黄维金#，王佑春#	药物分析杂志	2019, 39 (10): 1836 – 1843	—
324	Antigenic Drift of Influenza A (H7N9) Virus Hemagglutinin	Tingting Ning, Jianhui Nie, Weijin Huang, Changgui Li, Xuguang Li, Qiang Liu, Hui Zhao, and Youchun Wang#	J Infect Dis	2019, 219 (1): 19 – 25	5.045
325	In vitro and in vivo efficacy of a Rift Valley fever virus vaccine based on pseudovirus	Jian Ma, Ruifeng Chen, Weijin Huang, Jianhui Nie, Qiang Liu, Youchun Wang# and Xiaoming Yang*#	Hum Vaccin Immunother	2019, 15 (10): 2286 – 2294	2.592

续表

序号	题目	作者	杂志名称	年份，期、卷号，起止页码	SCI 影响因子
326	Antigenic variations of recent street rabies virus	Wenbo Wang, Jian Ma, Jianhui Nie, Jia Li, Shouchun Cao, Lan Wang, Chuanfei Yu, Weijin Huang, Yuhua Li, Yongxin Yu, Mifang Liang, Brett Zirkle, Xiaojiang S. Chen, Xuguang Li, Wei Kong*# and Youchun Wang#	Emerg Microbes Infect	2019，8（1）：1584－1592	6.212
327	Nipah pseudovirus system enables evaluation of vaccines in vitro and in vivo using non－BSL－4 facilities	Jianhui Nie, Lin Liu, Qing Wang, Ruifeng Chen, Tingting Ning, Qiang Liu, Weijin Huang# and Youchun Wang#	Emerg Microbes Infect	2019，8（1）：272－281	6.212
328	Multiplex Cell－Free DNA Reference Materials for Quality Control of Next－Generation Sequencing－Based In Vitro Diagnostic Tests of Colorectal Cancer Tolerance	Donglai Liu*, Xinyuan Zhang, Haiwei Zhou, Xiaojing Lin, Dawei Shi, Shu Shen, Yabin Tian, Bo Du, Henghui Zhang, Haibo Wang, Youchun Wang#, Chuntao Zhang#	J Cancer	2018，9（20）：3812－3823	3.182
329	艾滋病诊断治疗和预防产品的评价关键技术建立与推广应用	黄维金，杨柳萌，郑永唐*，王佑春#	中国艾滋病性病	2019，25（8）：767－770	—
330	埃博拉病毒包膜糖蛋白变异及抗原表位研究进展	刘硕，张黎，王玉琳，黄维金，王佑春#	病毒学报	2019，35（5）：801－812	—
331	SARS 和 MERS 中和抗体假病毒检测方法的建立	马建，贺鹏飞，赵晨燕，陈瑞峰，刘强，王佑春，黄维金，杨晓明*#	病毒学报	2019，35（2）：189－195	—
332	Hepatitis E virus was not detected in feces and milk of cows in Hebei province of China: No evidence for HEV prevalence in cows	Yansheng Geng*, Chenyan Zhao, Weijin Huang, Xuanpu Wang, Ying Xu, Dongxue Wu, Yueliang Du, Huan Liu, Youchun Wang#	International Journal of Food Microbiology	2019（291）：5－9	4.006
333	质控血清 09CS 中 13 个肺炎球菌荚膜多糖抗体 IgG 含量检测范围的确定	石刚，王欣茹，李红，刘茹凤，郭丽娜，卢旭，黄洋，陈翠萍，叶强	微生物学免疫学进展	2019，47（3）：22－26	—
334	09CS 中 11 个血清型肺炎球菌荚膜多糖抗体 IgG 含量质控检测范围的建立	石刚，李红，郭丽娜，卢旭，毛琦琦，陈晓航，王欣茹，陈翠萍，叶强	中国生物制品学杂志	2019，32（9）：1043－1047	—
335	b 型流感嗜血杆菌荚膜多糖定量～1H－NMR 法的建立及验证	许美凤，毛琦琦，赵丹，陈苏京，李亚南，李茂光，叶强	中国生物制品学杂志	2019，32（9）：1010－1019	—

续表

序号	题目	作者	杂志名称	年份，期、卷号，起止页码	SCI 影响因子
336	不同品牌胎牛血清用于肺炎链球菌调理吞噬作用的比较	黄洋，徐潇，李康，李江姣，杜慧竟，郑锐，孙文媛，叶强	微生物学免疫学进展	2019，47（5）：22－26	—
337	《中国药典》中标准菌种质控新方法的研究	徐潇，石继春，王春娥，梁丽，郑锐，孙文媛，龙新星，陈翠萍，叶强	微生物学免疫学进展	2019，47（3）：1－15	—
338	钩端螺旋体疫苗部分菌种分子特性及毒力分析	徐颖华，杜宗利，辛晓芳，叶强	中国生物制品学杂志	2019，32（12）：1－4	—
339	基于 GAN 的医学影像优化技术概述	李佳戈，王浩，任海萍#	中国药事	2019，33（9）：1022－1025	—
340	医疗器械电磁兼容试验中工作模式的确定	李佳戈，苏宗文，任海萍#	中国医疗设备	2019（9）：17－19	—
341	骨导式助听器电磁兼容检测方法研究	郝烨，李澍，任海萍#	中国医疗设备	2019，34（9）：27－29	—
342	人工视网膜的电磁辐射抗扰度测试方法及测试平台研究	郝烨，李澍，任海萍#	中国医疗设备	2019，34（9）：13－16	—
343	数据清洗技术在 DICOM 格式医学图像质控中的应用	郝烨，唐桥虹，李佳戈，王浩，孟祥峰，任海萍#	中国医疗设备	2018，33（12）：10－13	—
344	骨导式助听器主要性能指标及检验方法研究	郝烨，孟祥峰，任海萍#	中国医疗设备	2019，34（10）：27－29	—
345	心电图机电磁干扰噪声对人工智能心电软件性能的影响研究	郝烨，王浩，任海萍#	中国药事	2019，33（9）：1032－1037	—
346	电磁兼容抗扰度试验布置验证的研究	张超，苏宗文，李澍，王权，李佳戈，任海萍#	中国医疗设备	2019，34（9）：20－23	—
347	电磁兼容测试中静电放电整改方法解析	曾雪，任海萍	中国医疗设备	2019，34（9）：24－26	—
348	人员管理对人工智能医疗器械用数据集质量的影响分析	王权，王浩，孟祥峰，刘艳珍，任海萍#	中国医疗设备	2018，33（12）：6－9	—
349	医用机器人电磁兼容检测研究	王权，李澍，张超，孟祥峰，任海萍#	中国医疗设备	2019，34（9）：30－34	—
350	人工智能医疗器械中的伦理问题	唐桥虹，王浩，任海萍#	中国药事	2019，33（9）：1004－1008	—
351	胶原蛋白基再生医疗产品质量控制	柯林楠，黄元礼，方玉，段晓杰，刘丽，蒋丽霞*，王春仁#	中国药事	2019，4（33）：475－480	—
352	光响应生物材料研究进展及应用	柯林楠，黄元礼，赵丹妹，王丽*，王春仁#	中国药事	2019，33（10）：1136－1142	—
353	超高效液相色谱－串联质谱法测定辅助生殖用培养液中谷氨酰胺的含量	柯林楠，黄元礼，方玉，王春仁#	中国组织工程研究	2019，23（10）：1594－1598	—
354	辅助生殖用培养液中氨基酸含量测定方法研	柯林楠，黄元礼，王春仁	中国医疗器械信息	2019，9：22－24	—

续表

序号	题目	作者	杂志名称	年份，期、卷号，起止页码	SCI 影响因子
355	自愈型水凝胶制备原理及应用于组织工程产品中的现状	黄元礼，柯林楠，赵丹妹，王春仁#	中国药事	2019，33（10）：1149－1156	—
356	pH 敏感型生物医用材料在药物传递中的研究与进展	赵丹妹，柯林楠，黄元礼，王春仁#	中国药事	2019，33（10）：1157－1166	—
357	皮肤替代物及其有效性评价的研究进展	王涵，薛彬，史建峰，韩倩倩#，王春仁#	中国医疗器械杂志	2019，43（2）：115－117	—
358	STZ 诱导糖尿病裸鼠模型的剂量探讨	王涵，薛彬，史建峰，韩倩倩#，王春仁#	中国医疗器械信息	2018，24（23）：37－39	—
359	利用生物三维打印技术修复软骨损伤的研究进展	韩倩倩，王苗苗，史建峰，王迎，连环，王蕊，李静莉#，王春仁#	组织工程与重建外科杂志	2019，15（5）：359－361	—
360	11 种新生儿苯丙氨酸检测试剂盒质量分析	王玉梅，刘艳，邵安良，徐丽明#，王春仁#	药物分析杂志	2019，39（5）：951－956	—
361	羟基磷灰石基复合骨修复材料研究进展	陈涛，付海洋，李岩*，付步芳#	中国药事	2019，（3）：302－309	—
362	聚氨酯人工血管的综合物理性能评估	李崇崇	中国药事	2019，33（6）：72－75	—
363	低模量钛合金骨科植入物材料研究进展	李崇崇，王健，王春仁，李静莉	中国药事	2019，33（11）：101－105	—
364	可降解丝素蛋白防粘连凝胶局部反应研究	付海洋，苗雪文，姜爱莉*，杨柳，王召旭#	中国药事	2019，33（7）：783－789	—
365	离子敏感性生物材料的研究进展	王健，王春仁#	中国药事	2019，33（10）：1143－1148	—
366	肺炎衣原体 IgG 抗体检测试剂用国家参考品的制备和标定	刘艳，周海卫，沈舒，田亚宾，白东亭，王玉梅#	药物分析杂志	2019，39（3）：539－544	—
367	温度敏感性生物材料研究进展	王蕊，韩倩倩，王春仁	中国药事	2019，33（10）：1167－1173	—
368	我国医疗器械标准法规解读和思考	李海宁，杜晓丹#，陈鸿波，杨昭鹏	中国药事	2019，33（6）：655－660	—
369	Progress in the study of virus detection methods: The possibility of alternative methods to validate virus inactivation	Yu Zhang*，Shuxin Qu*，Liming Xu#	Biotechnology and Bioengineering	2019，116：2095－2102	8.9084
370	应用 Gal 抗原缺失小鼠评价可降解异种脱细胞真皮基质的免疫原性	陈亮，邵安良，魏利娜，刘启省*，张东刚*，徐丽明#	药物分析杂志	2019，39（8）：1370－1378	—
371	去细胞异种角膜基质与去细胞异种结膜基质的免疫原性研究	魏利娜，邵安良，黄立静*，程祥*，陈亮，徐丽明#	药物分析杂志	2019，39（8）：1362－1369	—
372	人外周血淋巴细胞增殖试验的优化及其应用	邵安良，穆钰峰*，陈亮，屈树新*，徐丽明#	药物分析杂志	2019，39（8）：1354－1361	—
373	动物源性生物材料体外淋巴细胞增殖试验方法的建立	陈亮，穆钰峰，邵安良，魏丽娜，屈树新*，徐丽明#	药物分析杂志	2019，39（8）：1339－1346	—

续表

序号	题目	作者	杂志名称	年份，期、卷号，起止页码	SCI 影响因子
374	不同种属小鼠用于淋巴细胞增殖试验的比较研究	陈亮，穆钰峰，邵安良，魏丽娜，屈树新*，徐丽明#	药物分析杂志	2019，39（8）：1347－1353	—
375	ICC－qPCR 病毒灭活验证方法的建立及其应用	魏慧慧，段晓杰，张羽*，王玉梅，刘万卉*，徐丽明#	药物分析杂志	2019，39（3）：377－385	—
376	胸部 CT 肺结节数据标注与质量控制专家共识（2018）	王浩，刘凯，任海萍，刘士远	中华放射学杂志	2019，53（1）：9－15	—
377	医学影像人工智能临床使用质量控制	王浩，萧毅，孟祥峰，任海萍，刘士远	中华放射学杂志	2019，53（9）：723－727	—
378	数据集在人工智能医疗器械质控中的角色与要求	王浩，孟祥峰，李澍，任海萍	中国医疗器械杂志	2019，43（1）：54－57	—
379	论医学人工智能时代的移动健康终端质量控制	王浩，李澍，孟祥峰，任海萍	中国药事	2019，33（9）：1009－1014	—
380	人工智能医疗器械用数据集管理与评价方法研究	王浩，孟祥峰，王权，任海萍	中国医疗设备	2018，33（12）：1－5	—
381	加快建设高通量测序标准数据库，实现全民“精准医疗”的标准化	杨振#，张孝明，黄杰，胡泽斌，李丽莉，孙彬裕，李颖	中国药事	2019，33（9）：1051－1057	—
382	我国体外诊断试剂标准现状分析及思考	张孝明，杨振#，周诚，张春涛*，李丽莉，孙彬裕，李颖	中国药事	2019，33（9）：1058－1062	—
383	血源筛查核酸检测体系的发展、应用及监管	张孝明，杨振#，许四宏，石大伟，孙彬裕，李丽莉，李颖	中国药事	2019，33（9）：1063－1070	—
384	欧盟和美国血筛试剂批签发监管制度研究及启示	张孝明，杨振#，石大伟，李丽莉，孙彬裕，李颖	中国药事	2019，33（9）：1071－1078	—
385	2018 年体外诊断试剂国家监督抽验情况分析及对策建议	杨振#，李颖，于洋，许四宏，李丽莉，孙彬裕，张孝明	中国药事	2019，33（9）：1039－1045	—
386	建立和完善“精准医疗”相关政策，促进体外诊断试剂产业创新与升级	李颖，杨振#，姚蕾，李丽莉，孙彬裕，张孝明	中国药事	2019，33（9）：1046－1050	—
387	体外诊断技术发展概况及检测实验室质量管理的探讨	李丽莉，李颖，毕玉春*，高瑛瑛#*	中国药事	2019，33（10）：1102－1108	—
388	肺炎衣原体 IgG 抗体检测试剂用国家参考品的制备和标定	刘艳，周海卫，沈舒，田亚宾，白东亭，王玉梅#，张春涛#*	药物分析杂志	2019，39（3）539－544	—

续表

序号	题目	作者	杂志名称	年份，期、卷号，起止页码	SCI 影响因子
389	不同化学发光免疫分析法的丙型肝炎病毒抗体检测试剂性能评估	谷金莲，刘艳，于洋，张瑾，周诚#	中国生物制品学杂志	2019，32（4）420－423，427	—
390	A Reference System for BRCA Mutation Detection Based on Next－Generation Sequencing in the Chinese Population	Shoufang Qu，Qiong Chen*，Yuting Yi*，Kang Shao*，Wenxin Zhang，Yin Wang*，Jian Bai*，Xuchao Li*，Zhiyuan Liu*，Xiaowen Wang*，Ruilin Jing*，Yanfang Guan*，Xin Yi*，Miaoli Yan*，Boyang Cao*，Feng Chen*，Shida Zhu*，Xuexi Yang*，Yingsong Wu*，and Jie Huang#	The Journal of Molecular Diagnostics	2019，21（4）：677－686	4.426
391	甲状旁腺激素测定试剂盒行业标准的验证	曲守方，于婷，孙楠，黄杰#	中国医药导报	2019，16（3）：105－108	—
392	利用 NGS 技术同时检测缺失及点突变型地中海贫血	黄杰，杨旭*，孙楠，孙彬裕，曲守方#	分子诊断与治疗杂志	2019，11（2）：79－85	—
393	甲胎蛋白免疫测定用国家标准品的建立	孙彬裕，曲守方，于婷，孙楠，孙晶，胡泽斌#，黄杰#	中国医药生物技术	2019，14（2）：185－188	—
394	染色体拷贝数变异国家参考品的制备及标定	贾峥，张文新，李丽莉，孙楠，曲守方#，黄杰#	分子诊断与治疗杂志	2019，11（4）：256－262	—
395	抗 A 抗 B 血型定型试剂（单克隆抗体）国家参考品的建立	孙彬裕，曲守方，于婷，孙楠，孙晶，胡泽斌，黄杰#	中国医药生物技术	2019，14（4）：369－372	—
396	抗 D（IgM）血型定型试剂（单克隆抗体）国家参考品的研制	孙彬裕，孙楠，胡泽斌，于婷，黄杰#，曲守方#	中国主物制品学杂志	2019，32（9）：993－995	—
397	应用二代测序技术进行胚胎植入前遗传学筛查及诊断的基本原理	李丽莉，孙楠，张文新，林一鑫*，方雅亮*，梁家杰*，黄杰#，曲守方#	中国医学装备	2019，16（7）：7－14	—
398	锂、钠、钾、镁、钙、氯复合电解质冰冻人血清国家标准品的研制和性能评价	于婷，沈敏*，曲守方，黄杰#	检验医学	2019，34（5）：457－462	—
399	脆性 X 综合征国家参考品的研制	高飞，胡泽斌，游延军*，蒲小聪*，陈蕊*，黄杰#	中国医药生物技术	2019，14（3）：269－272	—
400	脆性 X 综合征外周血淋巴细胞永生化细胞系的建立与验证	高飞，胡泽斌，孙楠，段然慧*，游延军*，左甜甜，夏昆*#，黄杰#	中国医药生物技术	2019，14（5）：470－473	—

续表

序号	题目	作者	杂志名称	年份，期、卷号，起止页码	SCI 影响因子
401	Decorin 提升小鼠脾脏细胞对乳腺癌细胞系 4T1 的免疫响应性	赵慧强*，刘超*，胡泽斌#，戴诗云*，王华*#	中国医药生物技术	2019，4（6）：481－487	—
402	发热伴血小板减少综合征疫苗株免疫原性比较	贾峥，李莉莉*，戴新宪*，陈蕾*，王建梅*，李玉华#	中国生物制品学杂志	2019，32（11）：1185－1188	—
403	Establishing China's national standards of antigen content and neutralizing antibody responses for evaluation of SFTS vaccines	Yuhua Li，Zheng Jia，Xiaohong Wu，Ling Wang，Lei Chen*，Xinxian Dai*，Xiuling Li*，Junzhi Wang#	Biologicals	2019，61：68－75	1.92
404	重大病毒疫情与诊断试剂	刘东来，张春涛#	传染病信息	2019，32（1）：21－25	—
405	梅毒螺旋体抗体快检试剂国家参考品的研制	夏德菊，王薇，许四宏，周海卫，张春涛#	中国生物制品学杂志	2019，32（8）：885－889	—
406	梅毒诊断试剂的应用和发展	夏德菊，王薇，张春涛#	中国医药生物技术	2019，14（2）：77－82	—
407	梅毒非特异性抗体检测试剂国家参考品的研制	夏德菊，王薇，许四宏，周海卫，张春涛#	中国生物制品学杂志	2019，32（11）：1247－1251	—
408	WHO 对年度优先关注突发传染病的评估方法介绍	许庭莹，石大伟，刘东来，张春涛#	传染病信息	2019，32（5）：385－389	—
409	Application of the SeDeM Expert System in Studies for Direct Compression Suitability on Mixture of Rhodiola Extract and an Excipient	Shulin Wan*，Rui Yang，Han Zhang*，Xuelian Li*，Mingxian Gu*，Tianbing Guan*，Jianbing Ren*，Huimin Sun#，and Chuanyun Dai*#	AAPS PharmSciTech	2019，20（3）：1－10	2.46
410	SeDeM Expert System A review and new persectives	Mingxian Gu*，Tianbing Guan*，Shulin Wan*，Han Zhang*，Xuelian Li*，Songtao Kong*，Jianbing Ren*，Huimin Sun#，Chuanyun Dai*，#	Journal of Pharmaceutical and Biopharmaceutical Research	2019，1（1）：36－47	—
411	Characterization of Pharmaceutic Structured Triacylglycerols by HPLC－HRMS and its application to Structured Fat Emulsion Injection	Hao Zheng，Rui Yang*，Zhe Wang，Jue Wang*，Jinlan Zhang#，Hunmin Sun*#	Rapid Communications in Mass Spectrometry	doi：10.1002/rcm.8557	2.045
412	羟苯苄酯含量测定能力验证研究	杨锐，许凯，王珏，张朝阳，王露露，赵芯，李海亮，孙会敏#	中国新药杂志	2019，28（17）：2076－2080	—
413	油酸聚氧乙烯酯的结构解析表征	杨锐，王露露，赵芯，许凯，李海亮，王珏，张朝阳，孙会敏#	中国药事	2019，8（33）：936－943	—
414	二甲硅油分子交联的表征研究	杨锐，王露露，赵芯，许凯，李海亮，王珏，张朝阳，孙会敏#	中国药事	2019，7（33）：774－782	—

续表

序号	题目	作者	杂志名称	年份，期、卷号，起止页码	SCI 影响因子
415	苯甲醇含量测定能力验证研究	杨锐，许凯，王珏，张朝阳，宋晓松，李樾，李海亮，孙会敏#	中国药事	2019，3（33）：295－301	—
416	HPLC 法测定注射用冷冻干燥用卤化丁基橡胶塞中抗氧剂 1010 及硫化剂在药液中的迁移	李樾，贺瑞玲，赵霞，孙会敏#	中国药学杂志	2019，54（1）：58－65	—
417	玻璃输液瓶与碳酸氢钠注射液的相容性研究	李樾，梁婷婷*，孙会敏#	中国药事	2019，33（3）：283－289	—
418	羟丙甲纤维素的关键质量属性对双氯芬酸钠缓释片体外释放的影响	张敬真，张雪梅，丁嘉信，张孝娜，杨锐，刘万卉，孙会敏#，孙考祥#	中国药学杂志	2019，54（5）：382－389	—
419	A new standard reference film for oxygen gas transmission measurements	Xie L－G，Zhao X，Dou S－H，Tang L，Sun H－M#	R. Soc　open sci	2019，6：190142	2.515
420	基于定制试验设计法的聚丙烯输液瓶密度测量相关影响因素研究	谢兰桂，赵霞，孙会敏#	药物分析杂志	2019，39（7）：1310－1314	—
421	塑料薄膜氧气透过量测定能力验证研究	谢兰桂，赵霞，孙会敏#	中国药事	2019，326（6）：103－108	—
422	多法测量塑料薄膜水蒸气透过量的一致性研究	谢兰桂，赵霞，窦思红，孙会敏#	中国药事	2019，33（1）：73－78	—
423	塑料薄膜水蒸气透过量测定能力验证	谢兰桂，赵霞，孙会敏#	塑料科技	2019，326（6）：103－108	—
424	测量塑料薄膜水蒸气透过量的不确定度评定	窦思红，谢兰桂，赵霞，孙会敏#	药物分析杂志	2019，39（4）：709－715	—
425	热裂解－气相色谱质谱法鉴别药用胶塞胶种	田菲菲*，谢兰桂，高洁*，汤博崇*，范军*，赵霞#，孙会敏#	环境化学	2019，38（6）：1427－1429	—
426	高温凝胶色谱测定药用低密度聚乙烯的相对分子质量	毕清华，谢兰桂，赵霞，孙会敏#	包装工程	2019，403（13）：76－85	—
427	Spatial patterns and effects of air pollution and meteorological factors on hospitalization for chronic lung diseases in Beijing，China	Lin Tian（田霖），Chuan Yang*，Zijun Zhou*，Ziting Wu*，Xiaochuan Pan# and Archie C. A. Clements*	SCI CHINA LIFE SCI	2018，62（10）：1381－1388	3.583
428	药用气雾剂辅料抛射剂质量标准概述	赵燕君，许新新，仪忠勋，孙会敏#，杨会英#	中国药事	2019，33（6）：637－648	—
429	洁净环境中悬浮粒子检测用标准物质现状	赵燕君，杨会英#	科技创新与应用	2019，23，10－12	—
430	乙基纤维素的质量属性对美沙拉嗪缓释胶囊体外释放行为的影响	徐登*，黄俊*，梁静*，徐洁*，蒲道俊*，彭越*，杨锐，曾令高#，孙会敏#	中国新药杂志	2019，28（14）：1699－1703	—

续表

序号	题目	作者	杂志名称	年份，期、卷号，起止页码	SCI 影响因子
431	羧甲淀粉钠来源差异对其性质及其功能的影响	郝敬强*，杨白雪*，孙微*，孙瑞濛*，孙会敏，李三鸣#	药学学报	2019，8：1－15	—
432	用五种标准物质的稳定性评价实验动物遗传质量研究	王洪，魏杰，邢进，巩薇，岳秉飞#	实验动物科学	2018，35（6）：32－35	—
433	实验动物遗传质量控制微卫星标记检测法重复性研究	王洪，戴方伟*，王静*，魏杰，杜江涛*，黄树武*，贾松华，岳秉飞#	中国比较医学杂志	2019，29（1）：84－89	—
434	2011—2017 年实验动物遗传质量评价能力验证结果分析	王洪，魏杰，付瑞，巩薇，项新华#，岳秉飞#	实验动物科学	2019，36（1）：1－4	—
435	实验小鼠、大鼠微卫星 DNA 检测法标准的编制	王洪，魏杰，冯育芳，付瑞，王淑菁，岳秉飞#	中国比较医学杂志	2019，29（9）：97－102	—
436	过氧化氢酶－2 能力验证样品的制备及其均一性和稳定性测定	魏杰，王洪，贾松华，岳秉飞#	实验动物科学	2019，36（4）：39－43	—
437	猫遗传多态性的研究进展	贾松华，岳秉飞#	实验动物科学	2019，36（4）：81－85	—
438	用于实验用猫群体遗传分析的微卫星位点筛选	贾松华，王洪，魏杰，岳秉飞#	中国比较医学杂志	2018，28（12）：55－59	—
439	牛棒状杆菌检测团体标准的编制	邢进，冯育芳，张雪清，岳秉飞#	中国比较医学杂志	2019，29（3）：84－87	—
440	利用 AFLP 方法研究嗜肺巴斯德杆菌的遗传多态性	邢进，岳秉飞#，赵德明#	中国比较医学杂志	2019，29（6）：92－94	—
441	实验动物支气管鲍特杆菌检测能力验证结果与分析	邢进，冯育芳，王洪，岳秉飞#	实验动物科学	2019，36（3）：30－34	—
442	实验动物布鲁杆菌 PCR 检测方法团体标准的编制	冯育芳，邢进，张雪青，王洪，李晓波，岳秉飞#	中国比较医学杂志	2019，29（3）：88－91	—
443	小鼠诺如病毒检测方法团体标准的编制	李晓波，付瑞，王吉，王淑菁，王莎莎，李威，秦骁，黄宗文，贺争鸣，岳秉飞#	中国比较医学杂志	2019，29（3）：79－83	—
444	常用实验小鼠感染诺如病毒后外周血免疫指标分析	李晓波，付瑞，王吉，王淑菁，李威，王莎莎，秦骁，黄宗文，贺争鸣，岳秉飞#，赵德明#*	中国比较医学杂志	2019，29（7）：67－75	—
445	牛疱疹病毒Ⅰ型（BHV－1）荧光定量 PCR 检测方法的建立及应用	王吉，付瑞，李晓波，王淑菁，王莎莎，李威，秦骁，黄宗文，巩薇，岳秉飞，贺争鸣	实验动物科学	2019，36（5）：35－41	—

续表

序号	题目	作者	杂志名称	年份，期、卷号，起止页码	SCI 影响因子
446	牛冠状病毒荧光定量 PCR 检测方法的建立及初步应用	王莎莎，王吉#，岳秉飞#	中国比较医学杂志	2019，29（4）：74－78	—
447	近交系小鼠 C57BL/10 和 C57BL/6 的全基因组学差异研究	陈航*，王勇*，岳秉飞#	药物分析杂志	2019，39（10）：1858－1862	—
448	我国临床前药物致癌试验转基因动物模型研究进展	杨艳伟，刘甦苏，吕建军，王三龙，张素才，柳全明，范昌发*	中国药事	2019，33（8）：880－886	—
449	利用 CRISPR/ Cas9 基因编辑技术建立 FcγR 基因大片段敲除小鼠模型	吴曦，霍桂桃，刘甦苏，谷文达，曹愿，柳全明，吕建军*，范昌发*	中国实验动物学报	2019，27（5）：583－591	—
450	A bispecific broadly neutralizing antibody against enterovirus 71 and coxsackievirus A16 with therapeutic potential	Bing Zhou，Longfa Xua，Rui Zhua，Jixian Tanga，Yangtao Wua，Ruopeng Sua，Zhichao Yina，Dongxiao Liua，Yichao Jianga，Can Wena，Min Youa，Linlin Daia，Yu Lina，Yuanzhi Chena，Haijie Yangd，Zhiqiang Anb，Changfa Fanc*，Tong Chenga*，Wenxin Luoa*，Ningshao Xia	Antiviral Research	2019（16）：28－35	4.3
451	四氯化碳诱导近交系 C57BL/6 小鼠建立肝纤维化模型	刘甦苏，霍桂桃，王辰飞，范昌发	实验动物科学	2019，36（4）：28－34	—
452	一个复方中药处方对流感病毒 A/PR/8/H1N1 感染小鼠肺脏损伤的影响	王学文，朱祥宇*，李永清#	中国比较医学杂志	2019（9）：75－80	—
453	Potential Arrhythmogenic Role of TRPC Channels and Store－Operated Calcium Entry Mechanism in Mouse Ventricular Myocytes	Hairuo Wen，Zhenghang Zhao*，Nadezhda Fefelova*，Lai－hua Xie*#	Frontiers in Physiology	doi：10.3389/fphys.2018.01785	3.394
454	SD 大鼠灌胃盐酸丙卡巴肼与乌拉坦的多脏器碱性彗星实验研究	文海若，陈高峰，任璐，毛志慧，宋捷，汪祺*#	中国药房	2019，30（1）：26－30	—
455	比较碱性彗星试验与 γ－H2AX 法评价甲醛诱导的 DNA 交联	文海若，任璐，王瑜*，姜华，李艳秋*，耿兴超，李波，黄芝瑛*，王雪#	中国医药生物技术	2019，14（1）：89－93	—
456	TRPV1 通道作为高血压防治新靶点研究进展	文海若，霍桂桃，张颖丽#	中国药事	2019，33（3）：317－322	—

续表

序号	题目	作者	杂志名称	年份，期、卷号，起止页码	SCI影响因子
457	比较细胞松弛素A与B在胞质分裂阻断法微核试验中的应用	文海若，任璐，罗飞亚#*	中国医药生物技术	2019，14（2）：155－120	—
458	微孔板与标准平皿Ames试验比较研究	文海若，宋捷，鄂蕊，王亚楠，胡燕平#	药物评价研究	2019，42（5）：884－888	—
459	基于2D和3D肝细胞模型的何首乌体外肝毒性评价	颜玉静，淡墨，文海若#	中国药物警戒	2019，16（7）：385－392	—
460	三种何首乌单体成分对大鼠肝损伤作用的研究	颜玉静，文海若，淡墨，吕建军，王超，苗玉发，黄芝瑛#	中国现代中药	2019，21（8）：1054－1061	—
461	遗传毒性基因突变评价方法的研究进展	王亚楠，文海若#，王雪#	癌变·畸变·突变	2019，31（5）：406－411	—
462	纳米氧化铁颗粒tk及hprt基因突变试验比较研究	王亚楠，郭雅娟，宋捷，胡燕平，文海若#	药物评价研究	2019，42（10）：1975－1980	—
463	Pig－a基因突变试验研究进展	陈高峰，王亚楠，王丹，毛志慧，黄芝瑛*，文海若#，王雪#	癌变·畸变·突变	2019，31（6）：492－497	—
464	基于流式细胞术的淋巴细胞亚群分类试验条件比较	姜华，文海若，刘丽，霍艳#	中国医药生物技术	2019，14（5）：400－405	—
465	BALB/c小鼠、SD大鼠及食蟹猴淋巴细胞亚群参考值的建立	姜华，文海若，李路路，刘晓萌，李伟，王欣，周晓冰，王三龙，刘丽#，霍艳#	中国比较医学杂志	2019，29（11）：91－97	—
466	综合性离体致心律失常风险评估研究新进展	陈思蓉，黄芝瑛*，王雪，王三龙#	中南药学	2019，17（10）：1730－1734	—
467	抗HER2靶点抗体偶联药物食蟹猴重复给药毒性研究	王欣，黄瑛，海岗*，屈哲，苗玉发，孙立，姜华，李路路，王海彬*，霍艳#	中国新药杂志	2019，28（3）：278－285	—
468	抗HER2靶点抗体偶联药物大鼠重复给药毒性研究	王欣，黄瑛，海岗*，林志，苗玉发，王超，姜华，李路路，王海彬*，霍艳#	中国药事	2019，33（6）：686－697	—
469	扩增活化的淋巴细胞在小鼠体内的生物分布评价	黄瑛，高阳，霍艳#，张澄，郭晓凯，周英男，王歈*，王军志	中国新药杂志	2019，28（13）：1587－1592	—
470	扩增活化的淋巴细胞EAL在C57BL/6小鼠中的重复给药毒性研究	黄瑛，高阳，霍艳#，张澄，姜华，王超，张永华，王歈*，王军志	药物评价研究	2019，42（10）：1968－1974	—
471	非临床实验室对心肾功能生化指标检测能力的验证	苗玉发，顾玥*，张琳，王超，黄芝瑛*，王雪，潘东升，吕建军，张河战#	中国药事	2019，33（2）：182－187	—
472	酮康唑致人L02肝细胞毒性差异蛋白鉴定	苗玉发，康慧君*，李路路，张河战#	医学研究杂志	2019，48（9）：37－40，44	—

续表

序号	题目	作者	杂志名称	年份，期、卷号，起止页码	SCI 影响因子
473	血清维生素 D 结合蛋白水平检测对大鼠肝毒性诊断的评价研究	苗玉发，康慧君*，王超，张河战#	现代检验医学杂志	2019，34（4）：6－10	—
474	临床前毒理学研究 Beagle 犬中枢神经系统一致性制片方法	杨艳伟，霍桂桃#，屈哲，林志，张頔，李琛，陈旭林，吕建军#，王雪，李波	药物评价研究	2019；42（11）：2180－2185	—
475	组织病理学评估及同行评议的原始数据及 GLP 符合性解读	霍桂桃，杨艳伟，李琛，林志，屈哲，吕建军#，耿兴超，霍艳	中国药事	2019；33（5）：561－567	—
476	非临床毒理学试验中组织病理学同行评议的 GLP 流程及关键点探讨	霍桂桃，杨艳伟，林志，张頔，耿兴超，霍艳，王雪，屈哲#，吕建军#	药物评价研究	2019；42（1）：1－9	—
477	药物毒理学研究中体外替代试验研究现状及展望	霍桂桃，文海若，吕建军#，屈哲，林志，耿兴超，霍艳，王雪	药物评价研究	2018，41（12）：2133－2141	—
478	实验动物冰冻组织切片制备关键要点的探讨	张頔，霍桂桃#，屈哲，吕建军，杨艳伟，李琛，陈旭林，高苏涛，林志#	药物评价研究	2019；42（7）：1359－1361	—
479	临床前药物安全性评价中关于肝细胞肥大的探讨	林志，张頔（共同第一作者），屈哲，杨艳伟，王雪，吕建军，霍桂桃#	药物评价研究	2019；42（1）：212－215	—
480	自身免疫性疾病中 miRNAs 对免疫耐受的调节作用	林志，高锡强，霍桂桃，张頔，杨艳伟，吕建军，李波，屈哲#	医学研究杂志	2019；48（9）：17－20	—
481	CAR－T 细胞产品毒性评价概述	屈哲，林志，吕建军，霍桂桃，李琛，耿兴超，李波，霍艳#	中国新药杂志	2019，28（21）：2646－2650	—
482	TRPV1 通道作为高血压防治新靶点研究进展	文海若，霍桂桃（共同第一作者），张颖丽#，王祺*	中国药事	2019，33（3）：317－321	—
483	Quality，bioactivity study，and preclinical acute toxicity，safety pharmacology evaluation of PEGylated recombinant human endostatin（M2 ES）	Lifang Guo1，Xingchao Geng（共同第一作者），Li Liu，Yufa Miao，Zhi Lin，Min Yu，Yan Fu，Lihong Liu，Bo Li#，Yongzhang Luo	J Biochem Mol Toxicol	2019，33（3）：e22257	2.965
484	Xian－Ling－Gu－Bao induced inflammatory stress rat liver injury：Inflammatory and oxidative stress playing important roles	Wenxiao Wua，Ting Wang，Bo Suna，Dong Liu，Zhi Lin，Yufa Miao，Chao Wang，Xingchao Geng#，Bo Lia#	Journal of Ethnopharmacology	2019，239：111910	3.414

续表

序号	题目	作者	杂志名称	年份，期、卷号，起止页码	SCI 影响因子
485	The antipsychotic - like effects of clozapine in C57BL/6 mice exposed to cuprizone: Decreased glial activation	HaoXiao Chang, YuZhen Weia, YuJing Chen, Li Du, HengRi Cong, XingHu Zhang, XingChao Geng#, LinLin Yin	Behavioural Brain Research	2019，364：157 - 161	2.77
486	Effect of cornel iridoid glycoside on microglia activation through suppression of the JAK/STAT signalling pathway	Zhao Qu, Na Zhenga, Yuzhen Wei, Yujing Chen, Yifan Zhang, Ming Zhang, Haoxiao Changa, Jianghong Liua, Houxi Aia, Xingchao Geng#, Qi Wang, Linlin Yina	Journal of Neuroimmunology	2019，330：96 - 107	2.832
487	以细胞表面标志物为研究指标的光致敏体外评价方法	赵华琛，刘丽，李波	中国新药杂志	2019，28（4）：24 - 33	
488	光致敏性机制及评价方法	董建欣，刘丽，李波	中国新药杂志	2019，28（7）：784 - 789	—
489	2016—2017 年全国保健食品质量安全监督抽检结果分析	尹译	食品安全质量检测学报	2019，5（10）：1406 - 1413	—
490	欧盟疫苗上市后安全监测体系研究	郗昊，王翀	中国药物警戒	2018，15（12）：713 - 720	—
491	基于大数据技术的信息共享平台辅助国家药品抽检工作现状分析及展望	郗昊，冯磊，朱炯，王翀	中国医药导刊	2019，21（1）：58 - 62	—
492	欧盟集中审批药品抽检情况研究	郗昊，姚蕾，朱炯，王翀	中国新药杂志	2019（13）：1553 - 1560	—
493	医用诊断 X 射线设备测定特性用辐射质量和辐射条件的建立研究	谢士兵*，胡广勇*，张新*，张欣涛#	中国医疗器械杂志	2018，42（6）：453 - 454，463	—
494	三种通过互联网销售的医疗器械质量监测情况分析	郝擎，张欣涛#，李晓，朱炯，张庆生，石现	中国药事	2019，33（3）：270 - 274	—
495	2017—2018 年国家医疗器械抽检产品质量状况分析	郝擎，张欣涛#，李晓，石现，朱炯，朱宁*	中国药事	2019，33（7）：790 - 795	—
496	国家医疗器械监督抽检产品质量安全风险点分析	郝擎，张欣涛#，朱炯，石现，李晓，朱宁*	中国医疗器械杂志	2019，43（3）：209 - 213	—
497	医疗器械监督抽检抽样检验方案范式的建立	郝擎，张欣涛#，朱炯	中国医疗器械杂志	2019，43（4）：286 - 289	—
498	2017 年全国省级医疗器械抽检产品的质量状况	石现，张欣涛#，朱炯，郝擎，李晓	医疗装备	2019，32（7）：45 - 46	—
499	医疗器械监督抽检品种遴选的分析与思考	石现，张欣涛#，朱炯，郝擎，李晓	中国医疗器械杂志	2019，43（3）：202 - 204	—

续表

序号	题目	作者	杂志名称	年份，期、卷号，起止页码	SCI 影响因子
500	电位滴定法测定尼美舒利含量能力验证结果分析	贝琦华*，李祎*，刘逸韬*，赵萌，严全鸿*#，项新华#	中国药事	2019，33（3）：58－62	—
501	国家药品标准物质在生物制品质量控制中的应用	曹丽梅，刘明理，袁伟媛，王一平，徐苗#	中国生物制品学杂志	2019，9（32）：1054－1056	—
502	国家药品抽检中药品标准的适用性研究	高志峰，项新华，朱炯#	中国药学杂志	2019，3（54）：240－244	—
503	进口药品注册检验的流程管理研究	高志峰，朱炯#	中国新药杂志	2019，6（28）：656－660	—
504	国家药品标准物质保障供应综合数据平台建设	谢晶鑫，刘明理，王昆，傅瑶，曹丽梅，肖新月#	中国药事	2019，1（33）：16－20	—
505	六西格玛管理法在国家药品标准物质管理中的应用	谢晶鑫，刘明理，陈亚飞，袁伟媛，王一平，肖新月#	中国药师	2019，9（22）：1763－1765	—
506	定量核磁共振法测定 4 种磷酸二酯酶－5 抑制剂的含量	吴先富，张雅军，冯玉飞，王瑾，陈亚飞，肖新月#	药物分析	2019，9（39）：1611－1616	—
507	克霉唑有关物质检查色谱条件的优化	陈忠兰，吴先富，王瑾#，肖新月#	药物分析	2019，9（39）：1694－1697	—
508	盐酸曲唑酮杂质对照品核磁共振定量方法的建立	夏志鑫，冯玉飞，张雅军，王瑾，肖新月#，吴先富#	药物分析	2019，5（39）：925－929	—
509	浅谈医疗器械标准信息化管理	许慧雯，郑佳，兰禹葶，王慧超，余新华#	中国医疗器械杂志	2019，43（4）：300－302	—
510	新形势下医疗器械标准化体系研究	许慧雯，郑佳，王慧超，兰禹葶，余新华#	中国药事	2019，33（10）：1087－1092	—
511	医疗器械标准化技术委员会现状及建设思考	许慧雯，王慧超，兰禹葶，赵佳，余新华#	中国食品药品监管	2019（9）：31－37	—
512	新时期医疗器械标准的基本属性和定位探析	郑佳，余新华#	中国食品药品监管	2019（10）：28－33	—
513	我国医用镍钛形状记忆合金标准现状分析	汤京龙，马立翠，温莉茵，徐红，宋可婧，吕原原，余新华，母瑞红#	中国药事	2019，33（6）：649－654	—
514	药品检验机构仪器设备搬迁中的变更控制管理探索	王冠杰，肖镜，季士委，常志勇，张河战，项新华，田利	中国医疗设备	2018，33（12）：167：170	—
515	药品检测机构生物安全柜全生命周期管理探讨	王冠杰，刘巍，田利，田子新，张建国，李静莉	中国药事	2019，33（5）：575－577	—
516	2018 版实验室认可准则对设备管理的要求及应对措施	王冠杰，田利，田子新，刘博，张建国，李静莉	化学分析计量	2019，28（1）：111－114	—
517	新个税政策对财务管理工作的影响	徐建文	消费导刊	2019（34）：117	—

续表

序号	题目	作者	杂志名称	年份，期、卷号，起止页码	SCI 影响因子
518	国家会计制度改革背景下药品检验机构财务信息化建设探索	张旭、张立莘、刘鑫、李晓熙、李玮、覃艺、戴华、曹洪杰#	中国药事	2019，33（4）：370－374	—
519	药品广告中的专利宣传简析	徐璐，杜庆鹏，朱炯#，白玉萍	中国药事	2019，33（7）：737－740	—
520	药品标准物质原料集中采购管理初步探讨	苏丽红，刘君，倪训松#	环渤海经济瞭望	2019（9）：151－152	—
521	2016—2018 年全国食品安全监督抽检的食品安全形势分析	吕冰峰，吕卓，邢书霞#	食品安全质量检测学报	2019（15）：5221－5226	—
522	2018 年中国畜禽肉安全问题调查分析	吕冰峰，刘敏，裴新荣#	食品安全质量检测学报	2019（17）：5668－5673	—
523	2018 年水果国家食品安全监督抽检结果分析	吕冰峰，刘敏，裴新荣#	食品安全质量检测学报	2019（17）：5687－5692	—
524	2018 年水产品国家食品安全监督抽检结果分析	吕冰峰，刘敏，邢书霞#	食品安全质量检测学报	2019（17）：5699－5705	—
525	2018 年蔬菜国家食品安全监督抽检结果分析	吕冰峰，刘敏，邢书霞#	食品安全质量检测学报	2019（17）：5715－5721	—
526	化妆品防腐剂甲基异噻唑啉酮的安全风险评估及技术法规要求最新进展	苏哲，林庆斌*，王钢力，邢书霞#	香料香精化妆品	2019，172（1）：83－88	—
527	美国 FDA 生物等效性指导原则的修订与仿制药一致性评价	薛晶，南楠#，刘倩，许鸣镝	中国抗生素杂志	2019，44（3）：289－294	—
528	保健食品中非法添加药物种类及其检测方法研究进展	钮正睿，王聪，曹进#	食品安全质量检测学报	2019，18：6131－6142	—
529	超高效液相色谱－串联质谱法检测保健食品中 4－甲基咪唑含量	钮正睿，赵梅，刘素丽，王宏伟，曹进#	食品安全质量检测学报	2019，14：4613－4618	—
530	高效液相色谱法同时测定化妆品中 17 种美白成分	高家敏，代静，李红霞，段静，刘彤彤，曹进#，王钢力，孙磊	药物分析杂志	2019（9）：1643－1650	—
531	含推进剂防晒喷雾化妆品取样方式研究	高家敏，曹进#，王钢力	日用化学工业	2019（5）：341－345	—
532	国产染发剂中对苯二胺等 32 种染料检测结果分析	高家敏，李红霞，段静，曹进#	中国药师	2019（5）：979－982	—
533	高效液相色谱法测定饮料中 12 种水溶性合成着色剂	高家敏，钮正睿，李红霞，段静，刘彤彤，曹进#	食品安全质量检测学报	2019（1）：135－140	—
534	二羟丙酮安全评价及化妆品法规管理现状	张凤兰，林庆斌*，李琳，袁欢，邢书霞#，王钢力#	中国药事	2019，33（7）：829－834	—
535	超高效液相色谱－单四极杆质谱联用法检测奶粉与酸奶中 33 种兽药残留	黑真真，李莉，李硕，曹进#，王钢力#	食品安全检测学报	2019，10（10）：3054－3064	—

续表

序号	题目	作者	杂志名称	年份，期、卷号，起止页码	SCI 影响因子
536	含推进剂防晒喷雾化妆品取样方式研究	高家敏，曹进#，王钢力	日用化学工业	2019，49（5）：341－345	—
537	化妆品防腐剂甲基异噻唑啉酮的安全风险评估及技术法规要求最新进展	苏哲，林庆斌*，邢书霞#，王钢力	香料香精化妆品	2019（1）：77－82	—
538	Lessons learnt from providing technical assistance to Chinese generic medicines manufactuers to achieve the WHO Prequalification standards	Baobin Huang#，Sarah Barber，Christina Foerg－Wimmer	Journal of Generic Medicines	2019，15（3）：133－137	—
539	The new China vaccine administration law：Re－establishing confidence in vaccines	Baobin Huang#	Biologicals	2019，61：95－96	—
540	药品检测标准管理应用系统的建设	高芳，亓建林，杨玥莹，李莹，唐明宇，董红环，梁静，黄清泉#	中国药品标准	2019，2（4）：293－297	—

注：本表统计本单位职工以第一作者或通讯作者发布的论文。外单位作者名后标“*”，通讯作者名后标“#”。